JN115416

第2版

殺す テクニック

テクニック

ホミサイド・ラボ　feat. カヅキオオツカ

まえがき

　本書は、奇しくも第一次世界大戦開戦から100年目の節目を迎えた年に世に出ることになった。人類が初めて経験した世界的な規模の戦争は、教科書ではオーストリ・ハンガリー皇太子の暗殺、いわゆるサラエボ事件を契機に始まったと記されているが、帝国主義路線をまい進する列強同士の一触即発の緊張状態が背景にあり、極端な言い方をすればきっかけは何でもよかった。

　現代に目をやると、いま世界の各地がきな臭い――――。独立国家を標榜するイスラム国の中東での台頭、北朝鮮による核ミサイルによる恫喝外交、中国の南沙諸島での領有権の主張,etc. 中でもクリミア危機に端を発したウクライナ情勢は、かつてロシアが南方への領土拡大を狙ったクリミア戦争を想起せずにはいられない。

　国際社会のウクライナ問題やイスラム国への対応を観るにつけ、大局的に見れば世界の趨勢はアメリカ、EU vs.ロシア、中国という図式にかたむきつつあるといえよう。

　戦争は無い方が良いに決まっている――――。しかし悲しいかな平和な時代こそ《常と異なる状態》であったことは歴史を振り返れば明白だ。

　本書は既刊、《人の殺され方》のスピンオフだ。中世から現代まで戦場で負う創傷、《軍創》をメインにすえ、兵器の発達と並行して医療行為の進歩の過程に焦点をあてた。

　戦争が当代の最新技術を真っ先に享受し、われわれの日常生活はそのおこぼれに与る。医療もしかり。とりわけ外科技術は軍創治療のために進歩したといっても過言ではない。

　現代では当たり前のような医療行為は、手足を切り落とすことが最善の治療と見なされていた時代に活躍した先達の知恵と創意工夫によって得られた成果である。

　現代の軍創は、死亡率が劇的に下がった一方で、残された人生が立ちゆかなくなるほどの後遺症が残る深刻な創傷を負うようになってしまった。

　読後、戦場の現実を少しでも垣間見ることができたと思っていただければ幸いである。

ホミサイドラボ

CONTENTS

殺すテクニック

古代の医療

　戦場で負傷する創傷である軍創の治療方法は兵器開発と表裏一体だ。古代ギリシャ、古代ローマといった中世以前の医療は暗中模索というよりも先達の知見が妄信的に崇められていた時代であった。正しいとか、正しくないとかではなく先達が残した医学書の記述そのものが権威であった。当時の軍創は剣や槍、弓といった切創や割創、刺創によるものが多かったことから火砲や銃が登場する時代のそれと比べれば致死率は低かった。しかし現代の医療現場では当たり前におこなわれているアプローチ、つまり消毒や滅菌殺菌といった行為に対する認識が欠落していたことに加え、負傷した兵士を戦場から救出するという概念も手だても無かったことで軽度の創傷にもかかわらず致死率は高かった。

＊　＊　＊　＊　＊　＊

古代の医療

　軍創（military wounds）を《戦場で負う創傷》と広義に解釈すれば古代のそれは骨折や挫創、刺創、切創、割創ということになる。戦場における創傷に関する最も旧い記述はホメーロス（生没年不詳：紀元前800?)のイーリアスに代表されるトロイア戦争に関する一大叙事詩群の中に見つけることができる。彼の記述を分析すると当時の軍創の致死率は剣が最も高く（100%)、次に槍(80%)、投石などのスリングショット(67%)、最後に矢となっている(42%)。当時の戦闘は、隊形はあったものの、合戦状態になれば敵味方が入り乱れまさにカオス的な状況に陥った。記述によればすでに軍創治療の専門医が存在し、スパルタ王メネラーオスが矢で射られた際には矢を摘出し、傷口から毒を除去した後に軟膏を塗ったと記されている。このほかに傷口周囲の組織を取り除いたり（デブリードマン：創面切除)、凝固した血液を温水で洗浄したりするなど現代にも通ずる医療行為も散見する。

　参考までに紀元前の医療行為がどのようなものかを見てみる。新石器時代や古代エジプト文明（紀元前3000 – 30)における頭痛の治療は文字通り頭に穴を開けることであった。この頭蓋穿孔（trepanation）の試みは《頭の中にある悪いもの》を逃すという発想から始まった。ギリシャ時代になり金属（鉄）の恩恵を受けるようになると外科手術を効果的にこなすための医療

器具が考案されるようになった。骨折には副木があてられ、回復の見込みがない四肢に対する切断（amputation）もおこなわれていた。中世ヨーロッパで最盛した暗愚な医療行為《瀉血（しゃけつ：bloodletting）》もすでにギリシャで実践されており、肺炎を患った患者には肺からの瀉血もおこなわれていた。開腹や開胸などの外科手術もおこなわれていたが時の医学の大家と目されるヒポクラテスさえこの医療行為は最後の手段であった。

1）ヒポクラテスの教義

古代ギリシャの医師であり《Father of Medicine》と称されるヒポクラテス（紀元前460 – 377）の専門は、外科はいうに及ばず解剖学、小児、婦人病、薬物療法など多岐に渡っていた。外科治療は骨折治療にともなう矯正法や胸腔からの排液法、頭部の外傷治療にまで及んでいる。創傷治療としては、これまで幅をきかせていた呪術から脱却し、薬草、樹脂をつかったドレッシング（創傷を覆う素材）、ワインや酢をつかった傷口の洗浄、バルサムといった膏薬が使われるようになった。

■ヒポクラテス

ヒポクラテスの時代、創傷は清水やワインによる洗浄中以外は乾燥させるのが良いと信じられていた。またヒポクラテス自身が、膿は《悪い血液の排出》であり治癒に向かう良い兆候と見なしていた。この説は《健全な膿》として次世代のガレノスへと引き継がれその後1500年に渡って外科医術の教義となってしまった。

2）ガレノスの功罪

近隣との戦闘に明け暮れていたローマ帝国（紀元前27 – 1453）では、剣闘士による闘技が一種のエンターテインメントとして庶民の間で人気を博していた。外科医療は、剣闘士闘技場（gladiator）が681年に暴力的なエンターテインメントとして公式に禁止されるまでの間に大きく進歩した。刀剣による切創、刺創にはテレピン油や樹脂が消毒剤として用いられるなど新しい外科手術の技法が闘技場から編み出されていった。

ヒポクラテスはこう記していた————外科医を志す者は従軍するがよいと。当時の剣闘士養成所の専属医師として創傷治療にあたったのが後の宮廷侍医となるガレノス（129−216）であった。紀元2世紀、ローマ帝国の時代、小アジア北西部の古代都市ペルガモンで生まれたガレノスは裕福なギリシャ人の建築家の息子であった。

　学才が豊かで建築学、農学、哲学、天文学などさまざまな学問に興味を抱いた末に医学に落ち着く。ローマ法では厳罰（死体解剖は公的な儀式であり、同時に娯楽でもあった）であった

ため豚やサルなどを解剖し、医学の勉強を始めたとされる（こうしたことが後年の大きな誤りに繋がるわけだが）。故郷を離れスミルナやコリントス、アレクサンドリアで学問を究め、剣闘士養成所の専属医師となったガレノスはとりわけ創傷、人体にあいた孔《wounds》の治療を専門とした。驚いたことに治療は脳や眼球にまで及んだ。ローマで解剖学の知識を披露したガレノスは時のローマ皇帝マルクス・アウレリス（121−180）の専属医になった。

■ガレノス

　ヒポクラテス派の流れを汲むガレノスは《医者は自然の召使なり》として医療従事者の摂生・訓練を重視し、ガレノス派医術を確立した。彼は膿の自然排出によって治癒がおこなわれると考えた。化膿こそ治療の証し————不幸なことにこのガレノスの教え、《健全な膿》はその後、1500年に渡って外科の教義となってしまった。《健全な膿》とは一部の創傷の自然治癒に限ってのことであり、すべての創傷治療にはあてはまらない。こうした治療法は19世紀まで当たり前のように実践され多くの犠牲を強いることになった。

　良きにつけ悪しきにつけガレノスの権威は後年の解剖学にも影響を与えた。たとえばこんな具合だ————目の前で解剖した死体の内臓のレイアウトがガレノスの記述と違っていれば、それはガレノスの誤りではなく、目の前の死体が異常ということになった。彼の遺したギリシャ語の書物はラテン語、アラビア語に翻訳され、盲信は17世紀まで覆ることはなかった。

■不幸にもガレノスの《教義》は医学の進歩を約1500年停滞させてしまった。しかしこの間、異議を唱える者も少なからずいた。中世イタリアの外科医セオドリック・ボロコーニ(1205-1296)は《膿は必ずしも必要ではない》と断言した。19世紀中盤になると《膿は必然ではあるが治癒快方の兆しではない》が、外科医の間で一般化する。

中世の軍創

　中世(middle age)とは、西洋では395年に東西に分断したローマ帝国のうち、西ローマ帝国が滅びた452年から東ローマ帝国が滅亡する1453年までの時代、つまり5世紀から15世紀中盤までの間を指す。中世は戦乱や疫病の蔓延の繰り返しであり、科学の進歩や芸術の育成が停滞したため《暗黒時代》とも称される。

　中世といえば火薬を利用した兵器が大々的に導入される以前のことで、この時代の戦といえば人間の手の延長ともいえる棍棒や剣、槍、そして弓矢などがメインウェポンであった。戦乱は創傷治療の進歩を促し、様々な軍創治療法が確立された。

　中世医療の最大の特徴の一つは外科に関する論文、書物がほとんど刊行されなかったことだ。なぜならば当時外科は内科よりも格下と見なされていたからだ。

＊　＊　＊　＊　＊　＊

中世の軍創

　中世の軍創を語る前に当時の代表的な兵器を列挙すると、腕の延長として筋力を利用した棍棒(メイス、クラブ、モーニングスター)、斧、剣(短剣、長剣)、槍(パイク、ランス)と、板バネや弦の張力を利用した運動エネルギー兵器として弓矢(ロングボウ)、クロスボウ、カタパルト、バリスタがある。これらによって形成される創傷は剣、斧、槍の類であれば切創、刺創、割創、挫創となり死因は主要血管や内臓損傷による失血死ということになる(間接的な死因として感染症があげられる)。

当時の軍創は剣のように人間の力を増幅した兵器によって形成されていたため創傷が筋肉や骨に達しない軽微なものであれば運動機能の一部は失うものの治癒が早く戦場への復帰が可能であった。しかし攻城に用いられるトレビュシェットのような大型の運動エネルギー兵器の直撃を受ければ複雑骨折、粉砕骨折は免れず、胴体に命中すれば内臓破裂から即死していたに違いない。

■モーニングスター（morning star：星形球棍棒）とはメイスの先端にスパイクが取り付けられた特殊棍棒のこと。

機械的運動エネルギー兵器

　火薬のエネルギーを利用した兵器、火砲や銃器が戦場に導入される以前、離れた場所から物体を射出し人員を殺傷したり、構造物を破壊したりする兵器は弓や弩（クロスボウ）そしてカタパルトやオナガーに代表される投石機の類であった。

1）クロスボウ（弩）

　クロスボウ（crossbow）は紀元前500年頃の中国でその出現が確認されており、習得が容易で弓ほどの技量が求められないことから紀元前200年あたりになると5万人もの弩兵が存在していたとされている。彼らが放つ矢はボルトと呼ばれ最大射程で360m、有効射程は195mを誇っていた。クロスボウは有効射程内であればプレートアーマー（板金鎧）の貫通が可能であったことから11世紀終盤から12世紀にかけて大々的に普及した。殺傷力の高さに加え命中率も高く、さらに弓と違い素人が簡単に習得できることから1139年、時のローマ教皇イノケンティウス2世（1161－1216）はその使用を厳しく制限した。

2）カタパルト、バリスタ、トレビュシェット

　攻城兵器（siege engine）の登場は紀元前5世紀の中国で最初の使用が確認されている。カタパルト（catapult）は板バネの反発力で石を飛ばし、紀元前3世紀に登場したクロスボウを大型にしたバリスタ（ballista）は巻き上げた紐や撚った獣毛や人髪の瞬発的な復元力を利用しボルトや石を射出した。11世紀に登場した大型投石機トレビュシェット（trebuchet）は平衡

重りの重量移動が生み出す力を利用した。

■板バネの反発力を利用したカタパルトは**重量85gの飛翔体を146mも飛**
　ばし、ねじりの復元力を利用したカタパルトでは重量23kgの重りが
　365mまで到達していた。バリスタは重さ4.5kgのボルトを最長で420m
　まで飛ばすことができた。

兵器と創傷

　損傷とは、身体を構成している組織の生理的連続性が断たれたり、機能
が障害されたりした状態を指す。一般に《創(wound)》とは開放性損傷のこ
とをいう。一方非開放性損傷は《傷》と呼ばれるがどちらも同じwoundには
変わらない。傷口が開放していないことから脳挫傷や脳震盪は後者に属す
る。また凶器(機械的外力を生む道具)が鈍体(鈍器)であれば挫創、裂創、
骨折、内臓破裂を、鋭体(鋭器)であれば切創や刺創となる。重量のある斧
はこの両方を兼ねており、この凶器による創傷は割創に分類される。

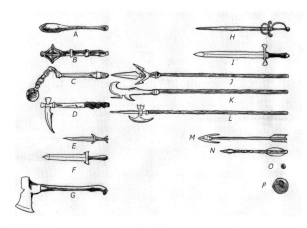

A 木製棍棒(打撲)　　　　　　**H** 剣(刺創)　　　　　　　　**O** ショット(銃創)

B 金属製棍棒(打撲、裂創、挫創)　**I** 長剣(切創、刺創)　　　　　**P** キャノンボール(挫創ほか)

C 特殊棍棒(打撲、裂創、挫創)　**J** ランス(刺創)

D ピッケル(挫創、割創)　　　　**K** ポラックス(刺創、割創、切創)

E 短剣(刺創)　　　　　　　　**L** ハルバード(刺創、割創)

F 短剣(刺創、切創)　　　　　**M** 矢(刺創)

G 鉄斧(割創)　　　　　　　　**N** ボルト(刺創)

中世の外科手術

　軍創を負った兵士に対する外科手術は紀元前の太古よりおこなわれた。ただし消毒や殺菌滅菌という概念はなく衛生的とは程遠い環境の中、不確かな麻酔薬により激痛に歯を食いしばりながら（時には麻酔が原因で命を落とすことも）、負傷者の多くが手術台の上で息絶えていった。当時の麻酔剤はある種の薬草（毒草も含め）やアルコールが使われていた。毒性が強いこれらの投与により手術に臨む前に患者が絶命することも珍しいことではなかった。

　ヒポクラテスの時代と同じく麻酔の無かった時代の外科手術は、いわば拷問であり、負傷者、外科医の両方にとって万策尽きた末の最後の手段であった。こうした中、アブルカシス（936－1013）のような独自のアプローチを試みる者もいた。中世イスラム医学界で最高権威とみなされたアラブ人医師アブルカシスは《近代外科の父》とも称され、1000年に完結した30巻にも及ぶ医療百科事典、《解剖の書》は彼の死後も中世ヨーロッパの医療従事者の間で盛んに引用され、そこで紹介された医療行為の一部は現代においても実践されている。このほか200種類以上の新しい医療器具を考案し、軍創治療のほか耳鼻咽喉といった器官の手術をも可能にした。

　当時外科の権威は内科よりも格下であったため外科に関する書物がほとんど残されておらず、当時の外科医の功績がどのようなものであったかが正確につかみにくい。もちろん例外もある。1363年に《大外科書》を刊行したフランスの外科医ギー・ド・ショーリアック（1298－1368）は、創傷治療にあたり5大原則を提示し（異物の除去、破損した組織の再接合、組織の状態の維持、器官内臓の機能維持、合併症の予防）、大腿骨骨折の牽引方法やヘルニア、白内障、四肢切断の治療についても触れている。

瀉血と焼灼法

　中世を代表する2つの医療行為に瀉血と焼灼法がある。瀉血（しゃけつ：bloodletting）はメソポタミア、エジプト、ギリシャそれぞれの文明で古くから実践された健康法の一種で、軍創治療にも用いられた。太古より病気や体調不良は血液過多や体内の老廃物の滞留が原因と考えられており、これを改善する方法として食事療法、運動や発汗、嘔吐が効果的であるとされていた。瀉血もこの延長線上で考案され、ヒポクラテスもこれを奨励しておりガレノスもこれに倣った。

■生理は当時、《女性の浄化》と考えられており、瀉血の基本コンセプトは
　ここから発生したものと考えられている。

　焼灼止血法（cauterization）は焼き鏝
（カウテリー：cautery）を傷口に押し
付け創面組織を死滅させる行為のこと
で、止血や肉腫の発芽予防と感染症予
防を図ろうとしていた（もっとも当時
は感染症が、細菌が原因で発生するこ
と自体が判らなかったが）。特に四肢
切断では切断面（切り株）への最終処置
として用いられ、主要血管の結索（け
っさく）方法がフランスの外科医アン
ブワーズ・パレ（1510-1590）によって
考案されるまで代替する手段がなかっ
た。

■1532年の焼灼法の様子

■さすがに焼き鏝は使用しないが、焼灼法は現代でも腫瘍除去後の処置と
　して電気焼灼や薬品を使った化学焼灼として実践されている。

床屋外科医

　気をつけなくてはならないのは外科
医といっても中世の外科医は現代のそ
れをイメージしてはならないというこ
とだ————。当時ヨーロッパでは内
科医の権威が非常に高く、一方外科的
な行為は下賤のすることとみなされて
いた。たとえば女性は社会的にもその
地位が低かったことから外科手術をお
こなうことができた、といった具合だ。
外科医を志す者は大学には通学せず、
徒弟制度のような仕組みの中で師匠の

■床屋外科医

技を盗み取り、それを受け継いでいった。

　当時の実情は《床屋外科医（barber-surgeon）》の存在からもうかがえる。床屋外科医は理髪から瀉血、抜歯、外傷や潰瘍の治療までこなしていた。床屋外科医の中には所定の場所で業をせず、特定の城主に使え城内に居を構え軽微な外傷治療にあたる者や各地を転々とする者もいた。ちなみに現代の床屋のサインポールは床屋外科医時代の名残ともいわれている。

■女性による外科行為は16世紀から17世紀まで存続したが、大学で外科
　が正規のカリキュラムとして編入される18世紀になると禁止された。

中世の医療行為

　手術の成否は運と施術者の腕次第であった。運は別として、執刀にあたる者が医学大学出身で内科の心得のある者であるか、医療行為が理髪の延長でしかない床屋外科医であるかにかかっていた。手術に欠かせぬ麻酔薬の使用は限定的であり、金銭的に余裕のある者以外は苦痛に耐えるため厚い木板を噛み締めるか、痛覚を麻痺させるため大量のアルコールを摂取するしかなかった。

　手術の成功は直接富と名声に繋がり、王族や貴族の専属医になれば経済的にも豊かになると同時に自ずと外科医としての腕も磨かれていった。彼らは時には軍医としても活躍し、戦場で倒れている兵士の生死の確認と救命治療の優先順位を見極めるため水桶を胸において胸郭の上下運動を観察するという現代のトリアージ（triage）に通ずるようなことをすでに実践していた。また刺創専門、切創専門など特定の分野に長けている軍医もおり、矢による創傷を得意とするものは新型の矢じりが考案されると、それにあわせ治療法を変えていた。

　暗愚な医療行為があたりまえのように実践されていた一方で、前出のアブルカシスがすでに子宮外妊娠を扱い血友病は遺伝病であると記録したように帝王切開、骨折の固定法、抜歯、尿道結石の治療など数多の医療行為が確立されており形を変えながらも現代に受け継がれているのも事実だ。

　瀉血に関する民間医療の記録は残っているが外科手術のそれはほとんど残されていないのは内科に比べ格下に観られていたことのほかに、手術自体が稀な医療行為であったからである。外科手術の様子を仔細に記した記録（カルテ）の登場は麻酔術が確立される19世紀まで待たねばならなかった。

当時有効な麻酔薬と呼ばれたものでさえ裏を返せば猛毒であった。たとえばレタス、去勢したイノシシの胆汁、アヘン、ヒヨス、ドクニンジンを混合して作られた麻酔薬があったが、ドクニンジンには医薬成分も含まれているもののこの植物は基本的に毒草である。麻酔を要するような外科手術に臨む場合、医者にとっても負傷者にとっても《最後の賭け》であった。また当時の戦場には救急救命という概念はなく、当然赤十字的な精神など存在しなかった。戦地で負傷した兵士は階級の高い者を除いて自力で味方陣地まで戻らなければならなかった。

ヒューマンアナトミーへの探求

　人体の神秘を探る行為、《解剖》に外科医の誰しもが魅了されていた。中世のカトリック教会は、解剖を死者への冒涜と見なしており破門に等しい処罰で臨むなど厳しくこれを制限していた。解剖(dissection)に対する情熱は熱心な医者であればあるほど高かった。

　実のところ解剖は一定の条件付きで容認されており、14世紀から大学では頻繁に公開のかたちでおこなわれ囚人の遺体が教材として献体された。解剖は罪人に対する究極の処罰と受け止められていたため、魂の救済は抜かりなくおこなわれていた。このほかの例外として、司祭など聖職者が死亡すると功名な外科医による検死が許可された。また妊婦が死亡した場合、直ちに帝王切開が試みられていた。

■解剖に限らず死者の肉体に人為的な処置を施す行為は罪悪とみなされ、
　十字軍遠征の間（1071－1272）に戦死した兵士の亡骸などは現地で荼毘
　に付され骨だけが故郷に戻された。

1）解剖学の始祖

　人体解剖(human anatomy)の最初の実践は紀元前にまで遡る。紀元前1600年の古代エジプト時代の医学書エドウィン・スミス・パピルスにも内臓のレイアウトに関係した記載が確認されており、同じく紀元前1550年のものと推測される医学書エバース・パピルスには心臓の仕組みの詳細な描写が残されている。

　古代ギリシャでも解剖が盛んにおこなわれていた。名医ヒポクラテスの

生涯の全仕事の集大成であるヒポクラティックコープスには骨格筋の構造が記載されているほか、哲学者アリストテレス（紀元前384－322）は動物の脊柱の構造を詳しく記している。このほかヘロフィロス（紀元前335－280）はアレクサンドリアの囚人数百人を対象とした解剖（生体解剖も含む）によって会得した知識を後進に残したとされている。

2）中世の解剖学

　13世紀ではインノケンティウス3世（1161－1216）が検死に限って解剖を許可しており、人体解剖は罪悪とみなされていた。ギリシャ解剖学の神髄は古代ローマ時代のガレノス（129－216）らに引き継がれていったことから、解剖学といえばガレノスの著作の引用が多かった。ガレノスの記述は絶対であり、この盲信が解剖学の停滞を招いた。

　14世紀は解剖学再構の時代といえよう。1316年、イタリア人医師モンディーノ・デ・ルッツィ（1270－1326）が《アナトミア・ムンディニ（解剖学）》を完成させたのを機に、ルッツイの知見がガレノスの教義に代わって中世解剖学の教科書的な役割を果たすようになった。ボローニャ大学で医学講師を務めたルッツィは《解剖学の修復者》と呼ばれ、1315年に公開解剖というスタイルで授業をおこなうようになった。

　1428年、教皇シクストゥス4世（1414－1484）が地元の聖職者の許可があれば人体解剖を許可するという勅書を出すと、ボローニャに続きパドヴァ大学でも人体解剖がカリキュラムに加わるなど解剖学は驚くべき速さで進歩する。ルネサンス期といわれる16世紀以降、《近代解剖学の父》と評されるアンドレアス・ヴェサリウス（1514-1564）が1543年に図版入りの解剖書『人体の構造』"De humani corporis fabrica"を刊行すると解剖学は隆盛を極め、イタリアのヒエロニムス・ファブリキウス（1533－1619）が提唱した解剖劇場（anatomical theater）の完成へとつながった（1594）。

■15世紀以前は、書本の複製は写本が主流であったが、1434年にドイツのヨハネス・グーテンベルク（1394－1399）の金属活字を用いた活版印刷技術の考案により印刷本が普及するようになった。解剖学をはじめとする医学の発達に貢献したのは言うまでもない。

検証　中世の軍創

　甲冑（かっちゅう）と呼ばれるプレートアーマー（板金鎧）が普及する以前、剣や槍による頭部や腹部に対する切、刺創や、棍棒のような鈍器による頭部に対する挫創が致命傷となった。開放性創傷では、傷口を通じて人体に侵入した衣類の繊維が感染症の原因にもなった。古のローマ兵が裸に近い恰好であったのは機動性を重視したためであるが、知らぬ間に感染症対策にも一役買っていた。

　敵が甲冑で武装していた場合、盾で防御しながら接近し、比較的装甲の薄い関節部や足を狙う戦法が用いられた。アーマーの上からでは切創の効果は望めないことからまずは打撃により相手を地面に倒してから、装甲の隙間を狙ってとどめを刺していた。

　初期のアーマーは皮革防具や鎖帷子が一般的であり、最初のころは胸部など致命部位を局所的に保護する防具でしかなかった。やがて登場する全身を覆うものや最先端の冶金技術を駆使した装甲の着用はディフェンス手段であったと同時にステイタスシンボルでもあり、この恩恵に与れる者は経済的にも余裕のある一部の王族や貴族に限られた。甲冑とその下に着用する鎖帷子の総重量は40kgに達したが、その重量を活かし装甲そのものが打撃武器でもあった。

■紀元前2世紀頃、ブロンズ製プレートが致命的部位である胸部や下肢に装着され、完全防御の甲冑は中世ヨーロッパ後期になり登場する。

　敵味方の両陣営にプレートアーマーが行き渡るようになると刀剣類の出番はほとんどなくなる。刀剣はあくまでもシンボルでしかなくなり、関節部や非アーマー部を狙った小型短剣を除き実用性が薄れていった。これに代わり打撃用兵器、戦斧やメイスが頻繁に用いられ、アンチプレートアーマー用のウェポンとして槍の類のポールアームズの改良が進むことになる。ポールとアックスのハイブリッドであるポラックス（poleax）やスパイクとアックスを掛け合わせたハルバード（halberd）はその好例である。

　軍創は切創よりもクラブ、メイス（棍棒）、モーニングスター（星球棍棒）による昏倒、スピア（槍）による刺創、アックス（斧）による割創が多くなっていった。飛距離のある大型弓矢ロングボウ（長弓）やクロスボウから放たれるボルト（矢じり）は離隔が200m以内であれば装甲を貫通することができた。

■当時、装甲の厚みは2mm程度でマスケットから放たれたボールはこれを貫通したため、マスケットが各軍の兵器として広く行き渡る1650年以降、完全武装型の甲冑は無用の長物とみなされ廃れてゆく。ちなみに2mm厚アーマーを貫通させるには1mm厚のアーマーを貫通する力の約3倍のエネルギーを必要とする。

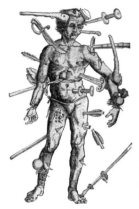

■wounds man 創だらけの男　中世のありとあらゆる軍創を負った男————もとは15世紀の医学書の挿絵版画であったが16、17世紀の書物にも引用され続けた

火砲と銃の時代の到来

　戦争の本質は変わらずとも、硝石、硫黄、木炭といった自然物の三味混合により火薬が発明（発見？）されて以来、戦術は火薬のエネルギーを利用した兵器（火力）を中心に編み出されるようになっていった。

　当初は轟音や閃光で人馬を一時的に行動不能に陥らせる程度であった火薬兵器は、やがて飛翔体を射出する火砲や銃へと進化していった。しかしこれらにより弓、クロスボウ、カタパルトなどの機械的運動エネルギー兵器がすぐさま戦場から駆逐されていったわけではない。命中精度や装填から発射までのサイクルの点では、弓やカタパルトに遠く及ばなかったからだ。

　中世までの火薬兵器の位置づけはサブウェポンから飛躍することはなかった。ここでは火砲をメインに据え、その由来と戦術について触れてゆく————。

＊　＊　＊　＊　＊　＊

火薬の発見

　10世紀の中国の宋代で黒色火薬が発明されてからおよそ300年後、火薬をエネルギーとした火炎放射砲（飛火槍）や現代の手りゅう弾のような兵器（震天雷）が開発されていった。1279年に日本に攻め入ってきた蒙古軍（当時は元軍）に対して南宋軍が飛翔体（火薬玉）を発射する兵器、《突火槍》を考案してから、この《火砲の始祖》は中東、ロシア、ヨーロッパへと拡散し、14世紀末には程度の差こそあれヨーロッパの各軍勢は大型の火砲を装備するようになっていた。

■宋代（960－1279）は北宋時代（960－1127）と南宋時代（1127－1279）
　とに二分される。

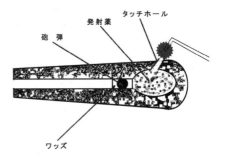

■ハンド・ガンと火砲の着火方式　砲弾と砲身内部の空隙を無くすため、わら布などが詰められた。

　中世の軍隊はすでに火砲に代表される火薬エネルギー兵器、《ファイヤーアームズ（firearms）》の恩恵にあずかっていたが、当時はもっぱら攻城兵器として用いられており対人用兵器ではなかった。確かに中世にワンマンで携行可能な《ハンド・ガン（hand-gonne）》なる火器が存在していたが、あくまでも小型火砲に過ぎず照準を持たないまさにハンドキャノン（hand-cannon：手砲）であった。

　ハンド・ガンは携行可能という点ではSmall arms（小火器）ではあるが火砲と同じくタッチホール（火口）から火種を介して着火をおこない、トリガー等の機構を装備していないことから今でいうところの《gun：銃》ではない。こうした背景を踏まえ本書では銃による創傷、《銃創（gunshot wound）》はマッチロック式銃（アークァバス：arquebus）が開発される15世紀中盤以降の軍創として扱うこととする。

火砲登場とその伝播

　1232年、蒙古軍（モンゴル）に対抗するために金軍が開発した兵器が《飛火槍》であった。頑丈な紙筒を用いた《飛火槍》は粉状にした黒色火薬を用いた火炎放射砲で、飛翔体を射出する機能は無かった。

　最終的に金は1234年に蒙古軍によって滅亡した。この後蒙古（当時は元）は南宋と戦争状態になり、1259年の戦闘で南宋軍は《突火槍》を戦場に持ち込んだ。突火槍は砲身に竹筒を用い火薬を固めて団子状にしたものを発射薬とし爆発と焼夷効果を持つ《火薬王》を撃ち出すというものであった。火薬兵器が功を奏することもなく南宋も1279年に元軍によって滅ぼされた。

　当時の世界は洋の東西を問わずさまざまな軍隊が群雄割拠していた時代であり、ヨーロッパでは十字軍の遠征も始まっていた（1071–1272）。1271年から1295年にかけてマルコ・ポーロ（1254–1324）がアジアを歴訪し、東方の見聞を広めていた時代でもある。さらにはヨーロッパを震撼させた《ワールシュタットの戦い》に象徴される《亜細亜の脅威》を経験済みであったことから、突火槍のような新しい兵器に関する見聞が中東、ロシア、ヨーロッパに伝来していったとしても不思議は無い。

■1241年の《ワールシュタットの戦い》はモンゴル帝国のヨーロッパ遠征軍と神聖ローマ帝国、ドイツ騎士団、テンプル騎士団、ポーランド王国軍から構成された連合軍との戦闘で遠征軍が大勝利を収めた。

1）マドファからボンバード、キャノンへ

　モンゴル帝国の領土拡大にあわせて火薬、飛火槍、突火槍に関する知見や技術がロシア、ヨーロッパに伝えられていった。同じように中東にも伝播し、1300年アラビアで《マドファ（madfa）》が考案される。マドファは突火槍と同じく木製であったが、先の火砲との違いは飛翔体（球状物体、弾丸、焼夷物）を発射した点である。

　マドファに類する火砲はその後、砲身のマテリアルを金属に換え大は《キャノン（大砲）》、小は銃の始祖となる《ハンド・ガン：hand-gonne》へと分岐し、兵器として中世の軍隊が採用し始めた。

2）百年戦争とボンバード

　14世紀になってすぐに火砲はイギリスとフランスが100年にわたって戦った《百年戦争》に投入される。しかし当時のそれはわれわれがイメージす

るところの大砲(キャノン)ではなく、かなり小型なものであった。この火砲とハンド・ガンの中間にあたる鉄製火砲は《ボンバード:bombard:射石砲》と呼ばれ、兵器としてのスタンスはバリスタやカタパルトと同様に攻城兵器として扱われていた(もしくはそれ以下であった)。発射の轟音で馬を驚かせ、隊列を崩す程度のもので戦局を左右するような代物ではなかったとも伝えられている。

■ボンバード

■百年戦争(1337−1453)は、実際は百十数年続いた。この戦争の発端はフランスの王位継承問題であったが後にイギリスと羊毛産業で沸くフランドル地方の領有権をめぐる争いが加わった。1430年までフランス国土を占領するなどイギリス軍の攻勢が際立ったがジャンヌ・ダルク(1412−1431)の活躍で戦局は一変し、国土奪還をもって戦争は終結する。

3) コンスタンチノープルの陥落と巨砲

　大型火砲を駆使した本格的な攻防戦として1453年の《コンスタンチノープルの陥落》を挙げることができる。オスマントルコ帝国のメフトフ二世(1432−1481)はこれまで難攻不落でを誇った東ローマ帝国の首都コンスタンチノープルの占領を画策していた。東ローマ帝国軍は防衛策として30kmにも及ぶ城壁を築き、要所へ火砲を配備した。東ローマ帝国に攻め入るオスマントルコ軍は数十門の火砲を用意し、中でも《バシリカ砲》と呼ばれるものは全長8.2m、重さ20tの巨砲であり重さ270kgの石弾を1.6km先まで発射し、東ローマ軍の城壁を破壊した。

■巨砲は移動だけで70頭の牛、１万人の人力を要し、取扱いには200人がつきっきりで装薬から発射までに２−３時間もかかった。

バシリカ砲はハンガリーの大砲家ウルバン（??－1453）が設計したもので、当初東ローマ帝国にアプローチを試みたが、拒絶されたためオスマントルコと取引をしたという経緯がある。オスマントルコ軍の砲撃は55日間続き、扱いにくさと命中精度の悪さはともかく砲撃の大轟音は味方に戦意高揚を、敵には戦意喪失をもたらした。２ヵ月足らずの攻防戦であったが東ローマ帝国軍の7000名に対して20万名の兵を動員したオスマントルコ軍が勝利した。

■コンスタンチノープルの陥落を機に1000年間続いたローマ帝国は滅亡した。またこの戦は中世の終焉を意味していた。

火砲と城

石弾の破壊力増強と飛距離向上は黒色火薬の装薬量に比例する。これらを成就させるにはカタパルトと違い金属で構成されている火砲の場合、砲身を長大かつ分厚くしなければならない。しかしその代償として重量が増し、移動に支障をきたすことになる。もっとも初期の火砲は城塞の攻防に用いられていたため移動の必要性がなかったことから桶板や樽板で囲んだ据付型や架台に簡素な車輪がついたものに搭載されていた。

■初期の火砲は対人用というよりも城壁に穴を開け、そこから兵を城内に侵入させるために用いられた（火砲のほかクロスボウ、ハンド・ガンを確認できる）。

火砲はその用途に応じて２つに分類される————

・直射砲

いわゆるキャノン（cannon）と呼ばれるもの。弾道はほぼ水平で有効射程は500－1000m。行進する味方の兵隊の後方から頭上を越えて砲撃をおこなう戦術が考案されるまで、最前列に配備されていた。鉄球弾の他、散

弾を詰めたキャニスターショットが使われた。

・曲射砲

　ホウイッツア（howitzer）やモーター（臼砲：mortar）のこと。百年戦争の頃に使われていた稚拙な火砲、いわゆるボンバードはすべてモーターにカテゴライズされる。このシンプルなモーターに兵器として明確な戦術的用途があたえられたのは1420年代になってからだ。直射砲との違いは砲身の長さと弾道にある。曲射砲の特徴のひとつは弾道がパラボラ（放物線）を描く点だ。実体弾と呼ばれる石弾や鉄弾を撃ち出していたが17世紀になると鉄球弾の内側をくりぬき火薬を詰めた炸裂弾が使われるようになる。

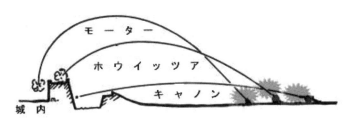

■火砲の弾道の違い

　機械装置が生み出す運動エネルギーを利用したカタパルトやバリスタの攻撃に耐えてきた堅牢な城も火砲の登場によりデザイン、構造ともに抜本的な見直しを迫られることになる。権威と富の象徴であった高い塔や独特の長方形構造は砲撃に対して脆弱であった。以後、築城に際しては塔の高さを低くし、城壁は砲撃のエネルギーを分散できるよう厚く、弧を描くような形になった。こうして城は見栄えや優雅さを捨て実用一点張りの星型要塞スタイル（star fort）になっていった。

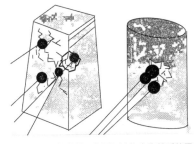

■面には分散砲撃、曲面には集中砲撃が効果的であった

■飛翔体は石弾から次第に鉄球弾が使われるようになった。これらは対人用としてではなく城砦の防護の薄い箇所を狙って放たれた。

マテリアルで観る大砲の進化

　大砲(巨砲)への移行は重量の制限を受けない銃と違い容易であった。要はスケールアップすればよいのである。機動力に見切りをつけ砲身を大きくし薬量を増やせば(命中するかは別問題として)飛翔体の距離と破壊力は増しゆく。

　砲身のマテリアルと製法は錬鉄(れんてつ)に始まり、鋳造(青銅および鉄)から鋳鋼という変遷を辿っていった。砲身の製造技術は第一期(1300－1450)、第二期(1450－1860)、第三期(1840－)に分けられる。第一期である1300年から1450年までの初期の火砲は細長い錬鉄片を環帯で束ねたものが多かった。錬鉄(wrought iron)の特徴は炭素含有量が0.02％以下であることで、当時は技術的に高熱を利用することができなかったため鉄鉱石から抽出した銑鉄を半溶解状態にした後、ハンマーで叩いて砲身として耐えられる《粘り》を引き出した。

　第二期とは1450年以後の製法を指し、青銅や真鍮、鉄による一体成型の火砲が作られるようになる。これらの鋳鉄火砲に用いられた方法————金属を溶かし込んで鋳型(cast)に流し込み任意のかたちに成型するテクニック————は教会の鐘を造る技術を転用したものだ。

　銅と錫(すず)の合金である青銅(ブロンズ)は火砲にもっとも用いられたマテリアルである。もちろん鋳鉄製のキャノンも製造されたが錆びやすくしかも脆かった。青銅の利点は、鉄に比べ強度では落ちるが、しなやかであったことと鋳造に手間がかからず安価であったことだ。青銅砲の時代(鉄を混ぜたハイブリット砲もつくられた)は鋼鉄砲が開発される19世紀中盤、1860年ごろまで続くことになる(第三期については後述の《ドイツ統一と新兵器》で詳細する)。

30年戦争と野戦砲

　ヨーロッパでは1453年の東ローマ帝国の滅亡から18世紀終盤(19世紀初頭)までの時代を《近世(early modern period)》と定義している。近世の火砲史を俯瞰すると15世紀から18世紀までは野戦砲の登場とそれにともなう新戦術の誕生が目覚しく、戦場の主役も野戦砲を操る砲兵とマスケットで武装した竜兵が騎士に取って代わった。特に砲兵に重きを置いた《スウェーデンの獅子王》ことグスタフ２世・アドルフ(1594－1632)が編み出した歩兵、騎兵、砲兵からなる《三兵戦術》はその後のナポレオン・ボナパルト(1769－1821)の戦術(通称ナポレオン戦術)にも大きな影響を与えた。

　火砲といえば城壁や艦船へ据え付けるものが一般的であったが、15世紀末、軽量化がすすみ移動(運搬)が可能になると戦場で機動力を発揮するようになった。用途も対物から対人用に特化していった。火砲自身の軽量化は砲弾の小型化とそれを撃ち出す発射薬の薬量減に繋がり結果、殺傷力が削がれることになった。このマイナス面を補うために当時の兵器開発者(多くは現役軍人)は砲弾の構造に工夫を凝らした。

ソリッドショット　バーショット　リンクショット　チェインショット　キャニスターショット　グレープショット

■対人用に特化した各種砲弾

* 　* 　* 　* 　* 　*

ハンド・ガンとフス戦争

　30年戦争(1618－1648)が始まる直前のヨーロッパは、フランスもイギリスもイタリアも比較的平穏で、唯一ドイツ(神聖ローマ帝国の一部)だけが信教、政治の面で不安定であった。

■神聖ローマ帝国はドイツ（当時は300以上の諸侯から成り立っていた）、オーストリア、チェコ、イタリアの一部から構成されていた。

　30年戦争は、この戦が始まる200年前に起きたフス戦争が原因のひとつであった。フス戦争（1419-1439）は端的に言えば宗教戦争であるが、戦史的には大々的にハンド・ガン（hand gonne）が実戦投入された最初の戦いとされている。フス派のメインウェポンとなったハンド・ガンは馬車に装甲を施した《戦車：wagenburg》に重装備され、一部のハンド・ガンにはすでにアーケァバス（火縄銃）のようなトリガー機構が組み込まれていた。

　フス戦争の端緒はボヘミア（現在のチェコ）の宗教改革者ヤン・フス（1370～1415）の布教活動に由来する。イギリスで勃興した宗教改革の影響を受けたフスは国民主義的な思想の下、堕落したカトリック教皇や教会を激しく攻撃した（フスの教えがプロテスタントの先駆といわれるゆえんがここにある）。

　フスは教会を破門され1414年には投獄、翌年には火刑に処せられる。フスの死後、彼の信奉者であるフス教徒（フス派）は国王とカトリック教会に対して内乱を起こした。

　フス派を異端とみなしたカトリック教会と神聖ローマ帝国が十字軍を編成し、征伐に乗り出した。これがフス戦争である。5回に渡った十字軍の遠征はことごとく失敗し、カトリック側はフス派へ和平を申し入れた。1434年、この時の対応を巡りフス派が穏健派と急進派に分裂するとカトリックと結託した穏健派が急進派を倒すかたちでフス戦争は終結した。

初の世界大戦　30年戦争

　30年戦争（1618-1648）はドイツとチェコを主戦場に、断続的に30年の間おこなわれた戦争のことである。当時の国王らは軍隊を常設とせず、有事の際には傭兵を最大限に活用していた。金で雇われ戦争に加担する兵士、つまり傭兵というものは一部の例外を除き忠誠心や愛国心に乏しいものだ。また戦費が嵩めば一方的に解雇されるなど経済的にも不安定な職業であったことから、雇う側も雇われる側もともにリスクが高かった。こうしたことがこの戦争を長引かせた要因のひとつとされている。

　30年戦争は当初、カトリック（旧教）とプロテスタント（新教）同士の宗教的対立の様相を呈していたが、次第にヨーロッパの覇権を巡る国家間の争

いになっていった。

　30年戦争は以下の主だった4つの戦争に分けられる————。

ファルツ・ボヘミア戦争（1618－1625）

デンマーク戦争（1625－1629）

スウェーデン戦争（1630－1635）

フランス戦争（1635－1648）

1）ハプスブルク家の躍進

　新教対旧教の構図のほか30年戦争の背景として見逃せないのは、当時はフランスのブルボン家、オーストリアとスペインのハプスブルク家が欧州覇者の座を巡り激しく対立していた点だ。なかんずくハプスブルク家出身の神聖ローマ皇帝フェルディナント2世（1578－1637）は狂信的なカトリック信者でありプロテスタントの殲滅に己の人生を賭していた。

　この戦争はまずボヘミアの内戦から始まった————。神聖ローマ帝国内であってもプロテスタント諸侯の連合（ウニオン：union）とカトリック諸侯の同盟（リーガ：league）は互いに反目し合っていた。まずボヘミアでフェルディナント2世が率いるカトリック同盟軍とボヘミア王フリードリヒ5世（1596－1632）のプロテスタント連合軍とが内戦状態となりプロテスタント側が敗北を喫した（ファルツ・ボヘミア戦争）。当時フェルディナント2世は暫定的にボヘミア国王であったが、1619年に神聖ローマ皇帝として即位すると同時に、プロテスタント弾圧に拍車をかけた。

　1625年、領土拡大を狙うデンマークのクリスチャン4世（1577－1648）は、ハプスブルク家の台頭を許さないフランスとイギリス、スウェーデンからなる《対ハプスブルク同盟》の後押しを得たことで、プロテスタント保護を口実にフェルディナント2世率いる神聖ローマ皇帝軍（旧カトリック同盟軍）に宣戦を布告した。緒戦は優勢であったが徐々に敗色が濃くなり終には敗退。デンマークはこの戦争を機に北欧における存在感を著しく落とすことになった（デンマーク戦争）。

　デンマークに代わりフランスのルイ13世（1601－1643）の援助を受けたスウェーデン王グスタフ2世・アドルフ（1594－1632）がプロテスタント連合軍の戦闘を取り仕切り、皇帝軍と壮絶な砲火をまみえる。《北方の獅子》の異名を持つグスタフ2世の指揮の元、スウェーデン軍は快勝を続けるものの彼の戦死を機に皇帝軍の巻き返しにあい惨敗する（スウェーデン戦争）。

2）30年戦争の終焉

　前述したように30年戦争のバックグラウンドには新教対旧教の構図のほかフランスのブルボン家（ルイ13世）、オーストリアとスペインのハプスブルク家（フェルディナント2世）が欧州覇者の座を巡る激しい攻防があった。スウェーデン戦争の際、カトリックでありながら、筋金入りのプロテスタントのグスタフ2世・アドルフを焚き付けたのがルイ13世であった。1635年、ついにルイ13世のフランス軍がスウェーデン軍と合流し合同軍として皇帝軍との戦闘が始まった（フランス戦争）。苦戦を強いられる中、皇帝軍のフェルディナント2世が戦死。フェルディナント3世が王位を継承するものの戦況は変わらず、1648年に両軍は平和条約（ヴェストファーレン条約）を締結する。

　30年戦争の戦死者（市民を含む）は8,000,000人以上と見積もられており、2600万人が戦死した第一次世界大戦（1914－1918）以前ではナポレオン戦争（1803－1815）に次いで多い数字となった――――。この戦争こそが人類史上初の世界大戦であるとする歴史家もいる。

■主戦場となったドイツ地方では当時の人口1600万人が600万人にまで減少した。

野戦砲の登場

　これまではもっぱら据付型だった火砲が簡単な車輪つき架台に乗せられ戦場に駆り出されるようになったのは1380年代になってからで、本格的な車輪を得て機動力を発揮し始めたのがフス戦争（1418－1424）の頃といわれている。このような機動力を最優先とした砲は

■典型的な野戦砲　大きな車輪、反動を抑制するため架台の末端が反り返っているのが特徴。野戦砲には直射砲、曲射砲の二種類があった。

《野戦砲（フィールドガン：filed-gun）》と定義され、おのずとその用途は対物から対人へと移っていった。

　以後野戦砲は一躍戦場の主役となり新しい戦術を創出するきっかけとな

った。また戦場からの需要に応えるため砲身の製造工程も従来の錬鉄片を束ねたものではなく安価で効率的な鋳造によるものにシフトしていった。

三兵戦術

　近世になると戦闘のスタイルは一方の軍が城を攻め、他方がこれを守るといった攻城戦から戦場に設けた陣地で両軍が対峙するというスタイルに変容し、戦場を移動する野戦砲が重宝がられた一方で、かつての巨砲の出番はほとんどなくなった。

　《砲兵（horse artillery）》という専門部隊が編成されたのも野戦砲の普及によるものだ。砲弾も石弾はほぼ姿を消し、鉄球弾や炸裂弾（鉄球弾の中をくりぬき火薬を充てんしたもの）が使われるようになる。ハンド・ガンスタイルを脱却したマッチロック方式のアーケバス（火縄銃）の進化も目覚しくこれを使う《歩兵（竜騎兵）》、《騎兵》を中心とし、その両脇を《砲兵》で固める《三兵戦術》が編み出されていった。

北方の獅子王　グスタフ２世・アドルフ

　三兵戦術は最初にして最後の宗教戦争といわれる30年戦争（1618-1648）の一大局面と目されているスウェーデン戦争においてスウェーデン軍を先導したスウェーデン王グスタフ２世・アドルフ（1594-1632）により考案された。三兵戦術のみならず彼は戦術史において以下のような功績を遺した―――。

・**機動性の重視**：
　巨砲、鈍重な大砲（12パウンダーもしくはそれ以上）の採用を廃して、軽量かつ機動力にとんだ野戦砲（デミ・カルヴァリン砲）を多用。

・**カートリッジ（薬包）の考案**：
　現代で言うところのカートリッジではなく、紙を介してボールと発射薬が１セットになったことで装填、発射までのサイクルが早まった。

・**兵器の制式化**：
　武器類は生産から支給配備までを制式化（統一化）した。

・**新型砲弾の採用**：
　鉄球弾とは別に散弾が使われるようになる（キャニスターショット、ケースショット）。このほかに鉄球弾内部に黒色火薬を充てんした《炸裂

弾》も考案した。

■機動力が売りの野戦砲といえども大型のものは23頭もの馬を必要とし、中型といわれるカルヴェリンであっても運搬には9頭が使われた。16世紀後半にはカルヴェリンをさらにダウンサイジングしたデミカルヴァリンが考案された。スペックは、砲口径100mm、砲身長3400mm、砲重量は1.5tとなる。装薬量2.76kgで重量3.6kgのソリッドショットの有効射程距離は550mにも及んだ。

新しい砲弾の登場

　グスタフ2世・アドルフの功績の1つに対人砲弾の開発が挙げられる。これまでの砲弾はソリッドショット（もしくはボール）と呼ばれる球弾が一般的であった。ショットには無垢の石からできた石弾と鉄球弾があり、これらはもっぱら城壁を破壊し、そこから突入を計るという攻城用途で使われていた。

　もちろん付随的に対人用としても使われ直撃を受ければ即死は免れず、石弾は着弾の衝撃でフラグメント化（破片）し、周囲にいる者に被害を及ぼした。大きなサイズのショットはモーターやホウイッツアなどの曲射砲から、小さなものは直射砲から発射された。特に直射砲から高速で撃ち出された鉄球弾は速度が低下しても地面でバウンドしながら人馬を蹴散らすほどの高い運動エネルギーを有していた。

■バウンドした鉄球弾は人馬に対して充分な殺傷力を有していた

　グスタフ2世・アドルフが考案した新型砲弾は、キャンバス袋やキャニスター（缶）に小さな球弾やフラグメントを詰めたもので、敵兵に向けて直射で放たれた。これらはキャニスターショットまたはケースショットと呼ばれ、これを装填した野戦砲はまさに《大型散弾銃》となり、形成される創

傷は《銃創》に他ならない。これまでのソリッドショットは直接命中させたり、命中せずとも地面を転がり、敵を蹴散らせたりする直線的な攻撃しかできなかったが1発1発は小さいが一度に発射される鉄球の数を複数にしたことで攻撃の範囲が《面》になった。

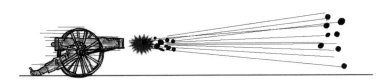

■飛距離が伸びるほどショットパターンが拡がるが、その分1発の威力は落ちる

《銃：マスケット》の時代

　オーストリアのハプスブルク家出身の神聖ローマ皇帝フェルディナント2世が統率した皇帝軍側の目線に立てば、30年戦争とはプロテスタントにはじまりデンマーク、スウェーデン、フランスと、次々と敵が変わっていった戦争である。特にスウェーデン戦争の頃になると両軍の火力が拮抗していたことから、戦術が雌雄を決する重要なファクターとなった。

　30年戦争（1618-1648）では、機動性を発揮した野戦砲が戦場の主役であった。同じく剣や槍、弓に代わって存在感を増していたのがマスケットであった。17世紀中盤の出来事である30年戦争ではすでにマッチロック式からホィールロック式を経てフリントロック式のマスケットが歩兵にあてがわれていた。

　マスケットは、銃の種類でいえばスムーズボアマズルローダー（滑腔銃身前装式銃）に分類される。基本的には単発銃で1822年以降にパーカッションキャップ式に落ち着くまで発射機構に3つの変遷があった。まずは1520年代の火縄式のマスケット（アークァバス）から始まり、短い期間であったがホィールロック式が導入され、1630年代から約200年もの間、フリントロック式が採用され続けた。

ハンド・ガンからアークァバス（火縄銃）へ

■ハンド・ガンとアークァバス

　ハンド・ガンを一口で評せば、それは《発射機構をもたない筒》であった。つまり小型火砲――――それ以上でも、それ以下でもない存在であった。発射によって筒が熱せられることから青銅または鋳鉄製の銃身に木製ストック（ポール）が取り付けられ、着火は火砲と同じくタッチホールを介しておこなわれた。照準はなく尚山を相手のいる方向へ向けるという方法しかなかった。

　1300年、アラビアで考案されたマドファから派生したハンド・ガンは攻城兵器としては小さすぎ、銃としては大きすぎた。当時はまだ刀剣、槍、弓がメインウェポンであったことから兵器としてのスタンスは現在でいうところの分隊支援用兵器といったところか。銃身が短く口径が大きかったことからクロスボウの135mにくらべ射程は最大でせいぜい45mであった。

　ハンド・ガンは1400年代から射撃姿勢保持のためのフックを装備するなど徐々に改良が加えられるようになりタッチホールへの着火に火縄（マッチロック）がもちいられるようになった。30年戦争の伏線にもなったフス戦争（1418-1424）の記録では、フス派軍が相当数のハンド・ガンを用い、戦車にも装備されていた。

■フス戦争はヨーロッパで火器を駆使した最初の戦争といわれている。

　タッチホールへ手を介して火をつけるマニュアルイグニッションから機械仕掛けによる着火への移行は同じくフス戦争の頃に見つけることができ

る。試行錯誤の末1450年代に火縄とトリガーが連動するマッチロック式が確立されるとハンド・ガンは単なる柄のついた筒から《銃：gun》へと変貌を遂げた。銃という概念は1520年代にアークァバス（火縄銃）という新型兵器を生み出し、ハンド・ガンはついに戦場から姿を消すことになった。

■ハンガリーのマーチャーシュ1世（1443－1490）が率いる黒軍では3名の兵士につき1名がアークァバスを装備していた。ドイツ諸侯から構成される神聖ローマ帝国軍（ハプスブルク家）はイタリア戦争（1494－1559）で3000名におよぶアークァバス部隊を編成し、フランス軍（ヴァロワ家）に対して壊滅的な打撃を与えた。

　狙って撃つためのストックが付与されたアークァバスは、銃身が長くなった一方で口径が小さくなっていったことから有効射程は90－100mまで到達するようになる。標準的なアークァバスは全長が135－165cmで本体重量は4.5－6.75kgあたり。初期のものでは8－12kgというものもあり、射撃姿勢の安定性と命中精度をあげるためモノポッドが取り付けられた。

口径とショット

　マスケットで撃ち出す弾丸は軟らかい鉛でできた球体で、ボールまたはショットと呼ばれた。アークァバスが全盛であった16世紀中頃の平均的な口径は13.9mm、その後威力アップを図るため15.0－15.9mmまで口径が大きくなった（オランダでは20mm、スペインは21.6mm）。ちなみに1722年にイギリス軍の制式となったブラウンベスの口径が19mm、1717年に制式となったフランスのシャルヴィルは17.5mmとなる。

　マスケットのようなスムーズボアマズルローダーは銃口から弾丸の装填をおこなう。よってボールの直径が銃口のそれよりも小さい。ボールと銃身内部との間に生じる空隙をウィンデージ（windage）といい、この隙間が《発射ガスの逃げ道》となり威力や命中精度に大きな影響を与える。当時の標準的なウィンデージは0.05－0.10mm程度であった。

　ショットの重量は平均30g程度で、銃口を出たばかりのショットの速度は240m/secと推定される。重量があったものの球形飛翔体にはつきもののマグヌス現象（野球ボールのカーブ現象に類似）により有効射程は50－100mと見積もられている。

■1980年代終盤にオーストリアでおこなわれた実証試験の結果、発射速度は400−500m/secを記録した。ハンドガンの高速ブレットに迫る数値であるが、重量と球体ゆえに減速が大きかった。いずれにせよ予想以上に高速であったわけだが、この原因として現代の発射薬の質の向上が大きいと思われる。

リコイルと狙点

　初めて銃を扱う新兵にとって発射の轟音とリコイル（反動）はまさに恐怖であった。こうしたことから彼らの放ったショットは通常、狙ったところよりもはるか上方に飛び去っていった————。30年戦争（1618 - 1648）に従軍し除隊後、射撃教官となったベテランは新兵らに対して《敵の体の中心よりも高い位置は狙うな》と教えていたとされる。

　当時は、反動にくわえショットの弾道の変化を考慮し（重いショットはすぐに減速し、弾道が垂れた）、敵との距離がおおよそ150歩ほど離れていれば膝を、225 - 300歩であれば腰か胸を、375歩であれば頭を、450歩ならば帽子または頭上の30cmあたりを狙うよう訓練されていた。また離隔が30 - 50mの場合は、反動を計算して敵の足元地面の8 - 10歩先を狙うようにとも教えられていた。

兵器としての信頼性

　ハンド・ガンとの交代は早かったがアークァバスの兵器としての定着はクロスボウやロングボウよりも遅れていた。その理由として射撃術の習得が思うようにいかなかったことと、一発目の発射から次弾の発射までの準備に時間がかかったことが挙げられる。これらは個々の兵士の技量の問題でもあるが、アークァバスは兵器としても最初からハンデを背負っていた。

　アークァバスから発射されるボール（ショット）は、矢やボルトのように味方同士の相互利用や消費後のリサイクルが利かず、発射薬に使用していた黒色火薬の調達も容易ではなかった。また黒色火薬はその特性上、火種がそうであるように雨や湿気に弱かった。また発射の際に生ずる白煙によって（特に一斉射撃をおこなった場合）、視界が奪われるという事態を招いていた。白煙によって敵に自分の位置を知らせてしまうという厄介な点も

あった。そもそも摩擦、衝撃、火炎に敏感な黒色火薬の携行は潜在的に危険を伴っていた。

■ポルトガル、スペインが先駆となり15世紀中盤に始まった海洋探検ブーム（大航海時代）はイギリス、フランス、オランダの参画を経て17世紀中盤に終息する。ファイヤーアームズは16－17世紀になるとアメリカ大陸に代表される新大陸で原住民や先住民の制圧（殺戮）兵器として広く使われた。

ホィールロック式の登場

アークァバスの最大の短所は火縄（火種）を必要とするところであった。火種を不要とするホィールロック式（wheellock）の銃が15世紀後半から16世紀初期にかけて《限定的》に流通するようになったのはドイツのニュルンベルクであった。ホィールロック式の最大の恩恵は何と言っても火種から解放されたところだ。発射薬への着火は金属製の歯車（ホィールと黄鉄鉱やフリント（燧石）の摩擦によって生じたスパークでおこなった。

ホィールロック式は構造が複雑であるがゆえに大量生産には向かなかった。このことが軍での採用を阻んだ。このほか一挺あたりの製造にかかる手間やコストも高く、複雑なギミックから頻発に故障し、その都度専門家に修理を依頼しなければならなかった。また歯車の巻き上げには専用スパナが欠かせず、紛失は銃そのものの機能を失うことを意味していた。

■ホィールロック式のハンドガン

■火種が不要になったことで隠匿携帯が可能になり、銃の小型化に拍車がかかった。

ホィールロック式は軍での採用を逃した代わりに隠匿携帯が可能なハンドガン（ピストル）としての可能性を示唆した。隠匿携帯の恩恵を受けたの

が暗殺者で、要人の殺害が相次いだ。1518年にこれを憂慮した神聖ローマ皇帝マクシミリアン1世（1459－1519）はホィールロック式銃の使用を禁じ、イタリア各地も1530年代にこれに倣った。その後、1584年にはオランダのウィレム1世（1533－1584）が暗殺され、フランスのギーズ公フランソア（1519－1563）の暗殺やサン・バルテミルの虐殺（1572）においても大量のホィールロック式銃が使われた。

フリントロック式の普及

ホィールロック式の導入により火種という枷から解放されたがこのシステムには前述したようないくつかの泣き所があった。1630年代に考案されたフリントロック式（flintlock）はホィールロック式のメカニズム上の難点である《複雑さ》を解消した。ホィールロック方式が火花の発生を歯車とフリントの摩擦でおこなったのに対して、フリントロック式はフリント（火打石）をフリズンというスチールプレートへ打ち付けることで発せられる火花を利用した。フリントロック式はシンプルになったと同時に、堅牢かつ信頼性の高さが好評を博し1830年代にパーカッションキャップ（percussion cap）式が開発されるまでの約200年間、マスケットの発射機構として定着した。

フリントロック式が導入された頃、イギリスでは清教徒革命（1641－1649）が起き、1645年のネイズビーの戦いで国王チャールズ1世（1600－1649）の国王軍に圧勝した政治家にして戦略家でもある議会軍のオリバー・クロムウェル（1599－1658）は自軍の歩兵全員にフリントロック式マスケットを支給した。

■18世紀のフリントロック式マスケットの両雄といえばイギリス軍（大英帝国）の《ブラウンベス（1722－1838年まで制式）》とフランス軍の《シャルヴィル（1717－1840年まで制式）》だ。

槍兵とバヨネット

装填に手間がかかるマスケットは熟練とはいえ3分間の発射数は2－3

発が限度であった。マスケット兵の弱点はまさにこの装填時であり、この間に槍兵が彼らのガードをしていた。

　フランス軍のセバスティアン・ル・プレストル・ド・ヴォーバン（1633-1707）は《攻城のエキスパート》として名高いが、脱着式のバヨネット（銃剣：bayonet）を考案したことでも知られている。1680年、ヴォーバン発案のソケット式バヨネットがフランス軍の歩兵全員に支給されマスケット兵が槍兵を兼ねるようになると、17世紀の終わりにはヨーロッパ全土の軍隊がバヨネット付きのマスケットを標準装備することになった。

銃創と銃創治療のパイオニア

　近世になると16世紀中盤までにはマッチロック式銃（火縄銃）、アークァバスがヨーロッパの軍隊の間に定着していったことから各国の軍医、外科医はまったく新しいタイプの創傷、《銃創：gunshot wounds》の治療に取り組まなければならなくなった。

　ガレノスの時代は《排膿は回復の兆しであり、それを待て》という教えが外科医の間で常識となっていた。しかし中世になってから、この誤りが指摘されるようになり排膿は待つものではなく汚れた傷口は積極的に開いて治療すべしという考え方がフランスの外科医ギー・ド・ショーリヤック（1300-1368）によって提唱されると《傷口は毒で冒されている》という概念が定着する。

　15世紀以降、銃で撃たれるとマスケットから放たれたボールやショット、それに付随する発射薬の《毒》が化膿の原因と考えられた。ゆえに悪い血を抜く《瀉血（しゃけつ）法》や傷口を熱した串で焼く《焼灼法》が効果的な治療法として広くおこなわれていた。

　電気を使った焼灼は現在でもおこなわれている。レーザーや電気メスがその好例だ。しかし当時のそれは煮えたぎった油で傷口の組織を焼き潰す

といった残忍なもので切断した四肢の止血にも用いられていた。

* * * * * *

マスケットで撃たれると

　平均重量が30gと重く大きいショット（ボール）は速度も低く、なにより
もその丸い形状から当時の銃創は軽傷で済んだと思われがちだが実際はど
うであったか————。当時のショットやボールは溶かした鉛をモールド
に流し込み球形に仕上げられていた。出来上がったばかりのボールには繋
ぎ目やバリがあり、発射時の摩耗によって使用済みのボールにはこれらが
確認できない。また保管や輸送中の振動でボール同士が擦られることで、
研磨され自然に消滅することもある。

　ボールは成形しやすいようにもともと軟らかい鉛が使われていたことか
ら、意外にも銃創の程度は現代の弾丸（ハンドガンのもの）のそれよりも酷
かった。その理由は、鉛がカッパー合金やブラスといった金属ジャケット
で被覆されていないからである。無垢の鉛自体が軟らかいために体内で骨
に衝突すると変形が著しく（フラグメントにはならなかった）、その分運動
エネルギーの人体組織への伝達量も大きかった。ボール径が15mm程度と
大口径であったことから体内に生じる軌跡、《永久空洞》の径が大きく、胸
部や腹部に命中すると大量に失血する。そのほか射入孔から巻き込まれた
衣類の繊維により感染症を起こしていた（銃創については後述のセクショ
ンで詳細している）。

■ボール重量は17世紀のイギリス軍で40.51g、18世紀になると口径が小
　さくなるのに合わせ31.02gとなった。ちなみに同時期のフランス軍で
　22.92gとなる。

　全身を覆うプレートアーマー（甲冑）の着用は1400年あたりから始まり程
度の差こそあれ17世紀中盤まで各軍隊が採り入れていた。甲冑を着用して
いればショットが命中してもロングレンジならば凹むだけで済んだが50m
付近で着弾すれば難なくこれを貫通していた。16世紀、スペイン軍は貫通
力を考慮しアークァバス部隊にプレートアーマーを着込んだ敵に対しては、
パイク（槍）の長さの約2倍の距離（約11m）から撃てと教えていた。

命中していたのか

　当時の射撃指南書には命中させるならばなるべく敵に近づけと書かれているようにアークァバスやマスケットなどのスムーズボアマズルローダーは一般的には命中率が悪かった。にもかかわらずミラクルショットに関する記録は残されている。1640年、クロアチアの王政転覆暴動を鎮圧したスペイン軍のある兵士は塔上の鐘を鳴らし、敵の接近を知らせようとした老婆を一撃で射殺している。こうした離れ業は一部の熟練に限られたことであろう。

　先に紹介したオーストリアでおこなわれた検証実験で100mにおけるマスケットの命中率を調べたところ100m先の170cm×30cmのターゲットに対する命中率は30%であった。ところが30m先では100%で命中した。このことから16世紀の軍隊はマスフォーメーションといって密集した編隊を組み、ひと塊になって攻撃をしかけることからこれを迎え撃つ場合、十分効果があったことがわかる。

　ヨーロッパの軍隊のほとんどがマスケット（フリントロック式）を制式とした18世紀には、命中率についての実験が盛んにおこなわれていた。当時の実験に使用されたターゲットはマンサイズではなく密集隊形を想定し、バタリオンサイズが標準であった。これを検証するべく30.5m×2mサイズのキャンバスターゲットに60ショットを撃ちこんだところ離隔75mで60%、150mで40%、225mで25%、300mで20%の命中率であることが判明した。

　このほかの興味深い実験として、1811年に銃口を向けただけで撃った場合（ラフショット）ときちんと狙いをつけて撃った場合（エイムショット）の比較検証がおこなわれた。90mあたりではラフショットが40.3%でエイムショットが53.4%と拮抗していたが180m、270mと距離が離れるに従い差異が広がり、360m付近ではラフショットが6.5%、エイムショットが13%と命中率に2倍の開きが出た。装填から発射までのサイクルが1分間で2発と想定すると300m先の敵の編隊に命中する確率が20%であることから、1000名のマスケット兵がいれば1分間に敵400名の殺傷が可能ということになる。

■マスケットのようなスムーズボアマズルローダーの有効射程は50－100
　mが標準であったが、薬量のばらつきや銃身内側への残滓の堆積で変動し
　た。1848年、ミニエーボールが導入されてから450mまで飛躍的に

伸びることになる。

■1575年の長篠の戦における織田軍の鉄砲隊が農民出身の足軽で構成されていたように、ヨーロッパでも傭兵をのぞけばリクルートされたばかりの新兵がろくな訓練も受けないまま急造の部隊にくみこまれ、そのまま戦地へ送り込まれていた。

近接戦兵器としての銃

マスケットというと離れた場所からの一斉射撃を連想させるが、ホィールロック式の登場により火種が不要になったことでマスケットのダウンサイジングが進み、ホィールロック式のピストルが考案されると、騎兵同士が接近して撃ち合うという戦術が編み出される。リンショットで武器としての価値は無くな

■近接銃撃
プレートアーマーなどひとたまりもなかった

るわけだが、当時のホィールロック式ピストルの特徴としてグリップがクラブ（棍棒）のようになっており、銃撃直後やミスショットをした場合（再装填する余裕があれば別であるが）、これを逆さに持ち替え打撃用武器にしていたと推測されている。

フリントロック式があまねく普及する18世紀になると軽快さを求めた騎兵らが装備した銃身を短くしたカービンタイプのマスケット、通称マスケトゥーン（musketoon）や、一回の射撃で数発のボールを発射するために銃口が漏斗状になった大口径マスケット、ブランダーバス（blunderbuss）が考案され、近接戦で殺傷力を発揮した。

■連射は銃が開発されて以来の夢であった。1718年、リボルバーの原型が提示されるまではマズルローダーであるハンデを解消するため二つ以上の銃身を束ねたり発射機構を複数装備した銃が存在していた。

中世の銃創治療

　兵器としてはまだ発展途上であったマスケットであるが、30年戦争（1618－1648）で果たした役割は大きい。銃器の登場と共に戦術が一新された一方、傷病兵の手当を担当する外科医らは新しいタイプの創傷、《銃創》の治療に頭を悩まし続けた。当時はまだ細菌などの存在は確認されておらず、当然感染症という概念もなかった（滅菌消毒が励行されるようになったのは1870年代以降のことだ）。銃創治療では創傷を負った部位の器質的な機能の回復が主たる目的であったが感染症治療の方が重要になる。刃物の形状に沿って形成される切創や刺創とちがい銃創は組織へのダメージが著しいため創傷部位は細菌の絶好の培養地と化した。

　当時の銃創治療法は科学的な裏付けもなく、民間伝承や迷信など呪術的な要素に基づくものが多かった。日本の戦国時代（1467－1590）にも似たような事態を見ることができる。着弾の衝撃は鍛えた鎧であれば凹む程度だが今で言うところのブラントトラウマ（着弾衝撃による打撲）が強く、意識を失うこともあったようだ。銃創治療には獣糞汁、人糞を飲ませる（！）、擦り込むというのがある（むしろ感染症を引き起こしてしまう）。このほかには銃創に直接石灰を練り乾かしたモノを塗る、モグラの内臓を抜き、そこに紅花を押し込み、それを黒焼きにしたものを塗るなどがあった。いずれも治療とは言いがたいものばかりであった。

銃創専門医アンブロワズ・パレ

　軍隊にマスケットがあまねく行き渡った16世紀、フランスの外科医、アンブロワーズ・パレ（1517－1590）は正規の医療教育を受けていないにも関わらず外傷治療の発展に大いに貢献した。なかんずく銃創は彼の専門分野であった。当時、外傷治療は床屋（barber）の領分であり、彼らは《床屋外科医（barber surgeon）》と呼ばれラテン語を駆使するアカデミック派から《格下》の扱いを受けていた。

■アンブロワズ・パレ
"われは包帯をあてるのみ、神が癒し給う"

45

1）パレの治療法

　13歳で床屋外科医に師事したパレは6年後、651年に創設されたパリの名門医療施設オテルデュー（Hotel-Dieu）で床屋外科を開業した。1536年から1544年の間、フランス軍の軍医として戦場に赴き、とりわけ銃創の治療に専念した。

　この時代、根拠は定かではないが（イタリアの外科医の記述から広まったとの説も）銃創が悪化する原因はボールや黒色火薬が持つ《毒》であると考えられていた。この毒を除去するために煮だった油が使われていた。当時当たり前のようにおこなわれていた創傷に沸騰させた油を流し込むといった医療行為に疑問を持ったパレは卵黄、ローズオイル、テレビン油を混ぜ合わせた軟膏を用いることで、負傷者が味わう無駄な苦痛を取り除くことに成功した（テレビン油には消毒効果があった）。このほかにアンピュテーション（四肢切断）の際、切断面を焼き潰す焼灼法ではなく血管を縫い合わせる《結紮法（けっさくほう）：ligation》を考案し、リネンや包帯を清潔に保つことの重要性を説き衛生という概念にも目を向けた。パレはすでにアンピュテーション後に生じる《ファントムリムペイン：幻肢痛：phantom limb pain》を脳が感知する感覚の《名残り》であることも解明していた。

　1545年には世界で初の銃創治療に関する医術書《la methode de traiterles plaris》を完成させ、その後も外科に関する書籍をいくつも書き上げた（1561年には人体のアナトミーを詳細した解剖書も記している）。前述のように正規の医療教育を受けていないためパレの著作はすべてフランス語で書かれていたが、ラテン語や英語に翻訳され18世紀まで教科書的な存在となった。

　■エキストラクター　射入孔に沿って人体からボールを摘出する器具

　実際のところ、パレのような名医の手当を受けても、火傷や銃創を負った兵士が助かる見込みは低かった。以下はパレが戦場で重い火傷を負った

兵士２名の治療にあたった時の話である————。

　手の施しようがないほど二人の火傷の程度はひどかった。パレが治療を断念すると、それを見ていた兵士がやおら短剣を抜き、虫の息の二人の喉を掻き切った。"貴様は気でも狂ったか！"パレの叫びに動ずる風もなくその兵士はこういった。"わたしが二人の立場であったら、早く楽にしてくれるよう誰かが同じことをしてくれるようにと神に祈ることでしょう"と。

２）パレと義肢

　パレは外科医学のほか解剖学の発展にも力を入れ、同時に産科学、法医学といった分野においても草分けとなった。結合双生児（conjoined twins）の原因究明にもあたったが、パレほどの人物であっても16世紀という時代においては神の怒りや悪魔の仕業といった超常現象的なアプローチをとらざるを得なかった。

　パレはアンピュテーションの施術法を確立させるとともに義肢や義眼の開発にも尽力した。義肢（prostheses）の歴史は古く、古代エジプト時代に皮革と木を使った最古の技術を見つけることができる。義肢は単なる機能回復のためだけではなく審美的なものと五体満足という状態がもたらす心理的な効用も大きい。当時の宗教観では四肢の欠損は死よりも忌避される事態であり、現世のみならず死後も手足の無い状態が続くと考えられていた。

　有効な銃創治療イコール四肢切断（アンピュテーション）という図式が成り立っていた時代とはいえ施術後のストレスは肉体的にも精神的にも相当なものであった。パレは四肢切断者や障害者のために数々の上肢、下肢用の義肢を考案した。なかでも自国フランス軍将校のためにあつらえた止め金とスプリングを仕込んだ特製義手は白眉であった。

アメリカ独立戦争とライフルドマスケット

　マスケットはライフルではない。銃身に施条（らせん状の溝）を施された銃をライフルと呼ぶ。銃身のライフリング処理は、これまで弾数で勝負するマスケットを一発必中の《命中（あた）る銃》に変えた。

　アメリカ独立戦争（1775−1783）では大掛かりな会戦や海上戦とは別に、

ライフル処理を施したマスケット、通称ライフルドマスケットによる小規模かつ局所的なスナイパー戦術(散兵戦術)が功を奏した。1760年代、世界に先駆け産業革命を迎えたイギリスは技術の独占を図るため1774年、他国や植民地を対象とした《機械輸出禁止令》を発令する。この翌年に起きたアメリカ独立戦争はアメリカに渡ったイギリス移民らが本国イギリスの圧政から解放されるため国家創設の宿望をかけのべ8年に及んだ独立建国のための戦争であった。

　移民によって構成されたアメリカ植民地軍の兵力は他国の援助兵力も含め27万名、対するイギリス軍は傭兵も数え11万名であったことから植民地軍は兵力では2倍ほどイギリス軍を凌いでいたことになる。とはいうものの植民地軍の大部分はコンバットスキルに乏しい民兵から構成されていた。それを補ったのが個々の兵士のモラールの高さと狩猟家としてのスキルであった(結果、双方の死傷者数がほぼ同一の5万名であったことからも裏付けられる)。

＊　＊　＊　＊　＊　＊

　火砲と並び装備数の点では一躍戦場のメインウェポンとなったマスケットであるが18世紀終盤を迎えるまでは、狙って撃つというよりも、命中精度は二の次、弾数で勝負する未完成の兵器であった(下手な鉄砲でも数多く撃てばあたる、といったところだ)。当時の戦場におけるマスケットはまだ銃本来の真価が発揮されていなかったが、アークァバスが考案された15世紀後半から早くもハンティングやスポーツ、レクリエーションの分野ではツール(道具)として進化していた。

　飛翔体に回転運動を与え弾道を安定させことにより命中精度を向上させるという発想(ジャイロ効果)は、1742年、イギリスの数学者ベンジャミン・ロビンス(1701‒1751)により証明されるわけだが、理論は別として、こうした実践は古代より無意識のうちにおこなわれており矢の羽根の形状を変えたり、羽根の配置をらせん状にすることで同じ効果を得ようとしていた。

　経験則から得られた実践は当然、銃にも応用された。ボールにジャイロ効果を与えるためスムーズボアの銃身にライフリング(旋条処理)を施し《ライフルドボア(rifled bore)》が考案された。ライフリングの発祥は優秀なガンスミスが多く、射撃大会のようなコンペティションが盛んであっ

たドイツ地方であるとされている。

　ミリタリーユースで浸透しなかった理由は、銃身にライフリングを刻む工程には熟練の手による労力が求められることからマスプロダクションには向いておらずレクリエーションやホビーであればまだしも軍事の膨大な需要には到底応えられなかった。なによりも迅速を旨とする戦場において、銃口から丁寧に旋条に沿ってボールを装填するという行為が受け入れがたかった。

■ライフルドボア　　■ライフリングを施す1860年代のボアリングマシン

大航海時代とペンシルヴァニアライフル

　ヨーロッパ中を巻き込み15世紀中盤に始まった大航海時代。イギリスのアメリカ大陸への植民地化は16世紀後半に始まり、マスケットも当然のことながら新大陸に渡っていった。18世紀には最初の植民地ペンシルヴァニアでオリジナルマスケットが製造されるようになる。入植者にとって食糧確保のために銃は欠かせない存在であり特に遠方にいるバッファローを確実に仕留めなければならないため命中精度を上げるための独自の研究成果がライフルドボアマスケットとして結実した。スムーズボアマスケットに比べライフルボアマスケットがどれほど効果的であったかを教えてくれる好例が《ペンシルヴァニアライフル》であった。

1）イェーガーライフル

　ペンシルヴァニアライフルの前身はドイツ地方からこの地に移り住んだガンスミスが持ち込んだ《イェーガーライフル》だ。ドイツ語であるイェーガー（jaeger）という単語には《狩猟家》の意味がある。入植者にしてみればセルフディフェンスよりも食料確保の方が切実であった。また移住先では

火薬やショットの材料となる鉛は貴重品であったためイェーガーライフルの改良は命中精度の向上が最優先となった。射撃競技用だったオリジナルイェーガーライフルは小口径化や長銃身化が図られペンシルヴァニアライフルとして生まれ変わり、オリジナルの性能を凌ぐとの評判を得て開拓者やハンターから重宝がられた。もちろん軍隊もこれを採用し北米大陸でイギリスとフランスが領有権を争った7年戦争(1756－1763)で少数ながら投入された。アメリカ独立戦争(1775－1783)の伏線ともいえるこの戦争ではイギリス軍がペンシルヴァニアライフルを携えた植民地軍を編入し、戦況を優位なものとした。

2) アメリカ独立戦争とペンシルヴァニアライフル

　遠方から身を隠し狙って撃つというスナイピング(sniping)という戦術の原型はアメリカ独立戦争(1775－1783)に見つけることが出来る。植民地軍のスナイパーらの愛用銃は銃身にライフリングを刻んだライフルドマスケット、《ペンシルヴァニアライフル》であった。戦時中のスムーズボアマスケットの評判は散々であった。植民地軍は当初、敵であるイギリス軍から鹵獲したブラウンベスや、開戦から3年後の1778年に独立の後ろ盾となったフランス軍から購入したシャルヴィルを使っていたが命中精度が芳しくないため近距離での一斉射撃か当時の軍用銃がこぞって採用したバヨネットを駆使した白兵戦しか活躍の場が無かった。後のアメリカ合衆国独立宣言の草案をまとめたベンジャミン・フランクリン(1706－1790)は業を煮やし《弓矢を使え》と指示したほどだ。とはいうものの近距離での交戦では火力にものをいわせるイギリス軍に対して勝ち目は無いと悟った(後の初代合衆国大統領)ジョージ・ワシントン(1732－1799)を始めとする反乱軍のリーダーらは一転してゲリラ戦術に打って出た。

　正規軍を擁するイギリスと違いアメリカ軍は実戦経験の乏しいミリシア(民兵)で構成されていた。ミリシアは軍事訓練を積み、国家に忠誠を誓う《職業軍人》ではなくいわばボランティアのような存在であったがイギリスからの独立という共通の目標を掲げ士気は相当高かった。

　技量、火力ともに劣っていたアメリカ植民地軍はイギリス軍と直接銃火を交えることを避けゲリラ戦に特化していった。1775年、植民地軍はロングライフルマン(狙撃部隊)編成し、アンブッシュ、スキミッシャー(斥候偵察)攻撃をしかけた。もともと遠方にいるバッファローを狩るために改良されたペンシルヴァニアライフルはまさに《スナイパーライフル》であっ

た。エポーレット（肩章）をつけているヤツを狙え――――マスケットの標準的な有効射程が50m程度であるのに対してペンシルヴァニアライフルの有効射程は200－250mに達していたためイギリス軍の将校は隠れる間もなくつぎつぎと狙撃されていった。

■イギリス軍は兵員総計11万名であったが、正規の軍は1万2千名で、そのほかは傭兵やロイヤリスト、インディアンから構成されていた。

　イギリス軍も早速敵のスナイパー戦術を取り入れしドイツの射撃名人ら、通称ジャージャー（gaeger）を傭兵としてリクルートしたが戦況に変化は見られなかった。ジャージャーは所詮、スポーツシューターでしかなく、実戦経験もなく、植民地軍兵士のような祖国独立のために戦うというモチベーションもなかったためモラールはおしなべて低かった。また彼らの使っていたライフルドマスケットがペンシルヴァニアライフルに比べ銃身が短かったことも災いした。

マスケット VS ペンシルヴァニアライフル

　イギリス軍はマスケット（スムーズボア）からライフル（ライフルドボア）への切り替えに積極的ではなかった。18世紀中盤といえばイギリスをはじめヨーロッパ中が産業革命の真っ只中にあったが、当時の技術は軍需を賄えるほどではなかった。この時代の軍隊はどこでも大隊編成による一斉射撃を重視しており、特にイギリス軍は騎士道精神の亡霊を引きずった者が多く、姿をかくし遠方から狙い撃つという行為を卑怯とみなしていた。

■イギリス軍のブラウンベスもフランス軍のシャルヴィルも、50－80mでそこそこ狙った通りに命中し、135mで当たればラッキーショット、180m以上となると《月を撃つ》ようなものと言われていた。軍人にしてみれば装填に時間がかかる《よく当たる1挺の銃（ライフルボアマスケット》よりも装填が楽で《沢山撃てる銃（マスケット）》の方を重宝がるはずだ。

米英戦争とライフルドマスケット

　1783年、パリ条約調印によりアメリカ合衆国の独立が承認された後、1812年に米英戦争（1812 − 1814)が起こった。ここでもマスケット（ブラウンベス）とライフル（ケンタッキーライフル：旧称ペンシルヴァニアライフル）の優劣が際立つことになる。

　ナポレオン戦争（1795 − 1815)で国力が極端に疲弊していたイギリスは、独立後どちらにも加担せずというニュートラルな立場を決め込んだアメリカに対する意趣返しとばかりに海上封鎖をおこなった。アメリカは自国の産業育成の一環として輸出に力を入れていた時期であり海上封鎖によるダメージは大きかった。1812年、アメリカは終にイギリスに対して宣戦布告した。戦いはイギリス領であったカナダにまで及び、本土ではアメリカ大陸の支配権を巡りすでに戦闘状態にあったインディアン先住民クリーク族側にイギリスが加担したことで戦闘が激化した（クリーク戦争）。約2年半続いたイギリスとの戦闘は1814年、ベルギーで調印されたガン条約で終結するもののその後も米英の小競り合いはしばらく続いた。

■ケンタッキーやミズーリを開拓していった伝説のフロンティア、ダニエル・ブーン（1734−1820)は独立戦争時で凄腕の狙撃兵として知られた。この時彼が使っていたのがペンシルヴァニアライフルであった。ケンタッキーへ移住後、ブーンは銃にさらなる改良を施し《ケンタッキーライフル》と呼ばれるようになり米英戦争の民兵のメインウェポンになった。

　このような逸話がある————。アメリカ海軍の圧勝となった1813年の《エリー湖の戦い》でアメリカ軍司令官オリバー・ペリー（1785 − 1819)が任命した100名構成のライフル部隊がイギリス海軍のフリート艦水兵を次々と狙撃していった。また総勢8000名に及ぶイギリス軍兵士に対してアメリカ軍は正規軍、民兵の混合軍2000名で戦った1815年の《ニューオーリンスの戦い》でもケンタッキーライフルを携えたライフル部隊が数百メートル先からイギリス兵に攻撃を仕掛け1500名を死傷させた。この時のアメリカ軍の犠牲者は60名にとどまった。

独立戦争にみる米英の医療格差

　アメリカ独立戦争でイギリス軍と植民地軍はほぼ同じ数の兵士を失った

（イギリス軍24000名、植民地軍25000名）。この時代にはイギリスの解剖学者ジョン・ハンター（1728－1793）など新しい銃創治療の権威として活躍していたが、現代の外科手術には欠かせない麻酔技術はまだ確立されていなかった。麻酔に関しては1540年にドイツのヴァレリウス・コルドゥス（1514－1544）がエーテルの合成に成功した後、1772年にイギリスのジョセフ・プリーストレイ（1733－1804）が笑気ガス（亜酸化窒素）を発見し、1795年にハンフリー・デイヴィ（1778－1829）によってこのガスに麻酔作用があることが確認されるなどある程度の進歩が見られたが、これらの医療への応用はまだ先のことであった。

1）ジョン・ハンター

アンブロワーズ・パレ（1517－1590）以後、軍創治療の進歩に貢献した人物のひとりとしてイギリス人外科医ジョン・ハンター（1728－1793）が挙げられる。ハンターは1760年に軍医として３年間フランスやポルトガルに赴き、７年戦争（1756－1763）にも軍医として従軍した。これまでの暗愚な医療行為を完全に否定し解剖学に基づいた軍創治療をおこなった。彼は軍創治療だけではなく歯学、性病学などのパイオニアとしても活躍し、リンパ腺の働きを解明した最初の人物として知られている。1776年にはキングジョージ３世（1738－1820）の専属医となり後に軍医総督に任命され、1794年には《血液、炎症と銃創に関する全書》を出版した。1798年、種痘法、いわゆる予防的な免疫療法（予防接種）を確立したエドワード・ジェンナー（1749－1823）は彼の門下生である。

■ジョン・ハンター

■この頃になるとイギリスには床屋外科医が法律上、存在しなくなる。1774年、ウィリアム・チェゼルデン（1668－1752）が床屋稼業から外科医的な業務を完全分離させ、王立外科医師会を創設した。

２）医療後進国アメリカ

　イギリス軍兵士は当代の新しい医療行為の恩恵を受けることができたが植民地軍の兵士は旧態依然とした治療しか受けられなかった。旧態依然とはこういうことだ――――たとえば感染症（もちろん当時は概念すら無いが）は人間の四つの体液（血液、胆汁、粘液、脾臓の分泌液）のアンバランスがもたらすものであるとか、銃創の悪化はボールや黒色火薬の出す毒が原因と考えられていた。またガレノスの《健全な膿》の教えも引き継がれていた。珍奇な治療法の１つを紹介しよう――――射入孔を縫合するにあたっては、玉ねぎのかけらをそこへ押し込み、１、２日後に再切開しそれを取り出す、というものだ。

　植民地軍は一連隊につき一人の軍医を充てたが、軍創治療にあたった軍医3500名のうち正規の資格免許を持っていた者は400名しかいなかった。また18世紀のアメリカで医療を学べる大学はニューヨークとフィラデルフィアの２校しか運営されておらず、しかも医療先進国のヨーロッパと違い技量や器具も乏しかった。こうしたことから軍創そのもので命を落とす者の数よりも、治療中のそれの方が多かった。軍創の手術中に死亡した犠牲者の割合は50％で、戦死した植民地軍兵士25000名の死亡原因のうち68％を術後の病死が占めていた。

■アメリカ独立戦争（1775－1783）の会戦のひとつ、1776年のハーレムハイツの戦いで感染症の症状を呈していた負傷兵の手に偶然ラム酒がこぼれたところ、その部分だけ症状が改善した――――。その場に居合わせた医者はかつて学んだヒポクラテスが発案したワイン洗浄のことを思い出しただけで終わってしまった。

ワシントンと集団接種

　確かに外科的な技術では遅れを取ってはいたが、植民地軍戦死者のおよそ70％が伝染病による病死であったことは見逃せない。特に天然痘（smallpox）によるものが最も深刻であった。天然痘（痘瘡）は紀元前の時代からその時々で世界各地で猛威を振るっていたが、イギリスの開業医エドワード・ジェンナー（1749－1823）によって1798年に種痘法が確立されて以来、急速に患者数が減り1980年には根絶宣言が出された。

　独立戦争時、司令官であったアメリカ合衆国初代大統領ジョージ・ワシ

ントン (1732－1799) は世界で最初に軍隊内での集団接種を提唱した人物なのだ。1777年、ワシントンは、我々が本当に恐れるべきものは敵軍の攻撃ではなく伝染病 (天然痘) である、として軍の集団接種に踏み切った。

　ジェンナーが牛痘を使った安全な種痘法を編み出す以前、免疫療法の一環として天然痘患者の体液を、針などを介して人為的に感染させることで天然痘に罹りにくくするという方法が一般におこなわれていた。この民間療法は一種の賭けでもあった。しかしワシントンは軍内の病死者数を減らしたい一心で英断を下した。

■ワシントン自身は19歳の時に罹患しており天然痘に対する免疫があったものの、顔面に重い瘢痕が残った。

ナポレオン戦争と軍創

　世界史に疎い者でもナポレオン・ボナパルト (1769－1821) の名を知らぬ者はいないであろう。短い期間とはいえ一度はヨーロッパの覇者となった男はフランス軍の砲兵科の出身であった――――。名著《戦争論》を記したプロイセンの軍事思想家カール・フォンクラウセヴィッツ (1780－1831) はナポレオンを《近代におけるもっとも優れた将軍》と評した。ナポレオンというと砲撃を軸とした戦術ばかりが取り上げられるが、現代のミリタリーロジスティック (後方支援と兵站) や軍事医療の礎を築いたことでも有名だ。

　"Impossible is the word found in the dictionary of fools　我が辞書に《不可能》という単語は無い"――――。有名なナポレオン・ボナパルトの言葉であるが、ここではナポレオン戦争の経過を辿りながら彼をして、これほど公平高潔な男はいないといわしめたフランス軍軍医ドミニク・ジャン・ラーレー (1766－1842) の功績について触れる。

＊　＊　＊　＊　＊　＊

30年戦争後のヨーロッパ

　ヨーロッパでは30年戦争が終結した後も、各地で戦闘が続いていた。中でも再びヨーロッパ中を巻き込んだ7年戦争 (1756－1763) では新興勢力と

して躍進著しいプロイセンがイギリスから財政面で支援を受け、オーストリア、ロシア、スウェーデン、フランスの連合軍を相手に領土問題や積年の遺恨を背景に戦闘に明け暮れていた（戦死者数：865,000－1,400,000名）。この戦いで小国プロイセンは奇跡的に勝利するが、支援に回ったイギリス政府は戦費がかさみ財政が逼迫してしまう。これを補てんするために北アメリカへ移住した植民地民に対して重税（印紙法など）を強いた。アメリカ独立戦争（1775－1783）はこうした植民地課税に端を発した。イギリスと対立するフランスの後ろ盾を得たアメリカは本国イギリスからの独立を勝ち取り1783年、パリ条約により《アメリカ合衆国》が誕生した。

フランス革命

　フランス帝国皇帝ナポレオン・ボナパルト（1769－1821）の名を冠した戦争はどのようなバックグラウンドから始まったのか————。ブルボン朝王政の終焉に繋がったフランス革命はナポレオンが軍人になって6年後の1789年に起きた。革命の引き金は、本国イギリスからの独立をかけ武装蜂起したアメリカ植民地軍への巨額の資金援助であった。フランス国王ルイ16世（1754－1793）は仇敵イギリスへのあてつけに植民地軍に対する資金援助をおこなった結果、自国の財政を破たん寸前に追い込んでしまう。ルイ16世は、この穴埋めを大増税で賄おうとしていた。民衆の鬱積していた不満は爆発しバスティーユ牢獄の襲撃を端緒に暴動は全国に拡大。逃亡中だった国王と親族は捕まり、ついには処刑されてしまう。

■革命の引き金はアメリカへの資金援助だけではなかった。フランスは1783年、アイスランドで発生した大規模な火山噴火による日照不足から穀物の不作が続いていたことから結果慢性的な飢饉に見舞われ、パリでも餓死者が出るほどであった。こうした一方王族や貴族は贅の限りを尽くしていた。おりしもヨーロッパでは啓蒙思想に基づく絶対君主制に対する批判が高まっていた時期でもあり、つまるところ革命の最大の原動力となったのは富める者と貧者との格差であった。

ナポレオン・ボナパルトとナポレオン戦争

　30年戦争におけるスウェーデン戦争（1630－1635）で歩兵、騎兵、砲兵の

連携による戦術、《三兵戦術》を駆使したグスタフ2世・アドルフに倣いさらに砲術に特化し、戦術をより洗練したものが《ナポレオン戦術》である。ナポレオン戦争（1795 – 1815）の頃になるとかつては華々しい存在であった剣や槍で武装し馬に跨り颯爽と戦場を駆け抜ける《騎兵》は過去の遺物になりつつあった。

1）革命直後と対仏大同盟

　フランス革命後、ヨーロッパにおいて唯一フランス国民だけが封建制度、身分制度、貴族や領主による抑圧から開放されることになった。フランスで生まれた新しい政府、《共和政府》は旧態依然とした他のヨーロッパ諸国にとって脅威であり、フランス革命の余波が自国にも及ぶことを恐れていた。こうした中フランスの動向を牽制する目的で、オーストリア、プロイセン、イギリス、スペイン、オランダ、サルディーニャ王国は1793年に《対仏大同盟》を結びフランス革命戦争（1793 – 1802）が勃発する。

■マクシミリアン・ロベスピエール（1758－1794）が樹立した共和政府は、いわゆる恐怖政治を敢行した。1794年に自身が導入したギロチンで処刑される。その後テルミドール派（反ロベスピエール派）による総裁政府が政権を掌握する。

　共和政府に代わり、1794年に樹立した新しい政府、テルミドール派の総裁政府はナポレオンにイタリア遠征を命じた。これは対仏大同盟の一国、オーストリア軍打倒も視野に入れていた。1796年、オーストリア軍を撃破したナポレオン・ボナパルトは引き続き当時イギリス領であったエジプト遠征を命じられ、そこでイギリス海軍の猛攻にあい苦戦を強いられる。
　ナポレオンがエジプトで足止めを食っていた間にロシア、イギリス、オーストリア、ナポリ王国、ポルトガル、オスマン帝国は《第二次対仏大同盟（1798年）》を締結し、フランス軍に対して反撃に出た。

2）ナポレオン皇帝の誕生

　ナポレオンのこれまでの成果は無に帰していた。さらにフランス国内では総裁政府に対する民衆の不満がつのり爆発寸前であった。1799年11月、任地エジプトを放棄してフランスに戻ったナポレオンは総裁政府に反旗を翻し、これを転覆させた。これを機にフランス帝国皇帝に即位したナポレ

オンの帝政政治(ボナパルト朝)がはじまる。

　当時、ヨーロッパの戦闘はフランス対イギリスという図式がはっきりとしていた。1805年、イギリスはオーストリア、ロシア、プロイセンとともに《第三次対仏大同盟》を結成。戦闘が始まるとフランス軍はオーストリア、ロシア軍を次々と打ち負かし、なし崩し的にイタリア、オランダ、ドイツ地方を占領下に治めてしまう。ドイツ地方での影響力を恐れたプロイセンは1806年、イギリス、ロシア、スウェーデンに呼びかけ《第四次対仏大同盟》を締結しフランス軍に攻撃を仕掛けた。しかしここでもフランス軍の勝利に終わった。この戦いでフランス軍に敗れたプロイセンは再び小国に成り下がり、ロシアはポーランドを失うことになった。

　この頃からヨーロッパ諸国の英雄であったはずの(解放軍であったはずの)ナポレオンの評判に変化が表れヨーロッパ全土の独裁を企てていたナポレオンに対する抵抗運動が各地で起きた。その最たるものがスペイン独立戦争(1808 - 1814)であり、鎮圧に向かったフランス軍は同国の武装民衆が仕掛けるゲリラ戦術に翻弄された。

■被支配国の非正規兵による散発的な小規模かつ局所的な攻撃をゲリラ戦術という。熟知した周辺環境や地勢を活かした奇襲やアンブッシュを繰り返すと同時に兵站ルートを遮断し、弱体化を狙う。

3)ナポレオン時代の終焉

　1809年、《第五次対仏大同盟》はこのタイミングでイギリスとオーストリアによって締結された。正規戦には強いフランス軍に対してまたもや敗北を喫したオーストリアは領土縮小を余儀なくされた。1810年、勢いに乗るフランス軍はナポレオンの指揮のもとロシア遠征に乗り出す。しかしフランス軍は寒さと飢えから惨敗を喫する。この機会をうかがっていたかのようにプロイセンが1813年、解放戦争を仕掛けてきた。これを後押しするように結成されたロシア、オーストリア、プロイセン、イギリスらによる《第六次対仏大同盟》はフランス軍を追い込み、1814年、ついにパリが陥落する。

　ヨーロッパ全土に及んだナポレオンの支配体制はこれを機に総崩れとなりナポレオンは地中海のエルバ島に幽閉された。

　ウィーン会議で戦後処理についての会談がもたれたが各国の利害調整で交渉は難航した。フランス国内でも新たに王位についたルイ18世(1755 -

1824)に対する民衆の不満が募っていた（王政復古）。1815年、幽閉先から脱出したナポレオンは再び皇帝となり大同盟軍と再び戦争となった。この戦い《ワーテルローの戦い》でナポレオンは完敗し、セントヘレナに流刑の身となる。ナポレオンの時代が完全に終るとフランスは再び王政に戻った。

ナポレオンの戦術

　20年間に及んだナポレオン戦争は戦術史に大きな功績を残した。皇帝ナポレオンが率いたフランス軍は最終的には敗戦の憂き目を見るが、緒戦は優勢であり、複数の国の軍隊から構成される大同盟軍を相手に互角に戦うことができた。この間、目新しい兵器技術の進歩もなくナポレオンの快進撃が続いた理由はいくつか考えられる――――。

1）徴兵制度

　アメリカ独立戦争の植民地軍のミリシア（民兵）がそうであったように、フランス革命後、王政に基づく封建制度が崩壊し、市民に平等の意識が芽生えたことで、兵士一人一人の祖国のために闘うという士気が非常に高くなった。なお国民皆兵の徴兵制度はフランス革命直後に樹立したロベスピエールの共和政府時代から始まった。

2）近代戦術の駆使

　ナポレオンはグスタフ2世・アドルフ（1594－1632）が編み出し、その後の7年戦争（1795－1783）で大国の連合軍を相手に劣勢を強いられていた小国プロイセンを勝利へと導いたフリードリッヒ大王ことフリードリッヒ2世（1712－1786）が発展させた三兵戦術に倣った。しかし単なる模倣にとどまらなかった。これまでの戦術の定石ともいえた持久戦を回避するため横並びであった密集型攻撃（横列隊列）に縦列隊列を積極的に組込み、アメリカ独立戦争で植民地軍が得意とした分散させた兵で一気にかたをつける短期決戦型の戦法を心掛けた（別名、散兵戦術）。

3）兵站の充実

　ナポレオンはロジスティック（兵站）の面でも革新的であった。戦争を続ける上で不可欠な弾薬資材、食料など物資の調達を自国からではなく現地から調達する方法に切り替えた。

4) 兵器のスペック統一

　ナポレオン戦争が始まる以前にも口径の統一は実践されていたが、ナポレオンはマテリアルから砲身の長さ、架台のサイズ、果てはボルトの長さ、ナットの径までも標準化し、近代軍備のあるべき姿を提示した。

ナポレオン戦争の砲兵隊

　アーティラリー（砲兵隊）は5名の砲兵から構成されていた。砲兵#1のコマンダー（指揮官）は隊の指揮を執り、攻撃目標を定める。砲兵#2はスポンジマン（腔内清掃手）と呼ばれ、名前の通り発射のたびに水で湿らせたスポンジで砲身内部を洗う。これには砲身の冷却と砲内の残火を完全に消す目的もある。砲兵#3のローダー（装填手）が袋詰した発射薬と砲弾を砲内に送り込み、砲兵#2がラマー（突き棒）かスポンジロッドを逆さに持ち替え、しっかりと装填する。この間、砲兵#4、ヴェンツマン（点火責任者）は不測の事態に備え点火孔を親指で塞いでいる。装填が完了するとヴェンツマンが点火孔に着火薬を詰める。コマンダーの掛け声で砲兵#5（点火手）が導火線に火をつける————目標設定、装填、着火までの手順はこのようにおこなわれていた。

ナポレオン戦争の数字

　ナポレオン戦争の戦死者数については諸説ある。20年間続いたこの戦争で、ナポレオン軍とイギリスを筆頭とするイタリア、ロシア、プロイセン、オーストリア、スペイン、ポルトガル等の対仏同盟軍の兵士の戦死者数は2,500,000 – 3,000,000名を数え、この数字に一般市民（非戦闘員）の750,000 – 3,000,000名を加えると総戦死者数は少なく見積もって3,250,000名、最大では6,500,000名ということになる。これは第二次世界大戦（1939 – 1945）、第一次世界大戦（1914 – 1918）に次いで3番目に多い数字である。

　火砲が放つ砲弾はすでに鉄球弾に代表される実体弾ではなく対人用にデザインされた炸裂弾（実体弾内部に火薬を充てん）や次のセクションで詳細するシュラプネルになっていた。特に後者はナポレオン戦争中のイギリス軍で開発されたもので殺傷力が高く現代兵器にもそのコンセプトは引き継がれている。

ドミニク・ジャン・ラーレーと空飛ぶ救急車

　ナポレオンをして生涯で出会ったもっとも高潔な人物であるといわしめ《近代軍医の父》とも評されるフランス軍軍医ドミニク・ジャン・ラーレー（1766-1842）はピレネー地方の裕福な家庭で育ち、早くから医学の道を志していた。

　フランス革命が起きる10年前に学業を修め、そのまま海軍へ軍医として入隊した。ある時、負傷者が自分のところに搬送されるのを待ち構えていた彼はついに業を煮やし自ら戦場に出向き負傷者を病院にまで担ぎ込んだ。ラーレーが軍医になったばかりの頃、負傷者は自力で陣地まで戻るか、もしくは戦闘が休止した後に救助に向かうというのが当たり前であり、多くの助かるべき者が何の治療も受けられぬまま戦場に放置されたまま息絶えた————これが当時の戦場の常識であった。

　ラーレーはナポレオンのほとんどの戦争に随行し、軍医としての知見を深めてゆくと、負傷者の多くが初期対応の遅れが原因で死亡していることに着目し、迅速かつ効果的な救急救命体制を確立しようとしていた。

1）救急救命という理念

　当時、馬に曳かした野戦砲はその機動性から《空飛ぶ大砲（flying artillery）》と呼ばれており、ラーレーはこれにヒントを得て《空飛ぶ救急車（flying ambulance）》を思いつくと、救命部隊の編制にとりかかった。救命部隊は救命兵340名から構成され3部隊制で管理運営され、各部隊は救急道具を満載した12台の救急馬車、4台の大型救急馬車をそれぞれで保有していた。1799年のエジプト遠征時の記録では15分以内に負傷者全員が救急手当を受けていた。救命部隊は敵兵も救助したことから敵軍は彼らの姿を確認すると砲撃の方向を変えたといわれている。ナポレオン軍が敗北したワーテルローの戦い（1815）でラーレーはプロイセン軍の捕虜となってしまう。彼が処刑を免れたのは、プロイセンの元帥が数年前の戦闘の最中、負傷した自分の息子の命をラーレーが救ったことを覚えていたからである。

■ドミニク・ジャン・ラーレー

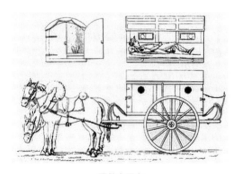

■救命馬車

２）トリアージの実践

　ナポレオンの緒戦での快進撃は卓越した戦術だけではなくラーレーの発案した救急救命システムに負っているところも大きい。このことは多くの歴史家が認める事実である。

　救命部隊は現場で負傷者をピックアップし救急処置を施すと、野戦病院へ搬送した。そこではまず負傷具合を診て手術の優先順位を決めるトリアージ(triage)がおこなわれた。ラーレーはこれを初めて実践した人物である。戦場のように一度に多数の負傷者を数えるようなシチュエーションでは限られた医療器具や包帯やガーゼを有効に使うために《負傷者の選別》は欠かせない作業であった。治療の優先順位は階級や身分ではなく、生命にかかわる切迫度(手の施しようがなく絶命寸前の者はあえて放置された)で判定された。

　トリアージの根底には、フランス革命以後、市民の間では特権意識が喪失し、王族であろうと平民であろうと皆平等であるという意識改革があった。以後、この実践はヨーロッパ中に定着していった。

■ラーレーの時代は単に治療優先区分法であり、この実践がトリアージと呼ばれるようになったのは第一次世界大戦時になってからだ。フランス語の《選別する》という意味のtrierに由来する。この区分法をよりシステム化したのはプロイセン時代のドイツ軍医、ヨハン・フリードリッヒ・アウグスト・フォン・エスマルヒ(1823－1908)とされる。

3）外科医としての評判

　ラーレーは当時最先端の外科技術を採り入れておりマスケットボールやシュラプネルで損壊した四肢は感染症対策として直ちにアンピュテーションが施された。ラーレーはほぼ腰の付け根とも呼べる臀部下肢からのアンピュテーション術を確立させたほか破傷風対策や凍傷の治療法も独自に考案した。またこれまで手の施しようがなかった血胸、心臓や肺などの胸部損傷の治療にも積極的に関わった。

　ナポレオン戦争時も四肢の軍創治療といえばアンピュテーションが定番であった。特に人体に侵入したボールによって粉砕骨折を起こした場合、切断以外の選択肢はありえなかった。

　外科医の中には負傷者を放置することで自然治癒に似た効果を期待し、受傷から20日間はあえて手術をおこなわない者もいた。トリアージという概念が定着する以前は、創傷の程度にかかわらず手術を受ける順番は将校、兵士、最後に捕虜という身分やランクに応じた優先権に従わざるを得なかったこともこの一因と考えられる。

　実は当時、アンピュテーションを巡って《いつ踏み切るべきか》が医者の間で論争になっていた。イギリスのジョン・ハンター（1728－1793）は温存派、または切断には熟考を擁するというタイプであった。彼は患部の腫れ（実は初期の感染症）が収まるまでは経過を見るべきだと主張し、これに同調する外科医は少なからずいた。この真逆の立場を提唱したのがラーレーであった（切断派）。

　フランス軍の傷病兵の生存率は対仏同盟軍兵士のそれとくらべて高かった。ラーレーは敢えて受傷直後のアンピュテーションを奨励していた。受創直後の負傷者は脳震盪やショック状態から血圧がおしなべて低く、筋力が弛緩し、痛覚に対しても鈍くなっていることから切断の際の強直や失血が少なかったことから、粉砕骨折を伴う開放性創傷であれば24時間以内に切断するべきであると主張した。

　切断箇所から８cmほど上をレザーストラップ（止血帯）で縛り、下肢は大型のこぎり、上肢はそれよりも小さいのこぎりで曳き切られる。動静脈は結索法で止血し、切断面にウールキャップが被せられる————。彼の施術時間は上肢で17秒、下肢であれば60秒で終わるとされていた。

■ラーレーは難手術といわれた臀部付近のアンピュテーションを成功させたほか、《アンピュテーション最速の男》としても知られていた————。

1812年のボロジノの戦いでは24時間で200名にアンピュテーションを施している。

4）その他の功績

　ラーレーは、救急救命体制の確立、トリアージ導入のほか、衛生兵、看護婦、救急車両の標準化、傷口を清潔に保つため頻繁な包帯交換の励行、伝染病に罹患した負傷者の隔離などを提唱し、ナポレオンに対して18歳は成長途上にあるとして徴兵制度の年齢を20歳にまで嵩上げするよう進言した。

■徴兵や前線に送り込まれることを拒否することを《作病》という。作病の多くは自らを撃つ（ほとんどが手足）といった自傷行為である。作病の罪は重く死刑に相当した。ラーレーほどの軍医になれば創傷の判定など造作もないことだ。1813年のある日のエピソード―――ラーレーは、ナポレオンから、ある上官から作病の嫌疑をかけられ処刑寸前にある数名の兵士の創傷を診るよう命じられた。診断の結果、全員作病に非ずと判定し、彼らの命を救った。

　医療従事者は、国籍はもちろん、政治や権威、軍事をこえて活動する権利を有する―――。これがラーレーの信条であった。彼の業績が1863年の国際赤十字社の創設や1899年、敵味方にかかわりなく負傷兵は救急手当が受けられること、占領地の市民の安全が保障されることを謳ったハーグ陸戦条約成立の礎となった。

新しい対人用兵器
シュラプネルとミニエーボール

　ナポレオン戦争を機にかつて戦場の定番であった剣、槍と弓は火砲と銃によって完全に隅に追いやられてしまった。主役の交代は犠牲者数を飛躍的に増大させ、軍創の程度はさらに酷いものになっていった。19世紀を迎えると火砲と銃にさらなる殺傷能力―――1803年、火砲には《シュラプ

ネル》、銃には1848年、《ミニエーボール》————が授けられると、これまでの戦術は一気に無価値なものに成り下がり、同時に戦場の惨禍はより深刻さを増していった。

* * * * * *

炸裂弾について

　グスタフ２世・アドルフ(1594-1632)の指揮の元、キャニスターショットと並んで30年戦争(1618-1648)で実戦投入された《炸裂弾》は殺傷力の点で疑問符がついてまわった。その理由は中をくりぬいた鉄球に装填された火薬類が黒色火薬、いわゆるlow explosivesであったためだ。本来、炸裂弾には構造物の壁を突破すると同時に着発信管により鉄球弾の弾殻をフラグメント化させ周囲の人員を殺傷させる、という目的があったのだが燃速が300m/secの黒色火薬は《炸薬》にはなりえず、火焔を伴って弾殻を破裂させる程度であった。

　本格的な榴弾(High Explosive)の登場は爆薬(high explosives)に分類される炸薬(bursting charge)が開発される1880年代終盤までまたねばならなかった。イギリス軍は黒色火薬を装填し着発信管で作動する炸裂弾の類を《コモンシェル(common shell)》と定義し、榴弾と区別した。

砲撃戦術

　30年戦争以降、戦場の主役は騎兵から砲兵へと移り変わり、機動性を最大限に生かす野戦砲を駆使した砲撃戦術が主流になった。300m以内のショートレンジにはキャニスターショットやケースショットが、ロングレンジにはソリッドショットや炸裂弾が使われた。たとえばロングレンジであれば、進軍する味方の頭上を飛び越えるようなかたちで敵陣を砲撃し、味方の歩兵が敵との交戦距離に達するとこれを止める————これがナポレオン戦争時の代表的な砲撃戦術だった。数十年後、有効射程の延長と命中精度の改善、そして発射サイクルが格段に向上したことにより戦術はより洗練されクリミア戦争(1854-1856)では20分間の砲撃で騎兵部隊の人員の1/3、騎馬の3/4が全滅したとつたえられる。

　これから説明するシュラプネルはキャニスターショットのように最初から対人殺傷用という明確なコンセプトのもとに考案されたもので、短時間

で大量の人員殺傷が可能になった。

■シュラプネル(shrapnel)はフラグメント(fragment)ではない―――。
　海外の主要メディアですら榴弾の弾殻やテロリストの仕掛けた爆発物の
　破片を《シュラプネル》と表記しているが、これは間違いである。

新型砲弾の開発

　シュラプネル(shrapnel)は日本語で《榴散弾(りゅうさんだん)》と表記さ
れる。シュラプネルは弾殻フラグメントではなく、中に仕込まれた散弾
（ボール）で人員を殺傷する兵器である。シュラプネルが開発される以前
の30年戦争(1618-1648)の時代、野戦砲には一粒の重さが57-142gのボー
ルを仕込んだキャニスターショットやケースショットが込められ、砲口
から300m以内の人馬を殺傷していた。こうした大型散弾銃のほかに、当
時すでに中空の鉄球を鋳造し黒色火薬を詰めた爆弾の走りのような炸裂弾
も使われていた。肝心の殺傷力であるが、音ばかりが大きく爆薬を用いた
HE弾(ハイエクスプロージブス：High Explosive：榴弾)のような広範囲
にわたる弾殻のフラグメント効果は得られなかった。破裂と燻焼効果が期
待されたが、そもそも信頼に足る信管が開発されていなかったため、炸裂
弾の使用は限定的であった。
　キャニスターショットはショートレンジでは殺傷力を発揮したが、300
mをこえると途端に殺傷力が落ちた。砲兵たちはロングレンジでも使える
新型砲弾の登場を望んでいた。1787年、まだ完成の域には達していないも
のの時限信管(time fuse)が使われだした頃、当時イギリス軍砲兵部隊の
少佐であったヘンリー・シュラプネル(1761-1842)は8インチ径の鉄球弾
の中に黒色火薬と一緒に200発のマスケットボールを詰めた新型砲弾(榴散
弾)を考案した。この砲弾は、飛距離が2000m以上あり時限信管が作動す
ると中から200発のボールを一気に撃ち出し、その殺傷力は周囲60m範囲
に及んだ。これはつまり当時のマスケットの射程距離が200m程度(殺傷力
を発揮する有効射程のことではない)であったことから、10倍も離れた地
点から200挺ものマスケットボールが一斉に発射されるようなものだった。
　オリジナルのシュラプネルは、中をくり貫いた鉄球の中にマスケットボ
ール(鉛弾)と黒色火薬を詰め、導火線を使った時限信管が取り付けられ、
外見上は《爆弾》そのものであった。この榴散弾は当初、《球形ケースショッ

ト（spherical case shot）》と呼ばれたが、1856年に《シュラブネル》に改名された。その後開発者の名前と語感が似通っていたためであろう、いつのまにかこの手のダウンレンジ爆弾の総称となった。

■シュラブネルは製造コストが高く、第一次世界大戦における榴弾の登場とつづく時限信管の完成により1935年以降、完全に廃れてゆく。炸薬のデトネーションで弾殻の破片をばら撒くフラグメント系砲弾（榴弾など）も《シュラブネル》に分類されることがあるがこれは間違いだ。本来シュラブネルと呼べるのはダウンレンジ（予定飛行経路に沿った）に攻撃を仕掛ける爆弾であり、現代で言えば親弾が遠方に到達してから子爆弾をばら撒くクラスター爆弾がこれにあたる。

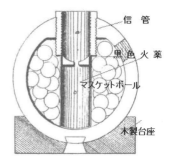
■オリジナル・シュラブネル
改良型シュラブネルは爆弾内部に鉄製隔壁が設けられ、さらに砲内で安定を保つため木製の台座が付けられた

ヘンリー・シュラブネルの《シュラブネル》

　イギリス軍砲兵部隊の少佐だったヘンリー・シュラブネルは遠方の敵を倒すにはどうしたらよいのかと頭を悩ませていた。当時は鉄球弾（ソリッドショット）やキャニスターショット、ケースショットがあったがこれらの殺傷力は300m以内に限られていた。

　敵の頭上で100挺以上のマスケットを発射させたい────1787年、シュラブネルは鉄球弾（8インチ砲：直径20.38cm）の中に黒色火薬と200発のマスケットボールを詰めた試作品で実験をおこなった。この時、

■ヘンリー・シュラブネル
　（1817年の肖像画）
シュラブネルはその後、将軍にまで昇格し、英国政府は彼の死後、その功績をたたえダウンレンジ爆弾の名称を制式にシュラブネルと定めた。

鉄球弾の中のボールをダウンレンジに沿って発射させれば十分であるため黒色火薬が用いられた。炸薬のような爆薬に近い火薬では鉄球弾をバラバラにしてしまい、結果ボールを四散させるだけに終わってしまうからだ。

　この時の軍上層部の反応は鈍かった。5年後の1792年にも同様の実験をおこなうが製造コストが高くつくなどとあいかわらずネガティブな反応が続いた。転機は1803年の公開実験で訪れた。砲弾の飛距離が2000mまで伸びたことで軍高官らが大きな関心を示したのだ。この2ヶ月後、シュラプネルはスコットランドのフォールカークにあった製鉄会社に新型爆弾の製造を発注した。

　シュラプネルは1804年4月にオランダ（ホラント王国）軍に対して初めて使われ、予想をはるかに超えた成果を収めた――――2km先から放たれた一発の爆弾が敵の頭上で200挺近いマスケット銃の一斉銃撃に変わったのだ！　オランダ軍は反撃する間もなく戦闘開始からすぐに降伏した。当然、ナポレオン戦争（1795－1815）にも投入され1808年のスペイン独立戦争（1808－1814）やワーテルローの戦い（1815）で目覚ましい戦果をあげた。こうした功績を認められた開発者ヘンリー・シュラプネルは昇格しイギリス政府から生涯報奨金の権利を与えられた。

■スペイン独立戦争（半島戦争）はナポレオン戦争のスピンオフ的な戦闘。
　ワーテルローの戦いはナポレオン戦争における最後の戦闘であり、フランス帝国軍の大敗北を決定づけた。

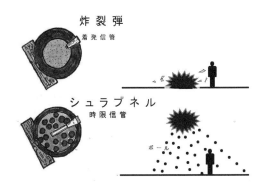

■炸裂弾とシュラプネル（オリジナル）の違い
炸裂弾は弾殻の大破片と火炎で、シュラプネルはダウンレンジで
発射されるマスケットボールで人員を殺傷した。

洗練されるシュラプネル

　オリジナルシュラプネルは保管、運搬、取扱中の衝撃や摩擦で爆弾内部の黒色火薬とマスケットボールが反応し、暴発事故が頻発していたが1852年にエドワード・ボクサー大佐(1822-1898)によって黒色火薬とボールとの間に隔壁を設けたセパレートタイプのものが考案されるとこうしたアクシデントは激減した。またボールの動揺を防止するため充填したレジンに思いもよらぬ発煙作用があったことから、弾道や着地距離のキャリブレーションが可能になった。

　ボールの配分にも工夫が凝らされ、大小のマスケットボールを9：1の比率で収めることにより、大きいマスケットボールで馬を、小さいもので人員を殺傷した。またイギリスの数学者ベンジャミン・ロビンス(1701-1751)が先鞭をつけた弾道学の研究が進んだことと、砲身のライフルバレル化に対応するため球弾であった形状(キャノンボール)が1860年代中盤から砲弾型(プロジェクトル)に変わっていった。

■1866年、ボクサー大佐は銃用プライマーの定番、《ボクサープライマー》を開発する。

砲弾型(プロジェクトル)シュラプネル

　砲弾型75mmシュラプネルは直径1.3cmの鉛球を270個収めていた（155mmシュラプネル砲弾では800個にもなった）。前方に高速で撃ち出される鉛球の殺傷効果は同時期に使われはじめた榴弾(ハイエクスプロージブス)よりも高かったといわれている。75mmシュラプネル砲弾の有効射程は約4000mにも達し殺傷力は30m×50m範囲に及んだ。

　第一次世界大戦(1914-1918)を境にシュラプネルが廃れていったのは榴弾の改良が進み高い殺傷効果が得られたこと、塹壕に身を隠した敵には効果が無いこと、起爆に最適な高さを得るための補正が夜間や悪天候では利かないことなどが判明したからである。榴弾と比べ、構造が複雑なシュラプネルは製造に手間とコストがかかったことが最も大きな理由であった。

パーカッションキャップ式とミニエーボール

　フリントロック式の登場によりマッチロック式とホィールロック式が戦場から姿を消していったように1822年、アメリカのジョシュア・ショウ（1776 – 1860）が発明したパーカッションキャップの登場でフリントロック式も旧式になりさがっていった。これと同時にアメリカ独立戦争やナポレオン戦争を通じ欧米の各軍隊はすでにスムーズボアマスケットそのものに限界を感じておりライフルドマスケットをメインウェポンにするべく研究を重ねていた。

　パーカッションキャップが注目を集めていた同時期にフランスではボール（弾丸）に画期的なアイディアが取り入れられようとしていた————。マスケットは銃身内部が滑らかなので次弾の装填は容易であったが、ライフリングが刻まれたライフルドマスケットは命中率、飛距離が向上する分、装填の際には時間とコツが要求された。ライフリングとボールを密着させながらの装填は不可能に近く、ペンシルヴァニアライフルのような銃ではボールとバレルの空隙をできる限りタイトにするためボールを木綿などのパッチで包んでから装填していた。

　ボールに関する研究はそもそもなぜ《ボール（球状）》にこだわるのか、という疑問が発端であった。1848年、フランス軍のクロード・エティエン・ミニエー大尉（1804 – 1879）は従来の鉛ボールを円錐形にリシェイプしスカート部分を2 – 3層で抉りボトムに鉄製のキャップを埋め込んだ新型ボール、《ミニエーボール（minie ball）》を考案する。ミニエーボールは銃の口径よりも小さく作られており、装填には支障は無かった。間隙の大きいミニエーボールがなぜ発射時にはライフリングとしっかり噛み合ったかだが、ボトムにはめ込まれた鉄製キャップが発射ガスの勢いでボール本体にめり込み、結果スカート部が押し広げられることでバレルとの完全密着を可能にした。

　ミニエーボールは飛距離、命中率を飛躍的に向上させ（マスケットと比べ360mでの命中率を10倍以上改善した）、クリミア戦争（1854 – 1856）でその効果が実証されると、各国軍隊の歩兵の持つ銃は従来のボールを発射する《スムーズボアマズルローダー》からミニエーボールを放つ《ライフルドボアマズルローダー》へと換わっていった。

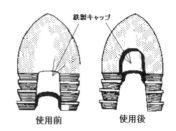
鉄製キャップ

使用前　　　　　使用後

■ミニエーボール　硬い鉄製キャップが鉛の本体にめり込み軟らかいスカート部を拡張させる

ターゲットまでの距離	スムーズボア命中率	ミニエーボール命中率
m	%	%
90	74.5	94.5
180	42.5	80
270	16	55
360	4.5	52.5

■命中率の比較　遠距離での違いが顕著

ミニエーボールと歩兵戦術

　ミニエーボールはこれまでの戦術を一変させるほどの影響力を持っていた。ミニエーボールが登場するまで歩兵戦術といえば、3列から5列で構成された横並びの横列隊形を維持しながら軍を進めるのが王道であった。歩兵のマスケットは命中精度よりも量（発射数）が求められ、後方から味方の砲撃の支援を受けながら横一列のまま進軍し、交戦距離（100－200m）に達すると一斉射撃をおこなった。

この密集型の横隊戦術は歩兵戦術の定番であり、敵の砲撃（特に実体弾）を受けても隊列のダメージを最小限に食い止めることができた。

　ナポレオンは近代戦術として、ここに臨機応変にバヨネット攻撃をメインにすえた縦列隊形（縦隊戦術）や隊列をあえて散

■横列密集隊形

開させ一気に攻め込む散兵戦術を導入したが横隊戦術から原則、逸脱することはなかった。

　ミニエーボールにより約束された命中精度と飛距離の改善は横並びで密集している兵士を遠距離から確実に狙い撃ちすること可能にした。一方の進軍する側にとっては横列隊形で斉射する必要性がなくなったということで密集型戦術そのもののメリットが失せていった。

　双方の軍にとって対抗手段は密集を解き、兵を散らす戦術、《散兵戦術》しか無かった。散兵戦術の導入はドリル（教練）の方法を根本から改めなければならなった。

　国民皆兵の理念に基づく本格的な徴兵制度はフランス革命の共和政府時代から始まったわけだが、当時、多くの軍隊は御恩と奉公の関係で成り立っており（封建制度）、このほか軍隊は有事に駆り出された平民や金銭目当ての傭兵により構成されていた。いうなれば当時の軍隊はややもすると士気が低くなる傾向にあり、敵前逃亡や戦闘放棄、寝返りは珍しいことではなかった。お互いを見張る――――密集型の隊列にはこれらを防止する意味も込められていた。したがって兵員を広域にわたり散らすことはリスキーであり、散兵には高いモラールと同時にオールマイティな技量が求められるようになった。

クリミア戦争とナイチンゲール

　ナポレオン戦争後、砲撃をメインに据えた戦術は戦場の鉄則となった。殺傷力をさらに増強した兵器を双方が保有し戦火を交えることになったクリミア戦争（1853－1856）では20分間の砲撃で騎兵部隊の人員の1/3、騎馬の3/4が全滅したと伝えられる。クリミア戦争は30年戦争からナポレオン戦争まで受け継がれた歩兵戦術を一変させるきっかけとなり、この6年後にアメリカで起きた南北戦争（1861－1865）で、いよいよ通用しないことが証明されてしまう。

　殺傷力を高めた砲弾やミニエーボールの導入により惨禍が増す中、医療現場では滅菌、消毒の概念が浸透し始め、麻酔技術の確立と相まって外科施術のクオリティーが向上したことにより軍創の死亡率は19世紀という時

代を境に徐々に下がってゆく。

　19世紀という時代は戦場における救急救命体制が緒についた時代でもある。《傷病兵に国境なし》といったフランス軍医ドミニク・ジャン・ラーレーの意志はイギリスの一看護婦だった《クリミアの天使》ことフローレンス・ナイチンゲールに引き継がれ、スイスのアンリー・デュナンが提唱した国際赤十字の設立で実を結ぶことになる。

＊　＊　＊　＊　＊　＊

クリミア戦争とは

　クリミア戦争（1853-1856）は、トルコ（オスマン帝国）への南下政策を敢行しようとしたロシアとそれを阻止しようとしたヨーロッパ勢との攻防と要約できる。黒海に突き出た半島、クリミア半島が主な激戦地になったことから、クリミアの名を冠されたこの戦争はもともとトルコ政府に対するロシアの内政干渉から始まった。トルコ国内のギリシャ正教徒（ロシア）を迫害から守る————これは完全にロシア側の口実であった。

　17世紀よりロシアは温暖な気候を求め南下政策を進めており、直前の露土戦争（1877-1878）に勝利したロシアのニコライ1世（1796-1855）は本格的な地中海進出に乗り出した。こうしたロシアの躍進ぶりを脅威としてとらえていたイギリス、フランス、イタリア（サルジニア：当時イタリアは統一されていない）がトルコを援助するかたちで戦争が始まった。

■ロシアとオスマン帝国は"1568年の第一次露土戦争から1878年まで300年"近く戦争（露土戦争）を繰り返していた。ロシアの快進撃がクリミア戦争へとつながった。

殺傷力を高める銃弾と砲弾

　クリミア戦争はロシア軍の敗退によって、政府が推し進めた南下政策は大きく後退することになる。ナポレオン戦争からクリミア戦争が勃発するまでの間に起きた大規模戦争といえば米英戦争（1812-1814）や米墨戦争（1846-1848）、イタリア統一戦争（1848-1871）が挙げられる。先のセクションで詳細したように、この間にウェポン史においてエポックメイキングな出来事がおき、戦術は、《まず兵器ありき》で編み出さなければならな

くなった。1822年に考案されたパーカッションキャップ式への移行により
マスケットの射撃間隔が短くなったことと、1848年にフランス軍が開発し
たミニエーボールの普及により交戦開始の距離が従来の約2倍にあたる
300–500mまで延びたことにより横列隊形で前進する隊列は《恰好の標
的》となってしまった。

　同じことが火砲にもあてはまった————。火砲は1453年のコンスタン
チノープルの陥落の時代からナポレオン戦争まで通常はソリッドボール
（実体弾）を撃ち出していた。直撃を受ければ即死で、地面を転がり人馬
をなぎ倒したものの、被害は《点》または《線上》にしか及ばない。たしかに
キャニスターショットや炸裂弾により《面》の攻撃が可能となっていたが、
その効果は限定的であった。横列、縦列隊形を過去のものにしたのが、
1804年に実戦投入された、2km先から敵の頭上に数百発のボールを発射
するシュラプネルであった。シュラプネルはまさに大量殺傷兵器の先駆け
であった。やがて火砲の球弾（キャノンボール）は球形から縦に長い砲弾型
（プロジェクトル）へと改められ、命中精度と飛距離が向上し、死傷者の
数と軍創の程度は否が応にも増していった————。

当時のアンピュテーション（amputation）

　16世紀のアンブロワゾ・パレ（1517–1590）にせよ、18世紀のイギリス軍
医ジョン・ハンター（1728–1793）にせよ彼らが救命できた銃創は四肢銃撃
がほとんどであった。19世紀になっても状況はかわらなかった。胸部、腹
部、頭部の銃創は死亡率が非常に高く、即死でなくとも死を意味していた。
《英国外科医術の父》と呼ばれたリチャード・ワイズマン（1622–1679）の
記述によれば、腹部銃撃からの生還は外科の技量を超えた《奇跡》と見なさ
れていた。

1）切るか残すか

　アンピュテーション（amputation）とは四肢の切断のことである。現代
医療においては凍傷や糖尿病で壊死の程度がはなはだ酷いケースや、外傷
により神経系統ダメージから四肢の機能がすでに失われた場合におこなわ
れる。軍創治療としては当時、感染症の兆候が見られる場合や膝の間接部
の銃創、粉砕骨折を伴う銃創に用いられた。四肢銃撃の治療にあたっては
温存派と切断派に分かれていた。温存派はアンピュテーション後の高致死

率を根拠としていた。しかし機能や美観は損なえども救命という観点ではアンピュテーションに勝るものはなかった。切断に踏みきらざるを得ない本当の理由は、負傷者があまりに多すぎて手当てが充分にできないことと感染症対策であった（膿血や破傷風の致死率は87～90％であった）。

■アンピュテーション　ガス壊疽で膨れた足を止血帯で縛っている

■18世紀後期から19世紀の初めの頃、銃創治療薬（感染症の治療薬）として様々な薬剤が試されていた―――木タール、塩素、チンキ剤、硝酸銀、アルコール溶液etc…

2）アンピュテーションにまつわる逸話

　戦場における救急システムを構築したフランス軍医ドミニク・ジャン・ラーレー（1766-1842）が臀部付近からのアンピュテーションを得意としていたように（彼は《最速の男》の異名を持つ）、この時代の軍創治療のベースは《アンピュテーションありき》であり、そこからスピードとテクニックが求められていた。

　イギリスの外科医で、アメリカでは歯科医で知られたクロフォード・ロング（1815-1878）と並んでエーテル麻酔手術の先駆者となったスコットランドの外科医ロバート・リストン（1794-1847）は1831年にさまざまな銃創治療の手法をひとつにまとめた《principles of surgery》を出版した。

　リストンは銃創の程度が酷く、治癒の見込みがない場合、アンピュテーションを積極的におこなったとされている（彼の施術は見世物的な要素があり医学界から反発があったのは事実）。化膿、組織の壊死、粉砕骨折、血管、神経へのダメージなど重度の銃創にもかかわらず《もう少し様子を観察しよう》といった逡巡は命取りになるというのが彼の持論であった。リストンは、アンピュテーションは神が与えた試練であり、医者はそれを迅速に完遂させなければならないと信じ下肢の切断から縫合まで最速2分以内を旨としていた（迅速さは時には睾丸の切断、助手の手指切断など大きな過ちを犯した）。

麻酔の発見

　現代では考えられないことだが手術に激痛と悲鳴は付き物であった。アンピュテーションはまさに数人がかりでおこなう、さながら《拷問》であった。だからこそ《速さ》を旨とする者が優れた外科医と見なされていた。負傷者は施術前に神に祈る————手術の成功ではなく苦痛がなるべく早く去るようにと。手術中は痛みに泣き叫ぶ者、愛しい者の名前を叫ぶ者、医者を罵る者とさまざまであった。激痛で気を失う方がまだましであった。

　確かに麻酔という概念は古代よりあった。アルコール度数の高い酒で酩酊状態にさせる方法や、植物由来のアヘン（モルヒネ）やコカインなどのドラッグの投与、民間伝承的な呪術などが採用されたがどれも不完全であった。完全なる麻酔は、患者の苦痛を取り除くだけではなく安全確実な手術の遂行を医者に約束させるために不可欠であった。

　幸運なことにクリミア戦争が始まるまでに以下のような麻酔剤の利用が始まっていた。

1）亜酸化窒素（笑気ガス）

　1772年、イギリス人化学者ジョセフ・プリーストリー（1739－1804）は亜酸化窒素に酩酊効果があることを偶然、発見した。彼は酸素の存在を証明した人物で知られる（このことが燃焼現象の解明に大いに貢献する）。

　イギリス人化学者ハンフリー・ディビー（1778－1829）は亜酸化窒素の麻酔効果に着目し1800年に発表した論文の中で《笑気ガス：Laughing gas》と名づけた。笑気ガスの医療への転用は遅れ、もっぱらエンターテインメントに用いられた。当時、この気体を使った見世物やパーティーが大流行していた。1844年、笑気ガスショウでかなりの怪我を負ったはずである青年（骨折とも）が痛みを訴えなかったのを目の当たりにしたアメリカの歯科医ホーレス・ウェルズ（1815－1848）は早速無痛抜歯を試みた。医学生を相手にしたウェルズのこの公開施術は失敗に終わり、医者としての信頼を失ってしまう。4年後ウェルズはクロロフォルムを用い自らの体を使った人体実験で一時的な錯乱状態になり、売春婦二人に硫酸をかけるという蛮行を犯し、刑務所に入れられてしまう。彼は失意のうちにクロロフォルムを吸引した後（無痛状態）、大腿動脈を切開し自殺した。

2) エーテル（ジエチルエーテル）

エーテルの利用は1540年代から始まっており、麻酔効果があることは1820年代に判明していた。笑気ガスがそうであったように欧米では酩酊状態を売り物にした《エーテルパーティ》が大流行となる。

公式な記録ではないがエーテルを用いて全身麻酔で手術をおこなった最初の人物はアメリカ人歯科医のクロフォード・ロング（1815－1878）とされ、1842年に患者の首にできた腫瘍を取り除くのに成功している（麻酔による無痛手術第一号はクロフォード・ロングなのだが彼自身が1848年までこのことを伏せていた）。1846年、麻酔自殺を遂げたホーレス・ウェルズの元パートナーであった歯科医ウィリアム・モートン（1819－1868）が化学者チャールズ・ジャクソン（1805－1880）と協力して無痛抜歯に続いて公開手術もおこなった。

同年、フランスのラーレーと同じ《アンピュテーション最速の男》の異名をもつロバート・リストンもロンドンでエーテルを使ったアンピュテーションを成功させている。

■過剰な麻酔（魔睡）は酩酊と狂気をもたらす――――。ウェルズ、モートン、ジャクソンらは名声と富を巡り熾烈な争いを繰り広げた末、皆非業の死をとげた。

■1804年、華岡青洲（1760－1835）が《通仙散》という名の薬草由来の麻酔薬による全身麻酔手術を成功させている（乳がん摘出）。リストンの成功例よりも40年以上前のことである。

3) クロロフォルム

エーテルは頭痛と吐き気を催させ、しかも引火しやすかった。事実エーテルは引火性および爆発性を有し刺激臭があった。イギリスでは1830年代後半から早くもエーテルに代わって刺激臭も少なく安価なクロロフォルムが注目されていた。クロロフォルム自体は1831年に発見されていたが麻酔効果に着目したのがスコットランドの医師ジェームス・ヤング・シンプソン（1811－1870）であった。クロロフォルムは1847年に実用化されイギリスの化学者ジョン・スノー（1813－1858）はエーテルやクロロフォルムの人体許容量を算出し、産科分野における麻酔利用を促進させた。クロロフォルムは1853年にヴィクトリア女王の分娩にも用いられた（無痛分娩）。

■クロロフォルムは体内で毒性の強いホスゲンに変化し、肝臓や腎臓、血液に障害をもたらすことから現在、麻酔剤としての使用は禁じられている。

感染症とのたたかい

　麻酔云々を語る以前に、この時代の医療従事者には消毒、滅菌という概念すら欠けていた。現代人にしてみれば、にわかに信じがたい話であるが、手術器具は使いまわしが当たり前で、前の患者の血膿で汚れた手をエプロンで拭い、そのまま次の患者の腹の中をまさぐるといった具合であった。

　麻酔治療が確立されたおかげで負傷者はほぼ無痛で手術を受けられるようになった。しかし術後の死亡率はあいかわらず高く、多くの者が傷口を化膿させ敗血症で命を落としていった（感染症）。この時代はまだ《化膿は治癒の証である》との考えが残っていたが、《なぜ化膿するのか》は完全に解明されていなかった。後述の生化学者ルイ・パスツールやロベルト・コッホによって化膿と微生物（細菌）や病原菌との因果関係（感染）が1860年代から1890年代にかけて証明されるわけだが、その直前に有効な手段が考え出された――――それが滅菌法と消毒殺菌法である。

■かつて石鹸は貴重品だった。1791年、フランスでアルカリの合成に成功したことで石鹸の大量生産が可能となり衛生意識に拍車がかかった。1861年にはベルギーでアンモニアソーダ法が考案されたのを機に世界中で石鹸が普及した。

1）微生物と細菌

　化膿や腐敗といった現象は食品の発酵とある意味でイコールであるといえる。どちらも微生物が関与しているからだ。微生物というと藻やアメーバ、ゾウリムシなどの原生動物をイメージしがちだがカビやキノコ、納豆菌やブドウ球菌も微生物（単細胞生物）である。ただし後者は細菌（バクテリア）と呼ぶのが適当だ。

　ガス壊疽（筋肉細胞の壊死）や敗血症（全身性炎症反応症候群）の原因は細菌感染である。それではウィルスとは何か――――。ウィルスといえばインフルエンザがその代表だ。ウィルスは細菌ではなく、細胞を持たぬことから増殖の際に必ずホスト（健康な細胞）を必要とする。人体に何らかの症

状が発生する際、細菌が毒素を分泌したり、健康な細胞を溶解したりするのに対してウィルスは細胞（ホスト）そのものの内側に入って細胞を乗っ取り、破壊してゆく。

2）消毒という概念

　ハンガリーの産科医イグナーツ・ゼンメルバイス（1818 - 1865）は接触感染に着目した最初の人物である。当時オーストリア、ウィーンの大学病院で産科を担当していた彼は分娩に際してプロであるべき産科医よりも助産婦がおこなった方が妊婦の死亡率が格段に低いことに気がついた。1847年、分娩に立ち会う前に消石灰に塩素を混ぜた溶液による手洗いを励行させた

ところ産褥熱（さんじょくねつ）の発症率が激減（30%が1、2％にまで改善）したのだ。産褥熱とは傷ついた産道内に起きる連鎖球菌による感染症であり、感染源は医者自身の汚れた手（他の患者の血液や膿が付着した）であった。

　医者こそ最大の病原である————ゼンメルバイスの主張は医学界から猛反発を食らい、ついにはオーストリアの医学界から追放されてしまった。妻にも狂人扱いされた挙句の果てに彼は精神病院に収容され、収容から14日後に看守の暴行が原因で死亡した。

■イグナーツ・ゼンメルバイス
死後、彼の《先見の明》が証明された

3）消毒から殺菌へ

　ゼンメルバイスの論文に共感していたイギリスの外科医ジョセフ・リスター（1843 - 1910）は1860年代から汚水の消臭剤として使われていたフェノール（石炭酸）の殺菌、防腐効果に目をつけていた。当時の病院は膿の悪臭で満ち満ちており、こうした《悪い空気》や《悪い水》が病気の源であると考えられていた。これらは《瘴気（しょうき：miasma）》と呼ばれた。《院内の環境（空気循環）を良くすること》————これはフローレンス・ナイチンゲール（1820 - 1910）がクリミア戦争に看護師として従軍していた時に実践していたことのひとつであった。

　リスターは負傷者の解放性創傷にフェノールを噴霧したり、これを浸し

79

たリントガーゼで覆ったりしたところ化膿
せず治癒してゆくのを確認した。1867年に
フェノールを使った殺菌効果に関する論文
を発表したところ、反響が大きく世界中の
病院の腐臭は病院独特の衛生臭（フェノー
ル臭）に取って代わった。リスターの推奨
した滅菌法、消毒法といった現代では当た
り前の医療行為があまねく知れ渡ったこと
でアンプテーション（四肢切断）後の死亡
率は46%から18%にまで回復した。手指の
術前術後のフェノール洗浄のほか、医療器
具の洗浄、手術時のラバーグラブの着用な
どもリスターが提唱したものだ。

■殺菌滅菌の父
　ジョセフ・リスター
現在、傷口は消毒後、ガーゼ等
で被覆し乾燥させるよりも洗浄
と湿潤に重きを置いた湿潤法が
主流となっている。

4）感染の正体

　リスターは、手洗いによる消毒の重要性を説いたゼンメルバイスと同じ
アプローチで、感染や化膿の原因は何らかの微生物の仕業であることに気
がついていた。同時代に活躍していた細菌
学者にフランスのルイ・パスツールとドイ
ツのロベルト・コッホがいた。フランスの
生化学者にして細菌学者であるルイ・パス
ツール（1822－1895）は食品の発酵を促す微
生物（細菌）が人間や動物にも感染すること
を発見し、1865年以降、創傷の腐敗と感染
症の相関を明らかにした（食品の発酵と創
傷の腐敗とはイコールなのだ）。《細菌学の
父》と称されるパスツールはリスターの殺
菌効果説の有効性を強力に後押ししていた。

■ルイ・パスツール
狂犬病などワクチンによる予防
接種を考案した。

　ドイツのロベルト・コッホ（1843－1910）は細菌学者であると同時に医者
であった。当時多くの人命を奪った伝染病の原因は微生物（病原菌）である
ことを解明し1876年に炭疽菌を、1882年には結核菌、その後コレラ菌を発
見した。また感染症の末期症状である敗血症の研究にも取り組んだ。

衛生状態の改善

　衛生状態の改善、とりわけ院内の環境改善が提唱されたのもこの頃であった。現場で負傷者の手当てをおこなう野戦病院というコンセプトもナポレオン戦争末期のワーテルローの戦い(1815)までナポレオン軍に随行したフランス軍医ドミニク・ジーン・ラーレー(1766-1842)によって考案された。他国の軍隊はラーレーのこうした実践には目もくれず、スペースさえあればどこでも即席病院と化し、衛生という概念はほぼ無かったに等しい。

　確かに初期の野戦病院もお世辞にも衛生的とはいえなかった。院内の衛生状態改善に貢献したのがイギリス人看護婦フローレンス・ナイチンゲール(1820-1910)である。彼女は清潔な水、食料、衣服そして空気の必要性を説き、施設は換気のよい構造に改められ、多くの女性有志が看護婦として野戦病院に派遣された。

■一説にはフランス軍の卓越した救急システムと自国イギリスのそれとを
　比較し愕然とした大英帝国戦争局が急きょ、看護婦団を結成、派遣した
　ともいわれている。

1）クリミアの天使

　19世紀、看護婦の社会的な地位は非常に低かった。彼らは医療従事者とはみなされておらず小間使い同然の扱いを受けていた。伝聞されるクリミア戦争(1853-1856)の惨状に心を痛めたイギリス人看護婦フローレンス・ナイチンゲールは1854年、38名の看護婦団を率いてイギリス軍の野戦病院があったトルコのウスキュダルへ向かった。傷病兵の間で《クリミアの天使》と呼ばれた彼女は院内の環境を徹底的に見直し、院内感染による死亡率を激減させた(数か月間で42%から5%へ)。

　クリミア戦争は3年間続いた。ナイチンゲールもこの間、看護婦としての職務を全うし、帰国から4年後に彼女の名を冠したナイチンゲール看護学校が開設された。またナースステーション、廊下、

■フローレンス・ナイチンゲール

洗面所、患者部屋のベッドのレイアウトなどナイチンゲールの提案した院内環境は通称、《ナイチンゲール病棟》と呼ばれ今でも病院設計の原則として受け継がれている。

■傷病兵はナイチンゲールの献身的な看護に感謝し、夜間、病棟を見回る彼女の持った蝋燭によって壁に映し出された影にキスをした。患者と看護婦の間に芽生える恋愛感情をナイチンゲール症候群という。

2）赤十字社の創設

　ナイチンゲールのこうした活躍は1864年、赤十字社を創設するアンリー・デュナンに多大な影響を与えた。1859年、スイスの実業家アンリー・デュナン（1828 − 1910）はビジネスで立ち寄ったイタリアで戦争の悲惨さを目のあたりにした。当時、イタリアは統一戦争（1848 − 1871）の真っ只中にあり、デュナンは激戦の一つと目された《ソルフェリーノの戦い》を目撃したのだ。1862年、ジュネーブに戻ったデュナンは死傷者 4 万人を数えたこの戦いの模様を 1 冊の本にまとめ自主刊行し、ヨーロッパ中の政治家や軍幹部に配布した。デュナンの著書《ソルフェリーノの記憶》は大反響を呼び、その後《国籍にとらわれない負傷者の救済》を提唱するためヨーロッパ行脚の旅に出た。

■アンリー・デュナン

　私財のほとんどを活動に投じたデュナンの努力は1864年、国際救護団体国際赤十字（ICRC）として結実し、同年赤十字の提唱のもと《傷病者の状態改善に関する第 1 回赤十字条約》が締結される。1901年のノーベル平和賞授賞者第 1 号は言うまでも無くデュナンである。

■赤十字活動を切り離せばデュナンは一事業家に過ぎなかった。しかし1867年その事業も破たんし破産を宣告される。これを機に赤十字の活動とは一切手を切り、一時期パリの貧民窟に身を落としていた。

19世紀以降の新しい火砲技術

　マスケットはバレルの施条処理とミニエーボールの採用により飛距離と命中精度を改善させていった。これに比べると火砲のそれは遅れていた。弾道学の発達により、飛翔体は球弾から砲弾型へと改められていったが銃と比較してサイズの大きい火砲では材質、構造や装填方法など乗り越えなければならない障壁がいくつもあった。

　1760年代のイギリスに端を発した産業革命により軍事もその恩恵を受けたことにより戦場から剣や弓がほぼ一掃され、火力が戦況の行方を左右するようになった。兵器は産業革命の隆盛と歩調を合わせ20世紀初頭、第一次世界大戦（1914 – 1918）の頃には人智をこえた惨禍をもたらす存在になる。

　このセクションでは産業革命の推移と照合しながら火砲の進化過程について触れる。

＊　　＊　　＊　　＊　　＊　　＊

産業革命、興る

　産業革命は、これまでの社会構造を旧態依然とした家内制手工業から脱却することで、工場制機械工業を背景とした資本主義的生産形態へと大きく変換させた。《手》が機械を作る時代から《機械》が機械を生み出す時代になったのだ。産業革命により生産効率が上がり標準偏差の小さい安定した製品、いわゆる工業製品を短期間で大量に、しかも安価で作り出すことが可能になった。これにあわせて国営や王政の支配下にあった軍事もひとつの独立した産業となり《兵器づくり》も鉄道や船の生産と同一に語られるようになった。

1）イギリスにおける産業革命

　1730年代の織物・紡績機械の技術発展を端緒に1760年代、世界に先駆け産業革命の洗礼を受けたのがイギリスであった。イギリスにおける産業革命は、一般には1760年代から1830年代までと見なされており、この間に先進工業国として自国植民地から原材料を調達し、良質で安価な工業製品を世界中に輸出する《世界の工場》としての確固たる地位を築き上げた。

■1865年から1900年までを第二次産業革命と定義する。

すべての産業の基幹となる製鉄業は大型工作機械を生み出し、これらを動かす蒸気機関が開発されたことで、動力源となる石炭を確保する採掘業の分野も発展していった。イギリスが当代唯一の先進工業国となりえた要因のひとつに、1774年に他国や植民地への機械輸出や技術者の渡航を禁じた《機械輸出禁止令》がある。1843年、イギリス政府が保護貿易主義から自由貿易主義へ方向転換を図ると同時に、この禁令は全面撤廃された。

■トーマス・ニューコメント（1663－1729）やジェームズ・ワット（1736－1819）らが発明しイギリス産業革命の一大動力となった蒸気機関は1783年に蒸気船、1803年に蒸気機関車を生み出し、《交通革命》というスピンオフ革命を興した。

2）世界へ波及する産業革命

　機械輸出禁止令が全面撤廃に至る以前のことだが、ナポレオン戦争が終結してから約10年後の1825年に禁止令の一部が解禁され、それ以降大型工作機械や技術がヨーロッパ諸国やアメリカにも輸出され、彼の地でも産業革命が始まった。

　1830年代に、まず石炭や鉱物資源に恵まれたベルギーが伝統的な毛織物工業を基盤に工業化を推し進めイギリスに次いで産業革命を迎える。ほぼ同時期にフランスでも産業革命が興り19世紀後半まではイギリスに次ぐ工業国の地位を確立した。

　フランスにおける産業革命の隆盛は緩慢であった。フランスはもともと農業国であったため慢性的に労働力が不足していた。これに加え7年戦争（1756－1763）で植民地であったカナダとインドを失ったことで原材料の供給先が限られていたことと、フランス革命からナポレオン戦争を通じて資本の蓄積が遅々として進まなかったことも原因だ。

■1830年という年はフランスとベルギーにとって重要な年であった──
　──。フランスでは7月革命によりブルボン王朝が倒され有産市民を核としたブルジョワジー層（産業資本家）が台頭し始めた時期である。ベルギーはこの年にオランダから独立を果たした。

　ベルギー、フランスについで1840年代に産業革命が始まったドイツでは、

ドイツ領内の牽引役であるプロイセンの提案に同調した諸邦ら38ヶ国が1834年に結成した《ドイツ関税同盟》を基盤に産業革命が進展していった。普墺戦争（1866）、普仏戦争（1870－1871）を経て1871年にドイツが統一された後も、重化学工業政策を推進し19世紀末にはアメリカ、イギリスに次ぐ先進工業国となる。

　アメリカの場合、イギリスから経済的にも独立するきっかけになった米英戦争（1812－1814）を経て木綿繊維および金属機械工業を中心に工業化が進み、南北戦争（1861－1865）で一時停滞するもその後石炭、石油、鉄鋼を基幹としたさらなる工業化に拍車がかかり20世紀初頭には名実ともにイギリスを追い抜いた。

　クリミア戦争でヨーロッパ勢を相手にロシアが敗退した最大の理由として産業革命の出遅れを指摘することができる。1861年、近代化の立ち遅れを痛感したアレクサンドル2世（1814－1881）が発令した農奴解放令を機にロシアは工業化への道を邁進する。ロシアが本格的な産業革命の恩恵を受けたのは1890年代以降のことである。

砲弾とライフリング

　砲弾を、ミニーボールのように砲身に施したライフリングに食い込ませるのは容易ではなかった。まずミニエーボールのように砲弾全体に軟らかな鉛を用いることは考えられなかった。それでは一部分だけであればどうか———。この発想のもとで1850年代からスカート部に鉛を採用した拡張型の砲弾が考案された（シェンクル方式）。これと同じような構造で発射ガスによる鉛の拡張を利用した方式にホッチキス方式、パロット方式がある。このほかにライフリングとかみ合うよう真鍮のリベットを砲弾に埋め込んだリベットドライブ方式（アームストロング方式）や砲弾に細長いフランジ（突縁）を線条に施したフランジドライブ方式（ブレークレー方式）などが次々と実用化された。

■このほかにライフリングそのもの形状をポリゴナル（多角形）にしたホイットワース方式なども編み出された。

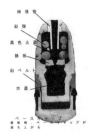
■パロット方式砲弾の断面図

■ホイットワース方式砲弾

信管とは

　信管(fuze)とは砲弾内部の炸薬を起爆させる装置のことである。砲弾型が普及する以前の球形の炸裂弾の場合、内部に仕掛けられた黒色火薬への着火は油をしみこませた布や導火線を介しておこなわれていた(いわゆる"爆弾"といわれるもの)。1831年代にイギリスのウィリアム・ビックフォード(1774 - 1834)が産業用導火線(safety fuse)の実用化にこぎつけるものの、発破とちがい《発射》という極めて動的な現象において早発、遅発、暴発が頻発したことから、信管としての使用は限定されていた。

　どんなに強力な炸裂弾が出来上がっても信管が適切に作動しなければまったく役に立たない。信管に関する技術はトップシークレットであった。信管は大きく分けて、着弾の衝撃で作動する《着発型》、定められた時間にあわせて作動する《時限型》、ターゲットが近接したことを感知してから作動する《近接型》の３つに分けられる(近接信管は1943年にその存在が明らかになる)。

1) 着発信管

　着発信管の完成は1800年、イギリスのエドワード・チャールス・ハワード(1774 - 1816)による雷酸水銀の発見を待たねばならない。最も初期の着発信管は燧石(フリント)を使っていた。着地の衝撃で生じる燧石の火花を利用したものだが、かならずしも信管を真下に落下するとは限らず信頼性に乏しかった。1800年代になって衝撃に敏感な雷こうが発見されるとパーカッションキャップが使われるようになる。当時の着発信管は装着時にも相当な注意が必要であり、製造、保管、運搬、取扱いなど総合的に見て使い勝手が悪かった。

2）時限信管

　シュラプネルや1880年代中盤以降に登場する、炸薬に爆薬を採用した《榴弾：high explosive》は中空での爆発が最も殺傷力を発揮するため時限信管との相性がよい。

　1880年代終盤に榴弾の実用化にめどが立つと着発信管の需要が落ちてゆく。着発信管については着弾の衝撃で信管を作動させれば事足りるわけであるが、着弾の衝撃と発射時のそれとの見極めが一筋縄ではいかなかったことから暴発が相次いだ。こうしたことから時限信管に頼らざるを得なかったというのが実状であった。

　19世紀の初めに導火線方式信管に限界が見え始め。これに代わって考案されたのが木製プラグスタイルの信管であった。この木製信管はアルコールで溶かした黒色火薬を充てんした木管のようなもので、ボディーにメモリが刻まれており任意の位置に穴を穿つか、その部分を折ることにより起爆時間を調整した。

　19世紀中盤になると金属製の信管が考案され、木製信管は徐々にその姿を消していった。金属信管はメダルのような形状をしており、木製信管の弱点であった湿気の問題や強度不足を解消した。このタイプで有名なのが、ベルギー陸軍のチャールズ・G・ボウマン（生没年不明）が1840年代に考案した金属性の耐水時限信管、ボウマンタイムヒューズである。材質は鉛と錫の合金で表面に目盛りが刻んであり、ケース内部には秒時に合わせた黒色火薬がスパイラル状に組み込まれている。ボウマン信管に関する情報は機密扱いであったが、一旦情報が漏洩すると各軍がこぞってこれを真似た。1852年にはアメリカ海軍が制式採用し、南北戦争が始まるとまず北軍が独占し、後に南軍がこのイミテーションをつくった。

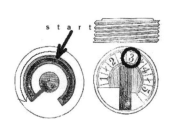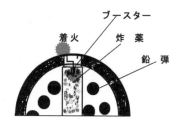

■ボウマンタイムヒューズの仕組み
　上のヒューズは燃焼時間を1～5秒で設定できるようになっている。たとえば3秒後に作動させたければ③をくり貫くことで、矢印の箇所（③の位置）から着火が始まり、3秒後に中央のブースター火が入る。ブースターに移った火が砲弾内部の炸薬を起爆させる（右イラスト）。

ライフルドボアブリーチローダーの登場

　15－18世紀にかけて火砲といえば一部の例外を除き砲身にライフリングがなく砲弾を砲口から装填する《スムーズボアマズルローダー》しか存在しえなかった。大砲が登場してから実に400年もの間、目立った兵器改良が無かったということだ。そして19世紀――――。産業革命を通じて発展を遂げた工業技術、化学、冶金学を駆使した新しいタイプの火砲が登場することになる。

　新しい火砲の特徴は、砲身にライフリングが刻まれ装填をブリーチ（breech：砲尾）からおこなうという2つの点に集約される。

1）ライフリング

　ライフリングの効用は砲弾に回転運動与えることによって弾道を安定させ飛距離を伸ばし、命中精度を向上させることにある。15世紀終盤、ドイツ地方で考案されたライフリング技術はもっぱら狩猟や競技射撃のために使われたが18世紀以降になると軍用にも転用されるようになった。火砲の砲身にライフリングを施すようになったのは19世紀になってから であり クリミア戦争（1854－1856）に参戦したフランス軍がこの分野の先駆となった。

■初期の旋条処理は単なる直線（ライン）であった。これはむしろ砲身内部にこびりついた発射薬の燃焼残渣を洗浄しやすくするためであった。

2）初期のブリーチローディング

　火砲はマスケット同様、砲口（銃口：muzzle）から装填をおこなうマズルローダーが一般的であった。装填を砲尾（ブリーチ：breech）からおこなうブリーチローディング第1号は14世紀、フランスのブルゴーニュで造られ、15世紀になりスペイン、イギリス、中国にも伝わった。初期のブリーチローダーの最大の欠点はブリーチの《閉鎖システム（密閉）》が不十分であった点だ。ブリーチローディングが世界的に普及し始めたのはマシニング技術が産業革命を経て本格的に発達する19世紀まで待たねばならなかった。

■初期のブリーチローダー

　ブリーチローディングはマズルローディングにくらべ多くのアドバンテージがある。まず装填を銃口からおこなうマズルローダーと比較して砲尾からの装填作業が容易であるということだ。マズルローディングの場合、砲の種類が曲射砲であれば、発射の都度、砲身を水平位置まで戻さなければ装填作業には取り掛かれない。ブリーチローディングであればいちいち砲身を水平にする必要はなくなる。またマズルローディングは装填の際、砲身の前に装填手が自身の体を敵に曝さなければならないが、ブリーチローディングではこうしたリスクとは無縁になる。これらのアドバンテージは発射サイクルの向上を意味し、結果火力の増強へと繋がる。

■艦船に配備された艦載砲の車輪は野戦砲の車輪とは目的が違う。マズルローダーは構造が簡単で製造コストもかからないことから艦載砲としても重宝がられた。艦載砲の砲身は船体から突き出ており、マズルローダーは装填のたびに砲身を船内に引き戻さなければならなかった。艦載砲同様に城塞に配備された砲も同じ目的で車輪がついている。

3）ライフルドブリーチローダー

　1760年代にイギリスで興った産業革命は、イギリス政府の自由貿易主義への転換によって機械輸出禁止令が撤廃されたのを機に他国へ波及していった。兵器産業も例外なく産業革命の恩恵を受け、隆盛を極めた。
　旋条処理を施した砲身とブリーチローディング、この二つの特徴を合わせ持った大砲は《ライフルドブリーチローダー》と呼ばれた。この分野に先鞭をつけたのが1837年、スウェーデンのマーティン・フォン・ワレンドルフ（1789－1861）であり、現在の《閉鎖システム》に通ずるスクリュー式ブリーチローディングシステムを考案し、1854年、3タイプのブリーチローダ

ーを軍に納入した。

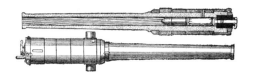

■ライフルドブローチローダー（施錠砲身後装砲）の典型

　ほぼ完璧なブリーチローディングシステムとライフルドバレルを備えた大砲は1850年代になりイギリスの機械設計技術者で、さまざまな工作機械を発明したジョセフ・ホイットワース（1803 - 1887）や同じくイギリスの発明家にして実業家のウィリアム・ジョージ・アームストロング（1810 - 1900）らにより完成する。アームストロングが線条ライフリング方式なのに対してホイットワースは線条を刻まないポリゴナル（多角形）ライフリングを採用した。両者のブリーチローダーは早速イギリス軍に納入された。アームストロング砲の初期のものはホイットワース砲に比べ評価が低くかったため、アームストロングは幾度もブリーチ部の構造に改良を施した。

アームストロング砲とホイットワース砲

　1854年、ウィリアム・ジョージ・アームストロングはクリミア戦争（1853 - 1856）の真っ最中に野戦砲の取扱いに苦労をしている自軍、イギリス軍の様子を伝える記事をきっかけに、取扱い、機動性、そして射程や命中精度を向上させた砲の開発に乗り出したといわれている。

■クリミア戦争時のロシア軍の装備はお粗末で、歩兵の銃はすべてスムーズボアマスケット、大砲の到達距離はヨーロッパ勢の半分にも満たなかった。ロジスティックス（後方支援）の点でも隔世の感ありといったところで、ヨーロッパ勢は鉄道や海路を駆使したのに対してロシア軍は荷馬車に頼っていた。

　アームストロングはまず錬鉄製のライフリング砲身を持つブリーチローダーを製造した。時代はもはや球弾ではなく砲弾仕様が当たり前になって

いた。イギリス軍のトライアルは5ポンド砲でおこなわれたが軍は18ポンド砲（口径84mm）を望んでいた。1858年、アームストロング砲は制式採用となる。しかし現場（多くは艦船）から砲尾の閉鎖不良に関する報告が寄せられ、薩英戦争（1863年）では緊急措置としてマズルローディング砲を引っ張り出さなければならない事態になった。

その頃同じくイギリスのマンチェスターに拠点をおくライバル、ジョセフ・ホイットワースの考案したマズルローダーが好評を博していた。

■薩摩藩とイギリス艦隊との小競り合い。薩英戦争以後、イギリスと薩摩藩は急速に接近するようになった。

こうしたことを背景にアームストロングと軍との受注契約は白紙に戻り、輸出も禁止された。後にこの規制はアメリカで南北戦争（1861−1865）が勃発すると緩和され、北軍側に納品された。その後ブリーチシステム（砲尾密閉機構）を一新させたアームストロング砲とプロイセンのクルップ砲が優劣（マーケットシェア）を競い合うようになり、砲身の寿命、ブリーチシステムなどの総合評価から最終的にクルップ砲に軍配が上がった（クルップ砲については後のセクションで詳細している）。

■1897年、アームストロングとホイットワースの両社は併合しアームストロング・ホイットワース社となり兵器、機関車、航空機などの一大メーカーとなる。

アメリカ南北戦争と軍創治療

1760年代にイギリスに端を発した産業革命以後、アメリカ独立戦争（1775−1783）、ナポレオン戦争（1795−1815）、クリミア戦争（1854−1856）を経てファイヤーアームズ（火器）はその殺傷力を増大させていった。

南北戦争の時代、歩兵の銃はライフルドマスケットとミニエーボールの組み合わせがスタンダードとなり、一部ではあるものの連発銃（レピーター）も使われた。火砲は射程と命中精度を上げたライフルドブリーチローダーが導入され炸裂弾やシュラプネルに代表される特殊砲弾が大々的に使

われた。

　南北戦争は兵器、戦術ともにまさに現代戦争の過渡期にあたり、医療も大きな転換を迎えようとしていた。南北戦争が起きた時代背景に郷愁を抱く者は多いが実際はそうではない。Gone with the wind"風とともに去りぬ"————ではすまされない現実があった。

＊　＊　＊　＊　＊　＊

総括　南北戦争

　当代の最新の兵器がすべて実戦投入されたのがアメリカの内戦、南北戦争（1861–1865）であった。19世紀中盤、奴隷制度の是非が引き金となってアメリカ合衆国は南北に分断され、やがて内戦へと繋がった————これが南北戦争である（civil war）。

　工業化が進んだ北部自由州に比べ旧態依然とした農業社会の南部奴隷州との間にはさまざまな意味で格差が生じはじめていた。1860年、大統領選挙で奴隷制反対派のエイブラハム・リンカーン（1809–1865）が選出されたのをきっかけに、独立戦争以後一枚岩であったアメリカ連邦から南部11州が脱退し、アメリカ南部連合を結成した。北部23川で構成される北軍（union：USA）と南軍（confederate：CSA）との内戦は丸４年間続き、北軍の勝利で幕を引くことになったが、両軍合わせて約62万名が戦死した（受傷後の死亡者数も含む）。

　62万名という数字はアメリカが建国以来経験したこれまでの戦争の総戦死者数よりも多い数字で、一日の戦死者数だけを観ても1862年の《アンティータムの戦い（シャープスバーグの戦い）》で22,717名を数えた（第二次世界大戦で連合軍がノルマンディーに上陸した1944年６月６日の通称D-Dayの戦死者数よりも約２倍多い）。死亡原因は軍創（銃創、爆創）もさることながら、医学知識の欠如、病気によるものや術後の感染症、衛生環境の劣悪さ、救急処置の遅延によるものなど軍創とは別の要因が大半を占めていた。

	投入兵力	戦死者	軍創病死者	合計死者数
北軍	220	11	27.5	38.5
南軍	106.4	9.3	13	22.3

※単位は万名

92

独立戦争（1775 - 1783）の時と同様、アメリカは医療後進国であった——
——。アメリカはヨーロッパのように国が地続きでないために国外の最新
情報が伝わりにくく、なかんずく医学情報の収集が遅れたことで、消毒滅
菌や救急救命体制といった最新の医療実践が活かされなかった。また内戦
が始まった頃、独立戦争当時と同じく、軍医の割り当ては一連隊一名とい
う有様で、救護さえままならなった。見かねた物資補給局が局員を派遣し
たり民間から雇い入れたりして、負傷者の戦場からの救出にあたっていた。

■南北両軍62万名の戦死者のうち2/3が軍創受傷後の感染症や赤痢、チフ
　スによるものであった。

検証　南北戦争

　南北戦争というと奴隷解放を謳った北軍を《善》と捉えがちであるが、建
前はどうあれ人権尊重、差別撤廃といった高邁な精神は後付けに過ぎない。
つまるところ南北戦争とは、商工業分野で国際的な競争力を持っていなか
った北部地域の進める《保護貿易主義政策》と、綿花産業ですでに国際競争
力を得ていた南部地域が目指した《自由貿易主義政策》の対立という図式に
要約される。

　南部は奴隷制度の元、プランテーション経営を存続させ海外との貿易を
推進させたかった。工業資本を進展させようとしていた北部地域が決定的
に欠けていたものはマンパワーであった。北部の為政者は南部の奴隷制大
農場が支配していた黒人奴隷を解放することで自由労働者として雇用し、
これを補おうとしていた。だからこそ奴隷解放が必要だったのだ。

　アメリカは、1812年の米英戦争で経済的にも自立したものの、これまで
は独立した州の集合体に過ぎなかったが、南北戦争という大きな犠牲を払
った後に連邦国家体制を確立し単一の国家になった。

■南北戦争は《先進工業経済地域》である北軍と《旧式農業経済》の南軍の格
　差が生んだ対立という見方もできる。北軍は鉄道や電報といった当代の
　最新テクノロジーの恩恵を享受しており、これらを効果的に戦術に織り
　込んでいた。

新しい兵器と旧い戦術

　戦死者数というのは新しい兵器の登場にあわせ激増する。戦争の習いとでもいうべきか、これまでは《良し》とされていた戦術が新兵器の前で一瞬にして愚行に成り下がる。

　横列隊形に代表される密集隊形が自殺行為に等しいことが南北戦争で証明されることになった。南北戦争に限ったものではないが戦死者は大まかに１）銃創、２）爆創、３）切創、刺創、４）病死の４つの死亡原因に分類できる。１）、２）、３）は軍創という大きなカテゴリーで括れる。爆創は砲弾や炸裂弾によるもの、切創・刺創はサーベルやナイフによるものだ。南北戦争で際立ったのが銃創と病死だった。特に銃創についてはミニエーボールの登場によりこれまでの常識、《マスケットは命中しない》が覆ってしまった。

　戦死者数の激増は、新兵器の殺傷力を分析しきれず、戦術がそれに追いついていなかったことが最大の要因だ。南北を問わず時の軍上層部は歩兵に支給したミニエーボール仕様のライフルドマスケットの威力を過小評価していたか、意識的に無視していたかのどちらかであろう。ミニエーボールの標準化は、言い換えればかつての独立戦争（1775-1883）でイギリス軍をきりきり舞いさせた植民地軍の狙撃銃ペンシルヴァニアライフルがほぼ全ての歩兵に行き渡ったということだ。特に北軍（ユニオン）はナポレオン戦術に固執していたため初期の頃はまさに無駄死が多かった。塹壕に隠れた敵に対して正面切って横列隊形の大軍を差し向けるという戦術は、従来のマスケットであれば功を奏するが、もはや攻める側は《格好の標的》以外のなにものでもなかった。

■当時の金額でマスケットが40ドルであるのに対して500ドルという値をつけたホイットワースライフルは南軍がイギリスから取り寄せたスナイパーライフルで、専用スコープとの組み合わせにより1500m先の狙撃を可能にしていた。

ライフルドマスケットと連発銃

　ライフルドボアの効用に関してはアメリカ独立戦争以降の軍関係者であれば誰もが認めていた。しかしライフルドマスケットの装填は非常に手間

がかかる作業であった。記録によればスムーズボアマスケットが1分間に3発発射できるところライフルドマスケットは1発が精一杯であったという。

　大勢の敵を目の前にすれば命中精度、威力、射程よりも装填のし易さ（発射サイクル）が最も優先される。命中しない銃であれば、大量の銃を一斉射撃することでこれを補えばよいではないか、という考え方だ。再装填に手間取る銃が制式にならないのは当然のことであった。

　独立戦争の頃はすべてのマスケットにライフリングを施せるほどの工業技術は無く19世紀になってからライフルドバレルのマスプロダクションが可能になった。そして1848年のミニエーボールの考案によってこれまで1分間に1発が限界であった発射サイクルが、3発にまで改善された。

　発射サイクルを向上させるもうひとつのアプローチが、弾が尽きるまで連続して撃てる銃、《連発銃（リピーター）》であった。南北戦争では、1835年、フランスのガンスミス、ルイス・フロベルト（1819−1894）によって考案されたリムファイヤーカートリッジを、ストックに収めたチューブラーマガジンを介して7連射を可能としたスペンサーライフルやヘンリーライフルなど1分間の射撃サイクルを15−20発へと劇的に改善させたレバーアクションライフルが実戦投入された。

検証　ミニエーボール(minie ball)

　ミニエーボールはクリミア戦争（1853−1856）で初めて使われ南北戦争で本格的に投入された。ミニエーボールは1849年フランス陸軍大尉であったクロード・エティエン・ミニエー（1804−1879）によって開発された今でいうところの《ブレット(bullet)》の原型といえよう。口径とほぼ同じ弾丸をライフリングバレルに銃口から装填することは不可能ではないにしろ時間と手間がかかる作業だ。ミニエー大尉はボールの径を銃口よりも若干小さくあつらえることで、この問題を解決した。当然、このまま発射すればボールとバレル内側の隙間から発射ガスが漏れ、エネルギーのほとんどが無駄になってしまうところだが、ミニエーボールには底にあいた凹みに金属プレートが埋め込まれており、発射の際、ガスがこのプレートを押し上げボールのスカート部が拡張しライフリングにしっかりと噛み合う仕組みになっている。こうすることにより発射薬も完全に燃焼することになり残渣の発生が抑えられた。装填作業に費やす時間は従来のマスケットに引けを

とらないばかりか命中精度、威力、射程が存分に発揮できるようになった
のだ。

1）ミニエーボールの威力

　ミニエーボールの特徴を詳細する――――。大きさは口径よりも若干小
さめ。マテリアルは軟らかい鉛を採用し、構造的にはコニカル部とスカー
ト部に別れており、スカート部に３つの溝（２のことも）が刻まれている。
装填を容易にするため溝にグリースが塗られている。初期のものは弾底部
がくさび状に凹んでおり、そこへスチールプレートが埋め込まれていた。
発射ガスで中へ押し込まれたプレートがスカート部を膨張させ、ライフリ
ングと噛み合った。南北戦争の頃になるとスカート部の鉛を薄くすること
で同様の効果が得られたためスチールプレートは不要になった。1849年に
おこなわれたトライアルでは15ヤード（13.5m）地点に置いた2/3インチ厚
のポプラ板（離隔は約50cm）を２枚貫通した。伝え聞くところでは1200ヤ
ード（約１km）先の背嚢を撃ちぬき、そばにいた人間をも貫通したとまで
いわれた。
　イギリス軍はミニエーボールの採用にあたり従来のボールとの比較検証
をおこなったところ400ヤード（360m）でのボールの命中率が５％以下であ
ったのに対し、ミニエーボールは50％近くを維持した。従来のマスケット
のミニエーボール仕様へのコンバートはバレルを換装するだけで済み、す
でにライフリングが刻んであった銃であればその口径にあったミニエーボ
ールが誂えられた。以後ミニエーセオリーを生かした銃は小口径化が進み、
弾丸も軽量になっていった。

2）ミニエーボール銃創

　現代の銃と150年前の銃は外見や機構こそ隔世の感ありだが銃創の程度
はさほど変わりはない。撃たれれば重傷は免れない。発射ガスによって膨
張するミニエーボールは比較的軟らかい鉛で構成されている。現代のフル
メタルジャケットブレットよりもボール自身の変形が著しいことから、外
科医にとってはミニエーボール銃創の方が厄介かもしれない。
　変形著しい弾丸はその分、体内でのエネルギーの伝達が大きい。銃創は、
弾丸が体の組織の中を突き進んだ後に残される痕、《永久空洞：eternal
cavity》と弾丸の変形および破片化によって組織が瞬間的に伸展されるこ
とで生じる《瞬間空洞：temporal cavity》によって形成される。

体内に侵入した弾丸が、変形もせず、骨にも衝突しなければそのまま人体を貫通するだけだ（貫通銃創）。この状態はエネルギーの伝達がほとんど無かったと解釈できる。一方、変形や骨との衝突で破片化した場合、弾丸は人体を貫通することなくエネルギーのすべてを体内で使い切ってしまうことから銃創の程度が酷くなる。

　当時の記録から兵士の体内より摘出されたミニエーボールのほとんどが変形していたことから、銃創は永久空洞に起因するものよりも瞬間空洞によるものが多かったと推測できる。銃撃距離は不明だが骨を砕き、骨そのものを弾丸化（第2ブレット）させるのに充分なエネルギーを持っていたはずだ。

　どの戦争にもあてはまることだが、その時代の医療水準というものは、兵器のそれに追いついていない――。南北戦争ほどこのことを痛感させる戦（いくさ）はなかった。南北戦争の銃創の94%はミニエーボールによってもたらされた。ライフルバレルから放たれたミニエーボールの有効射程距離は300m、弾丸の速度は289.6m/secと推測され、ハンドガンブレットのスタンダードである.38スペシャル並みに達していた。軟らかい鉛は変形が著しく着弾の衝撃で尺骨、橈骨といった細い骨は粉砕された。弾丸が入り込んだ痕跡である射入口の周囲には軍服の繊維など異物の人体侵入が目立っていた。軍医はミニエーボール銃創の治療になす術をなくしていたというのが実状だった（唯一アンピュテーションを除いて）。

■ミニエー大尉

■体内から摘出されたミニーボール　銃創の程度もさることながら鉛毒も深刻であった

銃創治療の今昔

　南北戦争当時の銃創治療は消毒の励行や麻酔術の確立を除けば基本的に16世紀のフランスの外科医アンブロワーズ・パレ(1510‒1590)の時代とさほど変わりはない。フランス軍に軍医として従軍したパレは1545年に最初の著作《La methode de traiterles plaris(銃創治療術)》を記す。タイトルの通りマスケットによる銃創治療のアプローチが披露されているが、アンピュテーション(四肢切断)を主としたものが多い。パレなりの創意工夫を垣間見ることもできる。たとえば当時、傷口の処理は煮込んだ油や焼き鏝を使った焼灼法が主流であったが、結紮法が有効であることを見出したのはパレであった。

　火薬エネルギーを利用する兵器が存在しなった時代、軍創といえば切創、刺創がほとんどであったが、16世紀以降、外科医らは銃創という未知の軍創に向き合わなければならなくなった。当初、銃創の増悪はボールや発射薬である黒色火薬の毒が原因であると考えられていた。滅菌消毒といった概念すらなかったため、毒消しには糖蜜を加え沸騰させた油を流し込む(！)のがよいとされていた。日ごろから傷病兵を悶絶させるこの治療法に懐疑的であったパレはある晩、卵黄、バラ油、テレピン油などで作った即席軟膏を負傷者の傷口に塗ってみた。翌朝、煮えたオイルを流し込まれた患者と軟膏を塗った患者の様態の差は歴然であった。今となっては傷口の化膿は異物に対する人体の防御反応であることは誰でも知っているが当時は《毒》が化膿の原因と考えられていた。

　銃創のほかに近距離から撃たれた兵士は銃口から噴出した発射炎で火傷を負うことが多かった。パレはここでもある田舎町の主婦との会話をヒントに新しい治療法を試みた。火傷にはたまねぎが効く！————彼は早速、たまねぎを2個分すり潰し、塩を加えたものを患者の火傷に塗りこんだところ水疱と腫れが治まったという。

当時の医療水準

　医学界、とりわけ外科医術における大きな進歩はロバート・リストン(1794‒1847)やウィリアム・モートン(1819‒1868)が先駆となった麻酔投与、滅菌消

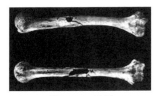

■ミニエー銃創

毒を普及させたジョセフ・リスター（1827－1912）らの功績に負うところのものが大きい。

　19世紀になっても銃創治療の研究は盛んであった。スコットランドの外科医、エーテル麻酔の先駆者ロバート・リストン（1794－1847）は1831年にさまざまな銃創治療の手法をひとつにまとめた《principles of surgery》を出版した。この中で、彼自身の経験に基づいた所見――――着弾衝撃で皮下組織が著しくダメージを受けるものの出血は少ない、主要血管が傷ついても出血は長く続かない（？）、射入口よりも射出口の方が傷の状態として酷いが、射出口は裂けていることが多いので治癒しやすいなど――――が披露されている。このほかに弾丸が命中した骨が第二ブレットとなり銃創の程度をさらに酷くするとの記述も残されている。この現象は弾丸の運動エネルギーが高い近射銃創で顕著との特記がつけられた。当時まだ細菌の存在は明らかにされていないが、軍服の繊維など傷口への異物の侵入が治癒の妨げになっていると記されている。

　手術は医学書の手順に則って粛々とおこなわれていたが環境は不衛生であった。銃創が皮下筋肉あたりにまで及んだ場合、ボールや異物の除去は前の患者の血がこびりついたままの素手や器具でおこなわれた。患部は冷水を浸したリント布で冷やされ、壊死した組織は切り取られ所々に感染症らしき症状を見せていた。先のセクションで触れたように細菌と感染症の相関が明らかにされつつあったが19世紀においても、ガレノスの《健全な膿》説を信じている者が少なからずいた。

南北戦争の受傷

　顔面を撃たれた者、眼球に著しい損傷を負った者、骨盤を骨折した者、小腸が腹圧で飛び出した者、膀胱の損傷で尿の滲出が止まらない者など創傷の程度はおしなべて酷かった。むしろ四肢銃撃は幸運な方であった。現代と違い腹部および胸部銃撃は《死》を意味していた。腹部を撃たれた場合、漏れ出した糞便で感染症は不可避であったため死亡率は87％であった（胸部は62％）。《神に任せるのみ》という軍医もいたが、一縷の望みをかけ努力する軍医もいた。胸部銃撃では傷口を密閉するという方法が採られたが、まったくの無駄であった。

　アンピュテーションのタイミングは敗血症、感染症対策として受傷後、即（もしくは24時間以内）が望ましいとされ24時間以内ならば施術後の死亡

率は28%であったが24時間以降になると52%という結果になった。

　機能回復は望めなくとも手足を切断しない《温存法》に固執する負傷者もいたが、ほとんどの軍医が、あまりに負傷兵の数が多いことと、快方に向かう確約が出来ないため手遅れにならぬようにとの思いからアンピュテーションに踏み切った。上肢と下肢のアンピュテーションでは致死率が変わってくる。死亡率は上肢、特に前腕部では14%と低い。一方、下肢、特に大腿部の付け根では88%という高い死亡率であった。

■南北戦争が始まる前、アメリカ軍(後の北軍)は100名ほどの軍医を擁していたが、内戦が避けられぬ事態になると30名が南軍側に流出した。

当時の感染症治療法

　施術後に発生する厄介な感染症のひとつが丹毒といわれる化膿性連鎖球菌(ブドウ球菌，肺炎菌など)による皮膚または粘膜表層の急性炎症であった。悪寒を伴い疼痛とともに皮膚に水泡が生じ、放っておくと壊疽を起こす恐れがあった。予防法や治療法は医師によってまちまちであったが院内致死率は8%程度であった。一方、ガス壊疽の院内致死率は60%と高かった。

　滅菌消毒の効用は理解されていたが抗生物質のような特効薬はこの時代にはまだなかったことから、軍医の中には創意工夫の末、自己流の治療法を編み出す者もいた。たとえば北軍軍医のミドルトン・ゴールドスミス(1818-1887)は徹底した創面切除と臭素剤を用いた治療法で308名の治療にあたり、そのうち死亡した患者は8名にとどまった(2.6%)。臭素のほか炭酸、次亜塩素酸ナトリウムも使われていたが、正直なところ、当時はなぜ効果があるのか判らないままに用いられていた。これらには治療的な効用はなく、あくまでも予防薬でしかなかった。

検証　アンピュテーション(四肢切断)

　現代の外科の常識からすればアンピュテーション(amputation：四肢切断)はラストリゾート(最後の手段)であるはずだが当時は日常茶飯事であった。壊死の程度がはなはだ酷い場合や関節部の銃創、粉砕骨折を伴う銃創、または神経系統のダメージから手足の機能が失われていることが確認

されるとアンピュテーションがおこなわれた。1846年、エーテルを用いた最初の外科手術を成功させたロバート・リストン（1794 – 1847）も銃創の程度が酷く、治癒の見込みがないと判断した場合、アンピュテーションを積極的におこなっていた。化膿、組織の壊死、粉砕骨折、血管、神経へのダメージなど重度の銃創にもかかわらず、何時おこなうべきか、もう少し様子を見よう、といった逡巡は命取りになるというのが彼の持論であった。

1）切断か、温存か

　四肢銃創は温存派と切断派に分かれていた。温存派はクリミア戦争（1854 – 1856）でのアンピュテーション後の高い死亡率を根拠にしていた。しかし機能や美観は失えども救命という観点では切断に勝るものはなかった。切断に踏みきらざるを得ない理由は、負傷者があまりに多すぎて手当てが充分にできないことと、血液の感染症である敗血症対策に有効であったためだ。結局のところ切断か、温存かの最終判断は軍医に一任されたが、当時すでに《軍医＝無慈悲なブッチャー（肉屋）》という先入観が兵士の間にあったので負傷者の中にはアンピュテーションを頑として聞き入れない者もいた。軍医に銃を突きつけ切断を阻止したという逸話も残っている。

■銃創が筋肉より下、骨にまで達する場合、特に粉砕骨折を伴うようなケースの治療は困難を極めた。骨幹（長い骨の中間部分）の損傷や周囲の組織へのダメージが少なければ話は別だが、これ以外のケースではアンピュテーションがおこなわれるのが普通であった。

2）異物除去

　ボールをはじめとする衣類の繊維などの異物、砕けた骨片は可能な限り摘出された。壊死した組織の除去後、感染症防止のため傷口はしばらくの間、開放状態にしておくか、もしくは軽く縫合するだけであった。肩や肘、膝など関節部の銃創は治療後機能を完全に失うケースがほとんどで、上肢、下肢の完全切断を免れるため関節から切断された。
　ロバート・リストン（1794 – 1847）は著書の中で《マスケットボールは見失いやすい》と記している。つまり射入口から離れた位置で発見されるということだ。摘出を断念しボールが体内に残されたままというのも珍しいケースではなかった。鉛毒の恐れがあるが、かえってそのままの方がよいということもある。たとえば次のような事例がある————1812年、ロシ

アのある将軍が大腿部に銃創を負い、最初の手術ではボールの摘出が見送られた。傷口が癒えた4年後、再び摘出手術がおこなわれた。当時、ロシアでは摘出不可能なボールは水銀で溶解するという愚行が試みられていた！案の定、傷口（もちろん体調も）は悪化。翌年下肢の完全切断によって何とか一命だけは取り留めた。

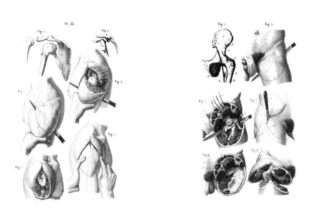

■アンピュテーションの手順

3）いつ切るべきか

　先のセクションで触れたようにアンピュテーションのタイミングについてはハンター派（温存）とラーレー派（切断）とに分かれていた————。アンピュテーションは傷口の状態を見ながら第一期（48時間以内）と、第二期（3〜6週間以内）とに分けられた。施術後の死亡率は10〜30％で、生存率は切断が早ければ早いほど高いとされていた。当時の外科医らは切断範囲をなるべく狭め、治癒後の社会生活に支障が出ぬよう義肢装着が可能な切断面（通称：切り株）の処理に神経を尖らせた。通常、《切り株》は皮膚を伸張しこれで切断部を覆い縫合することで形成した。

　パレいわく、アンピュテーションをおこなうにあたり外科医たるものは受傷部位、傷の状態などを総合的に判断しこれをおこなうべきだと。彼は器具についてもコメントを残している。たとえば切断範囲を狭めるためナイフの使用は控えたいとしている。

　術中は言うに及ばず術後の激痛は想像に難くない。当時、ペインキラーとして頻繁にアヘンが用いられていた。リストンはここにワインも効果あ

りとした。術後の炎症は高熱を伴い患者の体力をさらに奪っていった。病態生理学が確立されていなかった時代のこと、こうした症状は重篤な状態と見なされ、意味のない瀉血が繰り返された。固形物の食事が止められ、解熱目的に下剤が用いられた。こうした実践は貧血と感染症に対する免疫力を著しく低下させる行為でしかなかった。最も厄介なのが破傷風であった。破傷風は感染症であり、1928年にイギリスのアレクサンダー・フレミング（1881－1955）によって特効薬ペニシリンが誕生する以前は大量のアヘン投与と温浴が最良とされていた。

4）実録　アンピュテーション

　北軍の軍医の回顧録を紹介する。―――――血液と膿のこびりついた前掛け姿で手術に望み、器具の消毒など考えても見なかった。ガーゼやスポンジはたらいの水で軽く洗っただけの使いまわしが当たり前。縫合針のすべりが悪い時は唾液で濡らし、汚れた指でしごいた。傷口を覆う時は（汚れてはいないものの）掻き集めたシーツやテーブルクロス、布きれが使われた―――――。

　滅菌、殺菌などという概念がなかったことから致し方ないが今さらながら酷い状況であった。すべての軍医がベテランであったわけではなく、初めてアンピュテーションをするという新米外科医がゴロゴロいた。軍医は《ブッチャー（肉屋：へたくそな外科医を指す）》と陰口を叩かれた。ドレッシングセンター（前線応急手当所）の状況も酷いもので、そこら中に止血帯を巻かれただけの負傷者が野ざらし状態にされており、活力剤としてウィスキー、痛み止めにアヘンが与えられた。

＊　＊　＊　＊　＊　＊

　手術台は一応用意されていたが数が足りぬ場合、木挽き台やダイニングテーブルが使われた。施術には《新鮮な空気》が肝要とされていたことから野外に設けられたバルコニーや簡易テントの中でおこなわれた。麻酔剤にはエーテルやクロロフォルムが使われ（使われぬ時もあった）、止血には止血帯が用いられ、足りなければ助手の手がかり出された。骨をノコ引きし、太い血管は絹糸で結紮した。ギザギザになった骨はヤスリで丸く削ってから皮膚や筋肉を引っ張り、切断面を覆うように縫合した後に包帯が巻かれた―――――この間、およそ15分。

                          ＊　　＊　　＊　　＊　　＊　　＊

　テーブル下にはバケツが置かれ、切断した手足はそこで受け止められた。
山積みになったそれらを横目に新兵が出撃してゆく。手術は実に手際が良
かった。陽光の効用が信じられていたことから野外での手術が奨励され、
雨の降る日は防水シートやテントの中でおこなわれた。軍医は肉屋よろし
くブッチャーナイフを口にくわえ、袖をめくり上げた。エプロンが血糊で
ベトベトだ。麻酔は一応使われるが激痛で患者が動かないよう助手が押さ
えつけることもあった。いよいよという前に軍医が汚れたエプロンでナイ
フを２、３度拭う仕草をする。 "Next"————手術が終わると彼は深い
ため息を吐いた。

■当時の様子を記した別の記録によれば、軍医の間では洗浄は頻繁におこ
　なわれていたようだが、その後の消毒にまで注意を払うものは少なかっ
　た。手術には素手で臨み、制服や私服が汚れぬようエプロンが必需品で
　あった。太陽の光に何らかの効果があると考えられていた。

医療現場　南北戦争の教訓

　南北戦争が始まった1860年代は暗愚な中世医療の終わりを予感させてい
た。ヨーロッパではドイツのロベルト・コッホ（1843 - 1910）やフランスの
ルイ・パスツール（1822 - 1895）が細菌学に目を向けていたが、アメリカは
この分野で立ち遅れていた。北軍傷病兵の治療にあたっていた陸軍医療局
では感染症や疫病対策に頭を悩ませていた。

　実のところ戦争がはじまった頃は銃創よりも疫病の蔓延の方が深刻であ
った。軍創で命を落とす者が１名いたとすると赤痢、はしか、天然痘、チ
フスが原因で２名が病死していた。地方から徴収された兵士にとっては麻
疹やおたふくでさえも命取りになった。

　戦時中の病死者は実に56万名とも言われている。原因はドレッシングス
テーションや野戦病院の衛生状態にあった。フローレンス・ナイチンゲー
ル（1820 - 1910）の実践が認知されてはいたが、当時の施設はどこも負傷者
で溢れかえっており不衛生極まりなかった。

　医療局は、清潔な水、食料、衣服そして空気の必要性を説き、施設は換

気のよい構造に改められ、多くの女性が看護婦として動員された。病死に次いで多かったのが軍創によるものだ。南軍北軍ともに戦場から負傷者をいかにして搬送するかが大きな問題で、救急医療班とでも呼ぶべき特別部隊の必要性を痛感していた。こうした中、1862年、北軍ではリンカーンの肝いりで軍医ジョナサン・レターマン(1824-1872)が軍内の医療体制改革に乗り出し、軍所属の医療部隊(軍衛生部)を編成し救急搬出体制を整えた。

搬送後も安心は出来なかった————。滅菌、殺菌消毒といった医療の常識がまだ欠落していたため術後の感染症で多くの者が病床についたまま命を落としていった。当時の医療従事者は、軍医はともかくその他のスタッフは急場しのぎで集められた者ばかりで、健康な兵士が傷病兵の面倒を見ることも珍しいことではなかった。スペースさえあればどこでも即席病院と化し、衛生という概念はほぼ無かったに等しい。こうした惨状を教訓に、終戦間近にはこれまで臨時雇用だった医療スタッフは正式に看護班、医療班として軍に登録された後に各地へ派遣されるようになった。また病院という施設全体の環境も徐々に改善されていった。

■戦争が収束する頃、北軍の軍衛生部は業務を拡充し病院列車や病院船を備え、傷病兵が故郷に近い総合病院に入院できるよう病院の数を増やした。

麻酔とアンピュテーション

南北戦争の軍創は多い順に1)ミニエーボール、2)キャニスターショット、3)砲弾や炸裂弾、4)サーベルやナイフによるものとなっている。銃創は四肢銃撃が70%以上と最も多かった。

激痛からの解放————麻酔の普及は特にシンボリックなものであった。銃創の程度がこれまでのマスケットのそれよりも酷くなったのはミニエーボールが使われるようになったからだ。ミニエーボールは南北戦争の5年前に起きたクリミア戦争で最初に使われ、ライフルボアバレルとの相性が最もよく、飛距離、命中精度ともに格段に向上し殺傷力も増した。軟らかな鉛を使っているので人体侵入後の変形やフラグメント化が激しかった。南北戦争では.58口径の大口径ミニエーボールが使われ、軟らかい鉛というマテリアルの特性も手伝って、従来のボールであれば貫通銃創であったものが盲管銃創(体内にとどまってしまう)になってしまった。

麻酔の本格的な導入は銃創治療の激痛に悶絶していた負傷者にとって福音となった。1846年、全世界に先駆け麻酔手術を成功させたロバート・リストンは麻酔剤にエーテルを用いた。このロンドンでの快挙を聞きつけたアメリカ軍もエーテルを麻酔剤として採用し米墨戦争（1846－1848）で制限付きながら麻酔手術がおこなわれた。

　この後に起きたクリミア戦争での症例報告を考慮し南北戦争ではエーテルに代わって1850年代後半から当時俄然注目を集めていたクロロフォルムが使われるようになった（クロロフォルムの危険性は先に指摘したとおり）。戦時中のエーテルの消費量は麻酔全体の14.7％、クロロフォルムは76.2％、併用は9.1％であった。麻酔剤はユニオン（北軍）が最初に採用しリンカーンは南軍の手に渡らぬよう流通を制限したといわれている。

近代医療へと

　クロロフォルムの導入により苦痛は緩和されたが外科の手順は数世紀前のそれと大して変わりはなかった。特に軍医の素手は最も崇高なものと考えられていたことから血膿で汚れた（汚染）不衛生な手が負傷者の体内をまさぐった。不幸なことに消毒滅菌が医療行為として普及したのは戦争が終結する1865年以降であったため術後の患者の1/4が感染症（敗血症）で死亡した。

　19世紀中盤を過ぎた頃（ちょうどアメリカで南北戦争が終わった頃）に創傷治療に対するアプローチが一新される。《殺菌消毒の父》ことリスター、《近代細菌学の開祖》と呼ばれるパスツールやコッホが、受傷後の死亡率が高い感染症は細菌や微生物を除去すれば防げることを証明した。

■リスターの教えが広く浸透するのは1880年代を過ぎてからであった。1900年のパリでの国際医学会議でリスターはパスツールの発見を外科手術に取り入れたと述べた。リスターの業績を応用し完全なる無菌外科手術を最初におこなったのはプロイセンのエルンスト・フォン・ベルクマン（1836－1907）だった。

　麻酔の導入、消毒の徹底、細菌、病原菌の発見により軍創で命を落とす者の数は激減した。さらにドイツの物理学者ウィルヘルム・レントゲン（1845－1923）が1895年未知の放射線《X》、いわゆるエックス線を発見し

たことでより確実な創傷治療がおこなえるようになった。

　医学界とりわけ外科における大きな進歩は《麻酔》、《滅菌消毒》、そしてこれにつづく《抗生物質》の発見といわれている。抗生物質とは《ある微生物によってつくられ、別の微生物の発育を阻止する物質》である。

　19世紀末期には消毒、滅菌は常識となり、術後の感染予防対策が確立された。しかしすでに病状が悪化している場合はどうすればよいのか――――。軍創というものは開放性創傷であり、しかも100％汚染されている。泥や土、埃、糞便を介して体内に侵入した細菌を根こそぎ除去する《薬剤》の登場はさらに約40年の歳月を待たなければならなかった。この薬剤こそが《抗生物質》である。人類はこの恩恵を受ける前に第一次世界大戦（1914-1918）という大きな試練を乗り越えねばならなかった。

義肢技術の発展

　南北戦争で手足を失った兵士の数はおよそ３万名と見積もられている。この戦争は義肢技術の発展にも貢献した――――。《義肢（artificial limb, prosthetics）》の装着は、失われた身体機能を補うことが第一の目的だが、欠損というメンタル面のハンディキャップを克服できるよう審美的な《見栄え》もある程度満たさなければならない。

　義肢の歴史は太古にまで遡る。最古の義肢は第５王朝期のエジプト（紀元前2750-2625）から発掘されたものだ（松葉づえのようなもの）。古代インドの聖典の中にも木製または金属製の義肢に関する記述を見つけることができる。このほか古代ローマ時代の遺跡から紀元前300年のものと推測される革のストラップ付きの木と青銅を組み合わせた義肢が発見されている。

　今も昔も義肢には当代の最新の工作技術が盛り込まれる。傑作を紹介する――――。1773年に完成したゲーテ初の戯曲《Gotz Von Berlichingen mit der eisernen Hand》のモデルとなったドイツの騎士、ゲッツ・フォン・ベルリヒンゲン（1480-1562）は1508年、戦闘で右腕を失うと鉄製の精巧な戦闘用義肢を着用した。

　フランスの外科医、アンブロワーズ・パレ（1510-1590）もアンピュテーション後の治療の一環として義肢の研究に意欲的であった。中でもフランス軍将校のために考案したスプリングと歯車を組み込んだ《鉄製手（le petit lorrain）》は逸品とされている。

■1816年、ナポレオン戦争の最期の戦闘とされる《ワーテルローの戦い》でイギリス軍を率いたアングルシー侯爵ヘンリー・パジェット（1786－1854）は火砲の実体弾の直撃を受け、片足を膝上から切断した後に義肢を装着した。切断した足はワーテルローの寺院で珍奇な見世物として展示され集客に一役買った。

　話を南北戦争に戻すと、戦時中である1862年、北軍はアンピュテーションをした退役兵に対し支援の一環として、義肢の斡旋を積極的におこなった。その翌年の1863年には上肢欠損者向けに装着者一人ひとりにフィットするゴム製義手が考案された。同年、ニューヨークの義肢工、デヒュボワ・パルメリ（生没年不明）が下肢欠損者の《切り株（切断面）》を利用した吸引ソケット式の義足の特許を出願している。

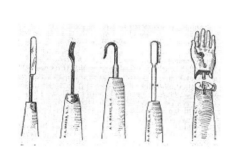

■ナイフ、フックなど用途に応じてオプションハンドが作られた

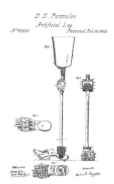

■ソケット式義足は定番となった

ワイルドウェストの銃創治療

　ワイルドウェストまたはオールドウェストと呼ばれた時代は1860年代から1890年代の《西部開拓時代》のことを指す。フロンティアスピリットに代表されるアメリカ人のファンダメンタルを築いた時代である。背景として、遡れば1620年代にイギリスのアメリカへの入植から始まった先住民インデ

ィアンとの戦いに始まり、1848年のカリフォルニアでの金鉱発見(ゴールドラッシュ)、つづく1869年の大陸横断鉄道の開通などがある。もちろん南北両軍合わせて62万名が戦死した南北戦争(1861 – 1865)も重要なバックグランドだ。

　軍創から離れ当時の市井の銃創治療はどのようなものであったのか―――。西部劇の時代の銃創治療を検証してみる。

＊　＊　＊　＊　＊　＊

オールドウェストの銃創

　西部開拓時代の銃といえばリボルバー、レバーアクションライフル(リピーター)、ショットガンだ。シングルショットのマズルローダーの出番が極端に少なかったのはセルフディフェンス用途では役不足であったからであろう。リボルバーはブレット(弾丸)とパウダーとパーカッションキャップのそれぞれを必要としたものと、これらの3アイテムを一つにまとめたカートリッジを使う2つのタイプがあった。

　南北戦争時のサイドアームとして用いられていたパーカッションキャップ式リボルバーの口径は.31、.36、.44あたりが標準で、発射速度はブレット重量とパウダーの装薬量に応じておおよそ165～300m/secであった。銃口から70m離れたあたりまで殺傷能力を維持していたことから、近射での銃創は侮れないことがわかる。

　1870年代になりセンターファイヤーカートリッジが普及するとコルトシングルアクションアーミーに装填される.45Coltや《西部を制した銃》ことウィンチェスターM1873に用いられる.44-40WCFによる銃創が目立つようになった。.45Coltのスペックは黒色火薬の薬量2.59g、ブレット重量16.2g、発射速度は293m/sec、エネルギーは640Jとなる。速度の数値は現行のカートリッジのそれと比較すると遅い部類に入るが、45m先の9.52cm厚の松板を貫通するエネルギーを有していた。この時代の銃撃戦は1.5～4.5m以内の離隔でおこなわれていたことから、銃創の程度がどれほどであったかは容易に推し量られる。近射ではマズルから噴出す火炎により衣類に火が着くこともあった。軟らかい鉛で構成されたブレットは変形しやすく意図せずとも現代のフルメタルジャケットブレットよりも銃創の程度は深刻であった。

　ついでながら説明するとインディアンが放つ矢も脅威であった。軍医は

創の方向を読むため兵士に《突き刺さった矢は抜いてはならぬ》と教育していた。矢は刺さった後に簡単に抜けぬよう矢じりに工夫が凝らされており、都合よくシャフトを抜いたとしても矢じりは体内に残留する仕組みになっていた。矢じりの材質はフリント(燧石)のほか樽をかしめるシートメタルが流用された。シートメタル製矢じりの先端は曲がりやすく、体内で釣り針のように曲がり、引き抜きにくくなっている。矢じりには糞便もしくは毒が塗り付けられた。

　シャフトと矢じりを結ぶ紐の替わりに乾かした動物の靭帯や腱が使われており、血液や体液に触れるとふやけ、解けやすくなる。これらの生物由来の《紐》はまさに細菌の巣窟であり、体内に残留することで感染症を引き起こした。

■インディアン戦争とは、要約するとヨーロッパの入植者が先住民であるインディアンを討伐する戦争であり、1620年代のイギリスからアメリカへの入植に端を発しヨーロッパ勢の代理戦争的な時期を経ながら1890年代まで続く。インディアンにとってみればこの戦争は現代でも続いていることになっている。

腹部銃撃の意味するもの

　腹部銃撃の死亡率は非常に高かった(87〜100%)。中には懸命に救命しようとする軍医もいた。しかし処置の大半は止血に費やされ、目に見える射入、射出口の縫合を済ませ、あとは《神頼み》というのがほとんどであった。解剖学はほぼ確立されていた時代なので、内臓のレイアウトなど人体の構造は一般に理解されていたことから開腹施術を試みた医者もいたがその成功率は0(ゼロ)といっても過言ではなった。

　記録によれば1883年、アイオワのW.W.グラント(生没年不明)が最初の盲腸手術を成功させており、その後胆嚢の手術や脱腸の治療が確立された。しかし1890年代になっても腹部銃撃の手術に踏み切ろうとする外科医は少なかった。

滅菌消毒という概念

　1860年代と1870年代の医療行為の決定的な違いは、1860年代は滅菌消毒

という概念が浸透していなかった点だ。石鹸でさえ1861年にベルギーでアンモニアソーダ製法が開発されるまで貴重品であり、世界的な普及は1860年代以降から1890年にかけてであった。現代では当たり前の滅菌、殺菌消毒といった医療の常識が欠落していたため術後の感染症で多くの者が悶死していった。

イギリスの外科医ジョセフ・リスター（1843－1910））は1860年代から汚水の消臭剤として使われていたフェノール（石炭酸）の殺菌、防腐効果に目をつけていた。リスターは負傷者の解放性創傷にフェノールを噴霧したり、これを浸したリントガーゼで覆ったりしたところ化膿せず治癒してゆくのを観察した。南北戦争終結から２年後の1867年にフェノールを使った殺菌効果に関する論文を発表したところ、ことのほか反響が大きく、以後、世界中の病院が独特な衛生臭（フェノール臭）に包まれることになる。

リスターの推奨した滅菌法、消毒法といった現代では当たり前の医療行為があまねく知れ渡ったことでアンピュテーション（四肢切断）後の死亡率は46%から18%までに改善した。医療器具の洗浄、手術時のラバーグラブの着用などもリスターが提唱したものだ。

ゴールドラッシュと鉱山町

旧いものに対して無条件にノスタルジーを感じてしまうのは現代人の悪い癖だ。旧き良き時代の日常は死と隣り合わせだった。19世紀中盤とはいえ生活環境はおせじにも衛生的とはいえず、病気や受傷後の回復率は現代とは比べものにならないくらいに低い。1860年の平均寿命は男性41歳、女性43歳————。当時は虫垂炎（盲腸）さえ命とりであった。

西部開拓時代に、とりわけゴールドラッシュに沸く西海岸の鉱山町で生き抜くことは並大抵のことではない。拳大の金や銀の塊を手に入れれば一攫千金も夢ではなかった時代だ。あぶく銭を求めて南部からギャンブラー、悪徳政治家、売春婦、詐欺師、危険なお尋ね者がこの地に吸い寄せられ、日が落ちるとサロン（saloon）と呼ばれる社交場にたむろしていた。そこでは案のごとく採鉱権、敷地境界などのビジネスマターから、色恋沙汰やギャンブルの勝ち負けまで、あらゆる類のトラブルを巡って揉め事が絶えなかった。サロンでの銃撃は日常茶飯事で、ただでさえ酒がまわっている上に、誰しもが腰に銃をぶら下げていたので些細な悶着がすぐに撃ち合いに発展した。

当時の法執行官、いわゆる保安官の仕事はならず者を取り締まることではなく《事を荒立てない》ことであった。ただでさえ武勇伝のネタに命を狙われやすい彼らは何世代にもわたって先達からこう教えられていた―――――。"サロンでは発砲するな"、"はったりも有効な武器だ"、"仲間に気をつけろ、仲間から撃たれる恐れがある"、と。金や銀の採鉱ブームに湧く鉱山町の法執行官は、厳格な法制度のもとで選抜された清廉潔白な法の番人というイメージとは程遠く、バッジは暴力が支配する悪徳の町にふさわしいガッツと体格に恵まれた者（時として素性の判らぬ流れ者にも）に託された。

サロンでの撃ち合い

当時の撃ち合いはウェスタン映画でおなじみのサロンや町中の路上でおこなわれ、銃創の生存率は創傷の程度、患者の体格、そして《運》で決まるといわれていた。部位にかかわらず銃で撃たれた後の生存率は50％と見積もられ、四肢銃撃の際には、感染症を発症した後にアンピュテーションというパターンが多く、手足を撃たれた者のおよそ20％が壊疽から敗血症を起こし死亡した。1880年代になると後述のジョージ・グッドフェローのような民間医が開腹手術に初めて成功したように、町医者の間にもリスターの推奨した消毒滅菌という概念が知れ渡っていた。

消毒滅菌が奨励される以前、血膿で汚れた医療器具の患者から患者への使いまわしは当たり前で、洗ったり、ましてや消毒したりといった手間をかけることはなかった。いうまでもなく外科医の手指も器具同様、汚染されていた。そんなことにはお構いなしに彼らは患者の傷口に指を突っ込み、砕けた骨や弾丸の破片、衣類の繊維を穿り出した。

■shoot-out inside the saloon

腹部銃撃は当時《gut shot（内臓銃撃）》と呼ばれ、肝臓などの主要臓器に損傷が及べば大量失血につながり、胃や小腸であれば打つ手はなかった。

112

大腸となると90％の確率で救命の見込みはなかった。死因は、失血に加え未消化の内容物の腹腔内部への漏出と細菌による腹膜炎であった。1880年10月付で書かれたある町医者の記録を読むと胃を撃たれた保安官が死に至る数日間悶絶するような苦痛を味わったと記されている。

　撃たれた直後に医者に診てもらえる患者はまだましなほうだ。遠方で撃たれた者の運命はさらに過酷であった。当時、救急搬送体制は軍隊を除きまだ普及しておらず、受傷者は町医者の所まで日をまたいで馬や馬車、籠で運ばれた。止血もままならず、搬送中に命を落とす者も多かった。

ガンファイターの外科医

　1881年、《OK牧場の決斗》で知られるアリゾナ州のトゥームストーンには《ガンファイターの外科医》と称される名医がいた。彼の名前はジョージ・グッドフェロー（1855 – 1910）―――――ドク・ホリデー、アープ兄弟など当代に名を馳せたガンスリンガーの手当てをしたことでも有名であった。もちろん怪我をした鉱山労働者の手当て、虫垂炎の手術、果ては分娩まで手掛けた。コカインを用いた脊髄麻酔の第一人者でもあった彼は後年、ロベルト・コッホ（1843 – 1910）のようなツベルクリン（肺結核）の研究にも没頭した。このほか1881年に発生した銃撃事例をきっかけに、バリス

■ジョージ・グッドフェロー
　ガンファイターの外科医

ティックファブリック（防弾繊維）としてシルクの防弾性能に着目し、1887年にその研究成果を発表すると1900年まで当時で800ドルもするシルクベストがギャングの間で引っ張りダコとなった。

大統領と鉱夫

　グッドフェローの経歴は実にユニークだ。喧嘩がもとで海軍から除隊を申し渡された後、医学の世界に転向。荒くれ者に勝るとも劣らぬ人となりで、1891年にトゥームストーンを後にするまで町の誰もが彼に一目を置い

ていた。医者としての腕前は超一流で、歴史家に言わせれば暗殺未遂の末、銃撃から2ヶ月後に死亡した第20代合衆国大統領ジェームズ・ガーフィールド（1831‐1881）も、彼がもし執刀にあたっていれば回復したはずだと————。

　1881年7月、ガーフィールド大統領はパラノイアを患った男に.44口径で腹部を銃撃された。弾丸は膵臓のあたりで停弾（盲管銃創）した。16名からなる医師団が治療にあたったが開腹手術は一度としておこなわれなかった。しかもリスターの提唱する滅菌消毒の励行を怠ったため大統領の病状は悪化の一途をたどり銃撃から2ヶ月後に感染症と腹膜炎で死亡した。

　ワシントンDCでの大統領暗殺未遂事件から2日後、トゥームストーンのはずれに住むある鉱夫が腹を撃たれた。彼がグッドフェローのオフィスに担ぎ込まれ最初の開腹出術がおこなわれたのは銃撃から9日後のことであった。銃創の程度は大統領のそれと似ていた。グッドフェローは消毒を施した手指と器具で執刀にあたり、腹腔内を湯で洗浄し、6か所の穴の開いた小腸、大腸をシルクの糸で縫合してからきちんと所定の位置に戻した。鉱夫はこの後順調に回復した。

　グッドフェローは銃撃による開腹手術法を確立させた民間医としてその名を医療史に刻んでいる。1865年、イギリスのリスターが滅菌消毒手術を成功させ、それを提唱していたにも関わらず、多くの医者（権威といわれる連中も含め）がこれを黙殺した。そのため多くの銃創患者が失血と腹膜炎でなす術もなく悶死していった。

■血の気の多さから海軍を除隊させられたグッドフェローであったが医学
　分野で才能を発揮した。1876年、オハイオ州クリーブランドの医学校
　を卒業してから1879年には銃創により胸部や腹腔に溜まる血液や体液
　のドレイン法を確立させていた。

悪徳にまみれた町

　アリゾナ州の鉱山町トゥームストーンも例外にもれず全米から一攫千金を求めて荒くれ者が集まった。トゥームストーンは1879年に町として認められ、グッドフェローは1880年に妻と一緒に移り住んだ。後年、彼自身も、この町を《悪徳にまみれた町（condensation of wickedness）》と述懐している。

1）鉱山町の医者とは

　鉱山町の医者というものは特異な稼業であった。時として、サロンがそのままオペ室になった。プールテーブルやカードテーブルが即席手術台だ。1856年のある記録から当時の様子を抜粋しよう————サロンでのいざこざの末に撃たれた鉱山労働者の生死を巡って町医者とギャンブラーが賭けをおこなった。町医者は、撃たれた男の命を救おうと懸命に努力した。ギャンブラーはそれを寝ずの番で見守った。結局、男は明け方近くに死んでしまうのだが町医者は賭けに負けたことより自分の医者としての評判が損なわれることを恐れた。

　手術に失敗した場合、ならず者の仲間や町を牛耳る者の親族から逆恨みされことも多く、医者という職業はまさに命がけの商売であった。

2）グッドフェローの業績

　悪徳にまみれた町では銃で撃たれた患者がひっきりなしにグッドフェローのオフィスに担ぎ込まれた。術後の成否にかかわらず彼はその都度、仔細なカルテを書き残した。こうした活動の成果は後年、腹部銃撃に関する13症例をまとめた1冊の書籍となった。時には彼自身が銃撃現場に居合わせ、喧嘩の理由に始まり、どちらが先に銃撃をしたか、銃撃の瞬間や銃撃後の反応などが活写された。

　5名の腹部銃創患者の症例（うち4名が回復した）を語るにあたって、医者を名乗る者として腹部を撃たれた患者の治療において開腹手術をおこなわないということは弁解の余地のないミス（過失致死）であると、開腹手術の絶対的な必要性を強調した。

　グッドフェローいわく.32口径以上の銃創であればただちに手術にかかるべきだと。また.44や.45口径以上の腹部銃撃であれば一時間以内に開腹手術を施さないと、大量失血から回復の見込みは無くなるであろうと記している。

　グッドフェローが当代きっての銃創治療の大家であったことは後年の専門家の誰もが認めているところだ。1891年にトゥームストーンを後にしたグッドフェローはツーソンに移り住み外科医として活躍した。1898年には米西戦争に将軍のお抱え医師として従軍し、得意のスペイン語で交渉役も買って出ていた。戦後はサンフランシスコに居を構え1910年に長患いの末（原因は不明）に死亡した。

実録　OK牧場の決闘

　1957年に制作された西部劇《OK牧場の決斗(Gunfight at the O.K. Corral)》はトゥームストーンが舞台となった。1881年10月26日、午後3時。保安官バージル・アープとその身内から構成される4名は、武装したカウボーイ集団を取締まるため彼らのもとに向かった。カウボーイ集団と保安官はかねてよりいがみ合っており、取締りの数日前にカウボーイらが保安官とその身内の殺害を公言していた。

1）ガンファイトの結末

　保安官チームには保安官バージル・アープ(1843-1905)、弟にあたるワイアット・アープ(1848-1929)とモーガン・アープ(1851-1882)そして友人のドク・ホリデー(1851-1887：歯学博士ゆえにドク)の4名が、対するカウボーイ集団にはアイク・クラントン、ビリー・クラントン、フランク・マクローリー、トム・マクローリー、ビリー・クレイボーンの5名がいた。

　銃撃戦の末、保安官チームではワイアットのみが無傷で、モーガンとバージルがそれぞれ銃創を負った(ドク・ホリデーは打撲傷)。カウボーイ集団では、3名、トム・マクローリー、ビリー・クラントン、フランク・マクローリーが死亡した。アープ兄弟を殺すと意気込んでいたアイク・クラントンと、ビリー・クレイボーンの2名が、銃撃戦が始まるやいないや逃走を図った。

2）ガンファイトを検証する

　両グループは1.8～3.0mの離隔で対峙していた(スタンスに関しては諸説あり)。保安官が武装解除を命じた後に発砲が始まり、銃撃戦は約30秒間続いた。

　保安官チームの銃創を診てみる。唯一無傷なのがワイアット・アープであった。ドク・ホリデーはフランク・マクローリーの放った弾丸がヒップホルスターを直撃したことで、腰に打撲傷を負った。モーガン・アープはビリー・クラントンの放った弾丸(.45Colt)で両方の鎖骨を砕かれ重傷を負った。バージル・アープは、フランク・マックローリーまたはビリー・クラントンのどちらかの銃から発射された弾丸で右足のふくらはぎに貫通銃創(.45Colt)を負った。負傷したバージルとモーガンの手当てをしたのがこ

の地に移り住んだばかりのジョージ・グッドフェローであった。

　銃撃戦の後日、逃走したアイク・クラントンはアープ兄弟とドク・ホリデーを殺人罪で告訴した。裁判ではどちらが先に仕掛けたのかが争点となった。

　保安官チームの視点から銃撃戦を検証する————。アープ兄弟の供述では、フランク・マクローリーとビリー・クラントンは武装解除を命じた時にすでにリボルバーを抜き、ハンマーをコックした状態にあった（銃撃前にドク・ホリデーが挑発したとの証言もある）。警告の後、ワイアットとビリー・クラントンがほぼ同時に1発ずつ発砲。ビリーの弾丸はミスヒットとなったがワイアットのそれはビリー・クラントンではなくフランク・マクローリーの腹部に命中した。ワイアットはフランクが銃の使い手であることを聞き及んでおり、意図的に彼を最初に銃撃したといわれている。

　検死の結果、フランク・マクローリーの体には腹部銃創のほか頭部の銃創が確認できた。ブレットは右耳からほぼ水平に脳を貫通し、フランクは即死状態であった。このブレットはドク・ホリデーもしくはモーガン・アープの放ったものと推測される。ドク・ホリデーはコーチガン（銃身を詰めたショットガン）を発砲した後、すぐにリボルバーに持ち替えていた。

　ワイアットとビリー・クラントンが同時に発砲した後、ドク・ホリデーが馬を遮蔽物代わりにしようとしたトム・マクローリー目がけて3フィートの至近距離からコーチガンの引き金を引いた。検死によって第2、第3肋骨の間を12粒のバックショットが4インチの範囲にわたって命中しているのが確認された（これが致命傷となった）。

　先に説明した最初の発砲時、ビリー・クラントンはワイアットではなくモーガン・アープによって右手首を撃たれた（ビリーはその後銃を左手に持ち替え応戦している）。ビリー・クラントンの右手首の付け根に形成された銃創を精査したグッドフェローはカウボーイ側の供述（武装解除を命じられた時、ビリーは手を頭の上に挙げていた）との食い違いを指摘した。ビリーは初めから銃を抜いており、ブレットが親指のつけ根から入り手首側に抜けた際に形成された射出口が証拠となった。ビリー・クラントンの体にはこのほかに2か所の銃創が確認された。1つは左の乳首から肺を貫通した射入口で、腹部にも射入口が確認できた。これらはほぼ正面から撃たれたものでどちらも盲管銃創となった（バージル・アープが放ったものと推測される）。

117

ドイツ統一と最新兵器

　1815年、ナポレオン戦争後のヨーロッパの新しい国際秩序である《ウィーン体制》が整った――――。当時《ドイツ》という統一された国はまだ存在しておらずオーストリア帝国、プロイセン、35の君主国と4つの自由都市によって構成される《ドイツ連邦》という共同体を形成していたに過ぎなかった。

　ドイツ統一の伏線として1833年にプロイセンが提唱した連邦内の相互間の関税を撤廃する《ドイツ関税同盟》が挙げられる。38の諸邦国が同調した関税同盟によりまず経済的な統一が図られたのだ。ドイツ連邦の盟主プロイセンは、ドイツ・デンマーク戦争(1864)、普墺戦争(プロイセン対オーストリア：1866)、普仏戦争(プロイセン対フランス：1870 – 1871)という3つの戦争を経て、1871年に悲願のドイツ統一を成し得た。

　プロイセンの快進撃を支えたクルップ砲とドライゼライフルという二大新兵器について触れる。

■フランス革命、続くナポレオン戦争によってヨーロッパの既存秩序は崩壊の危機にさらされた。ウィーン体制とは1814年に開催されたウィーン会議において決まったイギリス、フランス、ロシア、オーストリア、プロイセンが中心となって進めたナポレオン戦争後のヨーロッパの新体制を指す。大国による小国の封じ込め、反自由主義に基づく市民の弾圧、貴族など特権階級の復権など古い体質に逆戻りしたため、フランスに端を発しヨーロッパ各地に連鎖した一連の革命、《1848年革命》により崩壊する。

＊　＊　＊　＊　＊　＊

ドイツ統一の伏線

　ドイツ連邦の中で第一国といえばオーストリアであり、当時はオーストリア帝国としてハンガリーやベーメンを支配していた。プロイセンはそれに次ぐ第二国の地位に甘んじていた。プロイセンはかねてよりオーストリアを排除した自国を軸とするドイツ統一を画策しており、1834年の《ドイツ関税同盟》の結束はその試金石でもあった。

　イタリアが統一戦争(1848 – 1861)を経て1861年に統一されたのと同じ頃、

プロイセン国王に即位したヴィルヘルム1世(1797 – 1888)は鉄血宰相の異名で知られるオットー・フォン・ビスマルク(1815 – 1898)を首相に任命し、統一の実現に向け周到な準備を進めていった。

1864年、ドイツ連邦はデンマークとシュレスヴィヒ地方とホルシュタイン地方の領土帰属を巡り戦争になった(ドイツ・デンマーク戦争)。この戦闘ではプロイセンが先導役となり、ライバルであるオーストリアを口説き参戦へと誘導した。この戦いはデンマークがあっけなく敗退することで、戦勝国となったプロイセンがシュレスヴィヒを、オーストリアがホルシュタインをそれぞれが分割統治することになった。

■ドイツの統一は2つのアプローチ————オーストリアを除外しプロイセンを中心とした小ドイツ主義、オーストリアを中心に全ドイツをまとめあげる大ドイツ主義————があった。

新兵器ドライゼライフル

1848年、プロイセン軍は史上初のボルトアクション式ブリーチローディングライフルを制式採用した。銃口からボールを込めるマスケットと違い、銃尾(ブリーチ)からブレットと発射薬とパーカッションキャップが一体になったカートリッジを装填するこの銃は、開発者ヨハン・ニコラウス・フォン・ドライゼ(1787 – 1867)の名にちなみ《ドライゼライフル》と命名された。この銃が別名《ニードルガン》とも呼ばれた所以は、1.3cm長のニードル(針)で紙製カートリッジを突き刺し内部にあるパーカッションキャップを起爆させ、弾丸(ブレット)を発射していたからだ。

ドライゼライフルのもうひとつの特徴は、ドアボルトの要領で薬室の開閉を行うボルトアクションの採用にあった。これは画期的なシステムで、匍匐(ほふく)前進が可能となった。またマスケットと違い装填時に立ち上がる必要がなくなったことで伏せ撃ちの姿勢から装填ができるようになり敵に身を曝すリスクが無くなった。ドライゼライフルのスペックは、発射速度305m/sec、有効射程600m、1分間の発射サイクルは10 – 12発となり、サイクルの点ではミニエーボール仕様のマスケットをはるかに凌いでいた(発射サイクルは3発)。ドライゼライフルはまさに最新兵器であり、プロイセン軍の躍進に大いに貢献した。

■ビスマルク首相が提唱した《鉄血政策》とは――――鉄は兵器、血は兵士の血を意味しておりドイツ統一は軍事力でこそなし得るものとの信念に基づく政策である。

普墺戦争とドライゼライフル

　プロイセンがドイツ・デンマーク戦争にオーストリアを引き込んだ最大の理由は、来るべきドイツ統一を見据え、近しい将来に戦火をまみえることになるオーストリア軍の実力（軍事力）を見極めたいがためであった。プロイセン軍の最新兵器ドライゼライフルの存在はヨーロッパ周辺諸国に知られていた。当然オーストリア軍も知るところのものであったが故障が多いことと、ニードルの腐食や紙製カートリッジの薬室詰まりなどのデメリットから失敗作と見なしていた。実際にはドライゼライフルのアドバンテージはこうした短所を補って余りあるものであった。

　案のごとく戦争終結後、デンマークから獲得した領土の分割統治権を巡りプロイセンとオーストリアは対立し始めた。プロイセンはちょうどこの頃、統一したばかりのイタリアと同盟を結ぶ。これに対してオーストリアは反プロイセン諸邦と同盟軍を結成。1866年、両陣営は戦闘状態に入った。これが普墺戦争である。勝敗は大方の予想を裏切りプロイセンの圧勝となった。この戦闘は短期決戦であったため別名、7週間戦争ともいわれている。

　戦略、軍事力で先んじているプロイセンは後述に詳しい自国製のクルップ砲やドライゼライフルを効果的に運用し最初から戦況を優位なものにしていた。対するオーストリア軍は、プロイセンメイドのクルップ砲は配備していたものの装備はおしなべて旧式であり自軍兵士が3発発射するのに、相手方のプロイセン軍兵士は12発を、しかも匍匐前進しながら撃ちこんできたのだ。オーストリア軍はミニエーボールやドライゼライフルから放たれる弾丸の威力を理解していたはずにもかかわらず自国の兵器開発を怠っていた。さらにナポレオン戦争時代の密集隊形から脱却できていなかったことも敗因のひとつであった。

ドイツ統一なる　普仏戦争

　普墺戦争後、プラハ条約の締結によりドイツ連邦は解体され、オースト

リアを除外したプロイセンをハブとする22の諸邦から成る《北ドイツ連邦》が成立する。プロイセン軍に加担したイタリアはオーストリアからベネチアを獲得した。

1867年、オーストリアを蚊帳の外に置いて北ドイツ連邦を成立させたプロイセンの勢いは止まらなかった。普墺戦争から3年後の1870年にプロイセンの躍進に脅威を抱いていたフランス(当時は第二帝政時代であった)のナポレオン3世(ルイ・ナポレオン・ボナパルト:1808‐1873)は本格的なドイツ統一を阻止するべくプロイセンに宣戦布告した。これが普仏戦争である。軍備面では自国の兵器産業の育成に力を入れていたフランス軍はクルップ砲の購入を見送り、一世代前の青銅火砲と《ミトラユーズ(mitrailleuse:大口径手動式マシンガン)》を軸とした戦術でプロイセンとの戦闘に臨んだ。また1866年にはフランス版ドライゼライフルともいえる《シャスポーライフル》を制式採用としていた。

練度と戦術で勝るプロイセン軍は緒戦からフランス軍に快勝。戦争終盤にナポレオン3世がプロイセンの捕虜になったのをきっかけにパリで民衆が蜂起し(パリ・コミューン)、プロイセン軍に立ち向かったが鎮圧は時間の問題であった。戦争続行が不可能と悟ったフランスは本格的な降伏交渉に応じ、1871年、プロイセンは名実ともにドイツ統一を成し遂げた。

この2つの戦争で縦型の隊列を組み、短期決戦に持ち込むナポレオン戦術は完全に通用しないことが証明された。

■フランスではナポレオン血統の第二帝政が崩壊。オーストリアはドイツ帝国に対抗するべくオーストリア・ハンガリー帝国を成立させた。

クルップ砲とウェポンビジネス

ドライゼライフルと並びプロイセンのドイツ統一を成就させた兵器がプロイセン産の鋼鉄砲、《クルップ砲》である。クルップ砲は1847年に第一号が完成し、1859年にプロイセン軍で制式採用となり、1864年のドイツ・デンマーク戦争で初めて戦場に持ち込まれた。クルップ砲が最新兵器と呼ばれたゆえんは旧装備のデンマーク軍の青銅砲が1発発射する間に、鋼鉄製ブリーチローダー砲は4発の発射を終えていたからだ。

クルップ砲の性能もさることながら特筆すべきはアルフレッド・クルップ(1812‐1887)率いるクルップ社が軍需産業のあるべき姿をこの時代にす

でに提示したことであろう。クルップ砲は1851年に開催された第一回ロンドン万国博覧会に出品され、評判を聞きつけたイタリア、トルコ、オランダ、スウェーデンなどがクルップ砲の納入を早々と決めた。クルップ社は、あまつさえ仇敵オーストリア帝国（デンマーク戦争でプロイセンの同盟軍として参戦）からも注文を募っていたのだ。資本主義の原理は、愛国心や戦争という一大有事をもたやすく呑み込み、普墺戦争では両軍が同じクルップ砲で砲火を交えた。

■兵器の存在もさることながらデンマーク戦争、つづく普墺戦争、そして普仏戦争と、ドイツ統一に向かうプロイセンの破竹の進撃の陰には参謀総長ヘルムート・カール・ベンハルト・フォン・モルトケ（1800−1891）の存在が大きい。

　4年後の普仏戦争でのフランス軍の火力の構成は青銅砲、大型手動式マシンガン、レファイ・ミトラユーズとシャスポーライフル、対するプロイセン軍のそれはクルップ砲とドライゼライフルであった。実は普仏戦争が始まる前よりナポレオン3世自身はクルップ砲にご執心であったが、軍内部の《古い体質》や普墺戦争の際クルップ砲の砲尾がたびたびトラブルに見舞われたなどの前情報があったことから結局購入は見送られた。なによりもフランスは産業革命以後、自国兵器産業の育成に力を入れており、プロイセン産の兵器を買うことに少なからず抵抗があった。

鋼の時代の到来

　火砲の製造技術は第1期、第2期、第3期の3つの分類することができる。錬鉄技術を用いた第一期（1300 – 1450）、そして第2期（1450 – 1860）は青銅砲の時代であった。そして1860年代に鋼鉄の技術が本格的に確立されたのを機に第3期（1840 –）が幕をあける。

　第3期は1840年代以降、鋼鉄（スチール）砲身の開発により始まった。鉄（iron）と鋼（steel：はがね）の違いは炭素含有量であり、窒素などの不純物を取り除いた純粋な鉄に炭素を加えることで鋼が出来上がる。鋼鉄は《炭素鋼》とも呼ばれている。

　溶解した鉄をモールド成型する鋳鉄製法の火砲はコストが高く、硬い割に脆いことから敬遠されていた。19世紀になっても安価で製造しやすい青

銅砲が大量に製造された一方で、コークス高炉や《るつぼ鋳鋼》など製鋼技術の発展により鋳鉄砲も見直され始めた。

　良質の鋼(はがね)を得るには最適な炭素含有量のほか、窒素等の不純物の除去が必須であった。近代的な製鋼技術はイギリスのベンジャミン・ハンツマン(1704－1776))が1740年に考案した《るつぼ鋳鋼法》によって先鞭が付けられ同じくイギリスのヘンリー・ベッセマー(1813－1898)が1856年に編み出した《ベッセマー転炉法》でほぼ確立される。

■鉄の種類
　炭素の含有量に応じて主に3種類に分けられる。

	錬鉄(マイルドスチール)	鋼(スチール)	銑鉄(キャストアイアン)
炭素含有量	0.02%以下	0.02〜2.1%	2.1%以上
融点	1530℃	1400℃	1200℃
性質	軟らかく粘りがある	硬く適度な粘りを持つ	不純物多いため硬いが脆い

クルップファミリー

　クリミア戦争(1853－1856)が終わった1850年代終盤から1860年前半にかけて、イギリスではアームストロング砲やホイットワース砲などのブリーチローダー式火砲が開発されライフルドマスケットや連発銃と並び南北戦争(1861－1865)で新型兵器として大々的に実戦投入された。同じ頃プロイセンではクルップ社の鋼鉄砲312門が自国軍への納入を果たし、南北戦争が終結するとすぐにプロイセンとオーストリアが同じメーカーの兵器で戦った(普墺戦争)。

　1740年代、製鋼技術ではイギリスが抜きんでており当然火砲製造にも転用された。本格的な鋼鉄火砲の時代は1810年に操業を始めたプロイセンの都市エッセンにある製鋼所フリードリヒ・クルップ商会から始まった。当時、イギリスの製鋼産業は隆盛を極め、その技術は門外不出であった。クルップ社製の鋼(はがね)は一定の評価を修めていたがイギリス産のクオリティーには及ばなかったため、クルップ社ではこれに追いつけとばかりに試行錯誤を繰り返していた。

　1826年、志半ばで病死した父フリードリヒ・クルップ(1781－1826)の跡を継いだのが息子のアルフレッドであった。商才に長けた彼は1834年のド

イツ関税同盟の結成を追い風に着々と販路を拡大していった。ついには産業スパイ顔負けの方法でイギリスの製鋼技術の奥義を会得すると、またたくまにイギリスのクオリティーをしのぎ、クルップ社は鉄道などの民需とともに軍需においても世界一の製鋼企業となった。1880年代になるとクルップ社の総売上高の50％以上が軍需部門で占められていた。

■当時のヨーロッパの三大軍需産業といえばフランスのシュナイダー、イギリスのアームストロング、ドイツのクルップといわれていた。砲身の寿命、ブリーチ（砲尾）の閉鎖システム、そして価格の面においても、最も優秀なのがクルップ砲であった。

■1893年のシカゴ万国博覧会のクルップのエキジビション
統一ドイツの軍事力を誇示するのではなく、クルップ製品の販促の恰好の場となった。

進む医療の近代化

　ドイツ統一の伏線となったドイツ・デンマーク戦争に若き軍医としてプロイセン軍に従軍したヨハン・フリードリッヒ・アウグスト・フォン・エスマルヒ（1823-1908）は普仏戦争の頃には軍医総監に任命されていた。彼の功績は、軍創治療から統一後のドイツ軍の医療体制の整備にまで及んだ。特にナポレオン時代のフランス軍名医ドミニク・ジャン・ラーレーが編み出した優先治療区分をさらに洗練化し、より実践的なものへと進化させた。より実践的なものとは、単に重傷者の治療を優先するのではなく軍の兵力を維持するため、むしろ助かる見込みの極めて薄い重傷者は後回しにするというものだ。同時代の医療功労者として普墺戦争、普仏戦争の軍医であったエルンスト・フォン・ベルクマン（1836-1907）がドイツ統一後、ジョセフ・リスターの無菌消毒法を応用し、最初の無菌外科手術を成功させている。

124

■エスマルヒは三角巾の考案者としても有名で、患部を冷やすことで腫れを抑えることを奨励したのも彼であった。

第一次世界大戦の序章

　1804年に初めて実戦投入されたシュラプネル（榴散弾）や17世紀に考案された炸裂弾は炸薬に黒色火薬を使用していた。内部に収めた数百個ものマスケットボールを敵の頭上に降らせるシュラプネルにとって燃焼速度が300m/sec程度の黒色火薬は都合がよかった。しかし弾殻を破片化することで殺傷力を得ようとする炸裂弾にはあまりに力不足であった。硬い弾殻で十分な殺傷力を引き出そうとするならば炸薬に求められるのは燃焼や爆燃ではなく《爆轟：detonation》であり、速度の数値は一桁分大きくなければならない。

　南北戦争終結から約20年後、炸薬は黒色火薬ではなく爆薬に取って代わられ、非力な炸裂弾（common shell）の時代は終わり、想像以上の殺傷力を有する《榴弾（HE弾：High explosive）》の時代が始まることになる。

■先端が尖頭アーチを描くシリンダー状のボディーに炸薬もしくはその他の充填物を装填した砲弾を《シェル（shell）》、これ以外をショット（shot）と区別することもある。

＊　＊　＊　＊　＊　＊

新型火砲登場
炸薬の開発

　1898年、当代の軍事技術の最先端をすべて導入した最新型火砲がフランス軍で制式採用された。《M1897　75mm野戦砲》は砲身に油圧リコイル機構を搭載しているため、これまでの火砲のように射撃の都度、火砲の位置を修正する必要がなくなったことから1分間の発射サイクルが約10倍以上にまで向上した。火力の増強に伴い、有効射程を数千メール以上まで収めたことで、敵の姿がまったく見えない位置にもかかわらず正確な砲撃を可能にしていた。

こうした火砲の進化とともに砲弾に納められる炸薬も大きく進歩した。マスケットの発射薬や炸裂弾に使われた炸薬は黒色火薬である。硝酸カリウム、硫黄、炭の三味混合によって作られる黒色火薬はすべて自然物から構成されている。これから説明する新しい炸薬は《火薬》ではなく《爆薬》にカテゴライズされ、《起爆薬》とも呼ばれている。

　本格的な炸薬が開発されるまでの間、火薬の威力を超えた化学物質として1786年にフランスのクラウド・ルイ・ベルトレ(1748-1822)のベルトレ火薬(塩素酸カリウム、燃速：1000m/sec)や1800年、イギリスのエドワード・チャールズ・ハワード(1774-1816)の雷こう(雷酸水銀、爆速：4250m/sec)が存在していたが、製造、貯蔵、保管、運搬、取扱といったそれぞれの状況において、暴発等の危険性が高かったことから黒色火薬に代替する代物ではなかった。

1) ニトログリセリン

　1847年、イタリアのアスカニオ・ソブレロ(1812-1888)が発見したニトログリセリン(通称：キチガイ油)はグリセリンを硝酸で反応させたものだ。摩擦衝撃に敏感で、自然分解の傾向が高い硝酸エステルを含んでいることから製造、運搬、取扱中の事故が後を絶たなかった。

　ソブレロはトリノ大学で教鞭を執っており、ダイナマイトの生みの親で知られるスウェーデンの化学者にして発明家、アルフレッド・ノーベル(1833-1896)は彼の門下生であった。

　ノーベルの半生はこの危険極まりない《キチガイ油》の有効利用の研究に費やされる。1863年、ノーベルは黒色火薬を使いニトログリセリンの起爆に成功すると(1864年の実験中で弟エミールが死亡)、1865年には爆薬を起爆させるための火工品、雷管(detonator)を開発し、この2年後の1867年に珪藻土にニトログリセリンを吸着させることでニトログリセリンの安定化に成功し、商標をダイナマイトとし特許を出願した。

■ダイナマイトといえば産業用爆薬であるが、キューバ独立戦争(1895-1898)でアメリカ軍はダイナマイトシェルを使用した。

2) ピクリン酸

　第一世界大戦時もっとも使われた炸薬がピクリン酸だ。ドイツの化学者ヨハン・ルドルフ・グライバー(1604-1670)が1742年にピクリン酸に関す

126

る最初の記述を遺し、その後アイルランドの化学者ピーター・ウォルフ（1721－1803)が1779年に染料となる自然物インディゴをニトロ基で反応させ(ニトロ化）、ピクリン酸の抽出に成功。1841年にはフェノールを使った方法で人工合成にも道をつけた。1873年、ドイツの化学者ヘルマン・シュプレンゲル(1834－1906)が、ピクリン酸が爆轟することを証明すると、各国の軍隊がこぞってピクリン酸を炸薬として採用するようになった。

　1846年にイタリアの化学者アスカニオ・ソブレロ(1812－1888)によりニトログリセリンが合成されていたが、榴弾の炸薬として採用するにはあまりに起爆感度が高く、発射の衝撃で暴発する恐れがあった。ニトログリセリンにかわる起爆薬として最初に実用化の目処がついたのがピクリン酸であった。1885年、フランスの化学者ウジェーヌ・テュルパン(1848－1927)は高純度のピクリン酸の合成方法を編み出すと、硝化綿との混合によって砲弾の炸薬として使えるように改良を施した。完成した炸薬は1887年に《メリナイト(Melinite)》の呼称でフランス軍に採用され、翌年1888年、イギリスでもピクリン酸を主とする《リダイト(Lyddite)》が開発された。続く1889年、オーストリア・ハンガリー帝国が《エクラジット(Ecrasite)》として炸薬への転用に成功した。

　このほか1893年に日本軍が高純度のピクリン酸を《下瀬火薬》として採用し、1906年、アメリカのメジャー・ダン(生没年不明)がピクリン酸アンモニウムを使った《ダンナイト(Dunnite)》を開発するなど、ピクリン酸を主とするさまざまな炸薬が次々と開発された。

　このように起爆薬を炸薬とした砲弾は《榴弾(HE弾：High explosive)》と呼ばれ黒色火薬を使った炸裂弾(コモンシェル)と区別されるようになった。

3）TNT（トリニトロトルエン）

　ピクリン酸榴弾が普及した後、貯蔵中のピクリン酸が砲弾内部の金属や信管と反応し、起爆感度が非常に高くなること(ピクリン酸塩の形成)が判明。これに代わる炸薬の研究開発が急務となった。その候補がTNT（トリニトロトルエン)であった。

　ピクリン酸はフェノール(石炭酸)から合成されるが、TNTはトルエンを原料とする。1863年、ドイツの化学者ユリウス・ウィルブランド（1839－1906)が黄染料として合成に成功したが、当時は爆薬としてのポテンシャルは見いだされなかった。1891年にドイツにおいてマスプロダク

ションが可能になると、並行して起爆薬としての研究が進められた。

　TNTはピクリン酸よりも起爆感度(鈍感ということ)および爆速で劣るものの、このことがかえって砲弾への充填過程、貯蔵、運搬、取扱時の安全性を高めていた。1902年、ドイツ軍は世界に先駆けピクリン酸に代わって砲弾の炸薬をTNTに全面的に切換えた。イギリス軍がこれに倣ったのは1907年になってからだ。

　TNTのアドバンテージは、たとえば特性の一つである低起爆感度を活かしアーマーピアッシングシェル(装甲貫徹砲弾)に用いることで艦船の装甲を貫通した後に砲弾を起爆させ艦船内部を破壊することが可能になった。

ピクリン酸	7350m/sec
TNT	6900m/sec
黒色火薬	300m/sec

■爆速と燃焼速度の比較

イギリスの榴弾　リッダイト

　1900年当時のイギリス軍の主力砲弾はシュラプネルとピクリン酸を炸薬とした榴弾、《リッダイト》であった。リッダイト砲弾はコモンシェルとの混同を避けるためイエローに着色された。

　シュラプネルには時限信管、リッダイトには着信信管が用いられていた。シュラプネルがダウンレンジで、敵頭上からボールを発射するのに対して、リッダイトはほぼ全方向に弾殻フラグメントを高速でまき散らした。リッダイトには弾殻効果のほか、第一次世界大戦で大量に投入される毒ガス兵器の登場を予見させるように《後ガス効果》も期待されていた。リッダイトというネーミングは砲弾工場が稼働していたケント州の人口3000名足らずの小さな町、リッドにちなんでいる。

　リッダイト榴弾全盛の中、古の実体弾のような砲弾もまだ存在していた。こうした砲弾は、炸薬が無い代わりに高い硬度を誇る金属チップが先端に埋め込まれており衝突時の運動エネルギーで艦船の装甲を貫通していた。しかし装甲が増強されるとさらに高い運動エネルギーを得るために砲弾の重量と速度を増さねばならず徐々に姿を消していった。

　榴弾の登場以来すっかり影が薄くなったコモンシェル(炸裂弾)であるが、しばしば発煙弾として攻撃距離の測定に用いられるようになった。シュラ

プネルも最終的には榴弾にその存在価値を脅かされていった。シュラプネルには550個のボールが収められていたが塹壕戦においては十分な殺傷効果が発揮できず、エアバーストタイプの時限信管をセットした榴弾に取って代わられていった。第一次世界大戦時、ドイツ軍が配備したコンクリート製トーチカの破壊には着発信管をつけた榴弾がうってつけであった。

■塹壕に対するシュラプネル（左）と榴弾の攻撃

■イギリス軍ではHE弾（榴弾）の弾殻はイエローにペイントされており、炸薬が充てんされるとカラーラインが描かれる。激しい砲撃によりライフリングの摩耗した火砲から放たれた着発信管つきの砲弾は失速した際、先端からではなく尻餅をついて恰好で着地するのでしばしば不発弾となった。戦地の需要を満たそうと生産を急いだだめ故障したまま出荷される時限信管も少なからずあった。

スモークレスパウダーの登場

　黒色火薬に代替する発射薬、《無煙火薬（スモークレスパウダー）》は1884年にフランスの化学者、ポール・マリー・ウジェーヌ・ヴィエイユ（1854－1934）によって発明された。マシンガンに代表される、カートリッジを自動で排きょう、装填をするオートマティックガンの開発は無煙火薬の登場によって一気に加速する。

1）ベルトレ火薬とB火薬

　黒色火薬の代替薬の開発は18世紀後半からはじまっていた。産業革命を背景に物理学は急速に進歩したが、化学（ケミカル）は停滞したままであった。このことは黒色火薬が最初の発見から約800年、フロントロック式が考案されてから200年の時が過ぎているにもかかわらずこれらに代わるも

のが無かったことなどを見ても明らかだ。

《燃焼》の原理を解明し、《質量保存の法則》で有名なフランスの化学者アントワーヌ・ラボアジェ(1743 - 1794)の門下生のひとりに、クラウド・ルイ・ベルトレ(1748 - 1822)がいた。彼は1786年に、塩素酸カリウムを発見し、2年後の1788年には硫黄、木炭、ガラス粉、金属粉などを混入した《ベルトレ火薬》を作成する。ベルトレ火薬は当初黒色火薬に替わる発射薬として研究が続けられたが、黒色火薬と違い塩素酸カリウムはそれ自体が爆発する性質を有していたため、無駄な労力と多くの犠牲者を出すことになった。

　1846年、ドイツ人化学者クリスチャン・フレデリック・シェーンバイン(1799 - 1868)がニトロセルロース(ガンコットン：綿火薬)の製造に成功した。しかし硝酸と硫酸を混合したものを木綿に湿潤したこの生成物は燃焼があまりに速く発射薬としてはまだまだ不適合であった。発射薬としての用途を満たすには粒状化が欠かせなかったが、その後プロイセンとオーストリアでそれぞれアルコールとエーテルを使ったニトロセルロースのペレット化に端緒を開いた。1884年、フランスの化学者、ポール・ヴィエイユがこの成果を発展させニトロセルロースをベースにした発射薬、《無煙火薬(通称B火薬)》を開発する。フランス軍は完成した無煙火薬を早速、自国の軍用ライフル、ルベルM1866ライフルのカートリッジに採用すると、各国の軍隊もすぐにこれに倣った。

2）その他のスモークレスパウダー

　火砲や銃の発射薬としておよそ500年間使われ続けた黒色火薬に代わって登場した無煙火薬。ヴィエイユの開発したB火薬(Poudre Branche)の《B》はフランス語のブランシュ(blanche)＝白を意味する(言い換えれば白色火薬ということだ)。

　鳴り物入りで登場したB火薬はその後思わぬ欠点を露呈することになった。揮発が進むと衝撃、摩擦、温度に対する感度が高くなり、暴発事故が相次いだことから各国ではB火薬をベースにした研究がおこなわれた。1887年、スウェーデンのアルフレッド・ノーベル(1833 - 1896)は窒素量約12％のニトロセルロースとニトログリセリンを混合することでB火薬の欠点を補った《バリスタイト(ballistite)》を発表した。続いて1889年にイギリスのフレデリック・エイベル(1827 - 1902)とジュエイムズ・デュア(1842 - 1923)は窒素量13％以上のニトロセルロースとニトログリセリン

130

の混合物をアセトンで成形しスパゲッティのように細長く加工した後、裁断する製法を編み出した。この無煙火薬は《コルダイト（cordite）》と命名された。

　無煙火薬はシングルベースとダブルベース、トリプルベースの３つに分類される————。シングルベースはニトロセルロース一剤（シングル）を主成分としたものでジニトロトルエンが添加される（ヴィエイユのB火薬がこれに相当する）。ノーベルのバリスタイトやエイベルのコルダイトは、ニトロセルロースとニトログリセリンの２剤（ダブル）から構成されることからダブルベースに分類される。トリプルベースとは、ニトロセルロースとニトログリセリンにニトログアニジンの３剤を主成分とした無煙火薬のことで、後ガス、発射炎、焼食が抑止され安定性の点でもトリプルベースが最優秀となる。

モダン信管の到来

　信管は"fuze"であって"fuse"ではない————。榴弾やシェル（砲弾）に仕込まれた炸薬を戦術にそって効果的に起爆させるのが信管の役目だ。17世紀に登場した炸裂弾に供された《信管のようなもの》は遅発、早発、暴発を頻発し信頼性という点で使い物にならなかった。最もプリミティブな信管は《油を沁み込ませた布》による着火であったことからどの程度のものであったかは想像に難くない。しばらくすると導火線が用いられ、19世紀になると先のセクションで紹介したような黒色火薬を充填した木製信管や金属信管が登場した。

　炸裂弾の限定的な使用は信頼に足る信管が開発されていなかったことが大きい。着弾と同時に作動するインパクトヒューズ（着発信管）は発射の衝撃でも反応してしまうことから、任意の時間で起爆させるタイムヒューズ（時限信管）の改良の方が容易であった。

　20世紀のモダンヒューズの歴史は19世紀終盤に起爆薬（ニトロセルロース、ピクリン酸など）や延時薬の合成に成功してから始まった。信管は着弾と同時に爆発するインパクトタイプ、空中で爆破するエアバーストタイプに分類される。さらにこのふたつは————。

インパクトタイプ　　１）着発信管
　　　　　　　　　　　　２）遅発信管

エアバーストタイプ　1）時限信管（タイマー）
　　　　　　　　　　　2）近接信管（音響、電波等のセンサー内蔵）

――――に細分できる。

　エアバーストの対義語にあたるグラウンドバーストが即ちインパクトタイプにあたる。榴弾（HE弾）にはインパクトとエアバーストの両方のタイプの信管が使われるが、人員を対象に弾殻破片（フラグメント）で殺傷力を発揮するHE弾にはエアバーストとの組み合わせが最適だ。20世紀初期は起爆のタイミングを導火線や延時薬で調節していたが、のちにスプリング機構、ギア、飛翔時の遠心力、高度計を利用したタイマーヒューズが使われるようになる。
　地上からの対空射撃で戦闘機を一機一機、狙い撃ちすることは不可能に近い。であるならば大口径の地対空砲を戦闘機の近くでエアバーストさせれば、弾殻のフラグメントを浴びせかけることで、これらを破壊することが可能になる。これが第二次世界大戦末期になって登場する近接信管の開発のコンセプトであった。

■榴弾の登場により砲弾を必ずしもターゲットに命中させる必要性がなくなった。破壊効果の点では直撃よりもむしろターゲットから適度に離れた方が、都合がよかった。シュラプネルもエアバースト効果を狙った兵器であるが第一次世界大戦時、榴弾の破片効果による殺傷力の方が格段に勝っていたことから徐々にその姿を消していった。

1）遅発信管と時限信管の違い

　遅発信管（delay fuse）と時限信管（time fuse）は別物である。時限信管は発射と同時にタイマーが作動する仕組みになっており、遅発信管は着弾の衝撃を感知してから延時装置が作動する。掩蔽壕やシェルターに隠れた兵士がターゲットの場合、着弾と同時に起爆してしまう着発信管では彼らを殺傷することができない。遅発信管であれば着弾から砲弾を深部に進入させた後に信管が作動するので十分な殺傷力を発揮することができる。
　時限信管の強みは数ミリ秒から数か月後といった任意の時間で起爆をコントロールできるところだ。砲弾で採用する場合、ターゲットまでの離隔

距離から起爆時間を算出しなければならない。戦闘機など動く標的が対象になると時限信管では太刀打ちできず、近接信管の出番となる。

2）近接信管

　近接信管（proximity fuze）とはターゲットとの距離を信管が感知し、自動で起爆する信管である。1940年代から、アメリカ、イギリスの主導で開発が始まった。連合軍の近接信管《VT信管：variable time fuse》は第二次世界大戦中の軍事開発で最も重要なものの一つと認知されている。対空砲用として開発がすすみ、作動システムは音響（ドップラー効果）や電波（ラジオ周波数）を応用した。

　ナチスドイツも独自の研究を進めていたが、連合軍が先んじていた。近接信管に関する情報は最高機密扱いで、地上戦に投入されなかった理由は不発弾を回収され模倣されるのを恐れたからだ。対人用として使用する場合、爆風効果とフラグメント効果を100％発揮するため地表から30フィート（9ｍ）の高さで起爆するようデザインされた。

インパクトタイプとエアバーストタイプ

　インパクトタイプは着弾の衝撃で瞬時に作動する着発信管では地面側のフラグメントが無駄になるため殺傷力が大幅に減少する。また着発信管では地下壕、バンカー（掩蔽壕）やトレンチ（塹壕）に隠れた敵を殺傷することができない。着弾衝撃で作動せず、着弾から0.5秒後、障害物を貫通した後に作動するように設計されたのが遅発信管（delay fuze）である。

■着発信管　　　　　　　　　　　　　■遅発信管

エアバーストタイプはいわゆる近接起爆タイプの信管を指す。ターゲットの頭上1−15m地点で作動する。近接起爆が不調の場合、自動的に頭上3mで作動するものもある。ターゲットの頭上1−3mのところで作動するニアバーストは弾殻フラグメントが満遍なく降り注ぐことになるため最も殺傷力が高い。近接信管は起爆が不作動の場合、着弾と同時に作動するようプログラムされている。

■近接信管

爆創という軍創

ピクリン酸やTNTといった爆薬が炸薬として使われるようになるとこれまでとは比べものにならぬほど身体（精神も）を破壊してしまう新しいタイプの創傷が軍創に加わることになる。

いつの時代にもあてはまることだが新しい兵器がもたらす災禍は既存の医療をはるかに凌いでいる。第一次世界大戦に従軍した外科医らはライフルブレットと榴弾（High Explosive）の登場によりこれまでの軍創とは別のアプローチで治療に臨まなければならなくなった。

爆薬のエネルギーによって形成される創傷、《爆創（blast wounds）》は、爆薬の軍事への転用が技術的に難しかった南北戦争や普墺戦争、普仏戦争の時代には稀有な創傷であった。爆創は創傷形成のプロセスをはじめ治療方法や後遺症の深刻さなどすべての点においてこれまでの軍創とは一線を画していた。

＊　＊　＊　＊　＊　＊

現代戦争における軍創

　第一次世界大戦(1914－1918)から軍創の中で切創や刺創の占める割合が
ぐんと減り、軍創といえばライフルブレットによる《銃創gunshot
wounds》と砲弾によってもたらされる《爆創　blast wounds》の二つに集約
されるようになった。

　爆創はおもに爆風や衝撃波の人体への暴露影響と弾殻の破片(フラグメ
ント)によってもたらされる。このほか二次的なものとして、火傷による
ものや壁や建物などへ叩きつけられたり、構造物等の崩壊に巻き込まれた
りすることで負う創傷が含まれる。

　榴弾の普及にともない戦場で負う創傷のほとんどがフラグメントによる
ものである。事実90％以上の犠牲者がフラグメントで負傷しており、銃創
は15～20％以下とのデータがある。

	クリミア戦争	普仏戦争	第一次世界大戦
爆創(炸裂弾、榴弾)	43	25	75
銃創	54	70	23
その他	5	5	2

■三戦争に観るフランス軍の軍創比率

　ブレット(弾丸)もフラグメントも同じ高速飛翔体であることから創傷形
成のメカニズムは同一視できるのだが、運動エネルギーの観点から爆轟を
介して飛散するフラグメントのほうがライフルブレットのそれをはるかに
凌いでいる。またフラグメント特有のイレギュラーな形状に加え、一度に
負う創傷の数が複数に渡ることから、治療の深刻さでも他の軍創の中で群
を抜いている。

　爆薬のエネルギーを利用した兵器は数多ある。榴弾以外に手榴弾や地雷
があげられ、第二次世界大戦になって開発される対戦車砲弾(HEAT弾)
もこの範疇にある。ここではもっともオーソドックスな榴弾の爆創を取り
上げてゆく。

榴弾が爆発すると衝撃波、高温、爆風、フラグメントが生じる。音速340m/secを超えることで生じる衝撃波は急激な圧力の上昇と下降をもたらし内臓組織にダメージをあたえ、死に至らしめる。爆発と同時に飛び散るフラグメントは高い運動エネルギーで人体を壊滅的なまでに破壊する。

一般に《爆創》という言葉から連想されるイメージ————首や胴体が吹き飛ばされたり四肢が引き千切られたりするような視覚的な創傷を思い浮かべるであろう。しかし医療従事者にとっては衝撃波や爆風による《目に見えない》影響の方が厄介なのだ。

何が違うのか　火薬と爆薬

爆創を知るには、まず火薬と爆薬の違いを理解しなければならない。火薬類と呼ばれるものは《火薬(low explosives)》と《爆薬(high explosives)》に分けられる。火薬の代表が黒色火薬や無煙火薬で、燃焼速度は300m/secあたりが標準だ。粉体、粒体の固形の状態から燃焼を経てガスに代わるまでの時間が比較的遅いのが特徴だ。火薬が《爆発的》に燃焼する現象を《爆燃(デフラグレーション：deflagration)》という。火薬のエネルギーは制御可能なので銃や火砲の発射薬やロケットなどの推進用途に用いることができる。

火薬の《爆燃》に対して爆薬の反応は《爆轟(デトネーション：detonation)》となる。爆轟直後、衝撃波、高熱と大量の高圧ガスが発生するが，この反応は瞬時に完結する(爆風はこの後に起きる)。

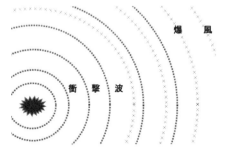

■衝撃波が最初に生じそのあとに爆風が追従する

衝撃波は、反応速度が音速(340m/sec)を凌駕して初めて生じるものであることから火薬の反応では起こりえない。爆薬の反応速度である爆速は火薬の約10倍以上で3000～9000m/secを誇る。主な爆薬の爆速は、ＴＮＴ(トリニトロトルエン)で5000m/sec、産業用爆薬では3000～6000m/sec、

RDX（research development explosive）やHMX（high melting-point explosive）などの高性能炸薬になると8000〜9000m/secあたりになる。榴弾や爆発物のフラグメントの速度であるが形状やサイズ、重量が千差万別なので一概には言えないが少なく見積もっても1000m/sec以上の速度で弾き飛ばされていることがわかる。

　火薬は人間がコントロールできる火薬類であるともいえる。だからこそ銃や砲弾の発射薬として使うことができた。一方の爆薬は産業用として採鉱や採石、トンネル掘進目的の発破工法が確立されているものの、基本的には制御不可能である。だからこそ兵器に用いられ時としてターゲット以外のものまで破壊するという想定外の結果を招くのだ。

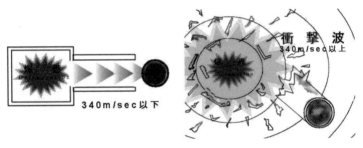

衝撃波
340m/sec以上

340m/sec以下

■火薬が爆発的に燃焼する爆燃（左）と衝撃波を伴う爆轟との違い
（砲がバラバラになるだけだ）

　火薬と爆薬の違いは威力の点だけではない。火薬を反応させるには熱や衝撃、摩擦で充分だが爆薬の場合（ニトログリセリン、DDNPなどの原料は除く）、物理的外力で反応することはない。爆薬は火にくべても爆発しない。爆薬は《爆薬》によってのみ反応する。爆薬を反応させるにはデトネーション（爆轟）が欠かせない。一方火薬にはデトネーションは不要だ。火薬に火が着く前にデトネーションによって火薬そのものが吹き飛ばされてしまうからだ。

　フィクションの世界では爆薬を銃で撃って爆発させるという設定があるが、このようなことは現実には起こりえない。銃弾が命中したくらいのエネルギーでは爆薬は反応しない。通常、爆薬の起爆には雷管（デトネイター：detonator）が不可欠となる。雷管とはアルミニウムやカッパーなどの金属管体の中に起爆薬を収めた火工品の一種で、産業用、軍用に関わらず

爆薬の起爆のためのマストアイテムとなっている。

目に見えない創傷　衝撃波と爆風

　衝撃波(shock wave, blast wave)と爆風(blast wind)は違う。爆薬が爆轟するとまず周囲の空気の膨張する速度が音速を超え衝撃波が生じ、その後に爆風が発生する。衝撃波は減衰が早く、爆風は十分な量の爆薬が反応しない限り発生しない。つまり爆心地点から離れれば離れるほど衝撃波の影響を受けずに済むということだ(大量の爆薬が反応すれば爆風の影響は避けられないが)。

　人体が衝撃波に曝されると眼球や鼓膜にダメージが表れ、次いで肺(肺胞)などの臓器への損傷が起きる。暴露の度合いが強ければ臓器破裂など深刻な創傷を負う。衝撃波は爆心地点から放射状に発生し、爆創の程度は爆心地点からの離隔距離が広がるほど軽くなる。

　肺胞や鼓膜などの組織は気圧の急激な変化により損傷する。スキューバダイビングでの急浮上や航空機の急下降時に生じる気圧性外傷(barotrauma)と同じである。34.7kPaで鼓膜が破れる確率は1％とかなり低いが、310.2kPaを超えるとほぼ全員の鼓膜が破裂する(99％)。肺胞へのダメージは103.42kPaで生じ、214.32kPaから310.2kPaでの致死率は低いが379.2〜448.17kPaで99％に達する。

kPa	kg/cm²	人体、構造物への影響
7	0.071	ガラスの破損・飛散
15〜40	0.15〜0.4	鼻腔・聴覚器官の損傷
100	1.01	鼓膜が破れる(50％)／行動不能
175	1.75	肺にダメージ(溢血、出血)
300	3.06	有筋コンクリート構造物の破壊／死亡
500	5.09	内臓の致命的なダメージ／死亡

■爆発と人体影響度　デュレーションは4ms以上
※)1kPaは101.97kgf／m²(1平方mに約100kgの重量)。kgf／cm²ならば1平方cmに約1kgの圧力がかかる

■1パスカルとは1N/m²であり1Nが0.1kgfであることから一平方メートルの面積に約100g(0.1kg)の重さがかかっているということになる。1

kPaのKは1000を表すので1000N/m²となり、この場合は100g×1000
=100000g————すなわち一平方メートルの面積に100kgに相当する
重さがかかることになる（ちなみに一平方センチメートルに換算すると
重さは10gになる）。1kgf/cm²は100kPa（98.0665kPa）とあらわす。

ピークオーバープレッシャー

　爆薬は反応と同時に高熱、高圧、衝撃波を生み出し、これが周囲に被害
を及ぼす。爆心地点から非常に近い距離（1m以内）では衝撃波と高熱に曝
される。爆風はこの後に生じる。もっとも爆風を発生させるにはかなりの
量のエネルギーを必要とする。高温は重度の火傷を負わせ、二次的な火災
の原因にもなる。反応時の温度は3000℃にも達するが瞬時であるため犠牲
者が黒焦げになることはない。

　爆薬の反応は周囲の大気に高い圧力差を生む。圧力はミリセコンドとい
う単位でクライマックス、《ピークオーバープレッシャー（peak over pres-
sure）》に達する。ピークオーバープレッシャーとそれが収束するまでのデ
ュレーション（持続時間）は爆薬の種類、薬量、爆心地点からの距離によっ
て変化する。たとえば薬量20kgのTNTの場合、爆心地点から5m範囲内
で820kPaもの超高圧が4.7ms（ミリセカンド：1/1000秒）という瞬間に生み
出される。これが10m範囲内ならでは8msというデュレーションで
132kPaとなる。仮に薬量を10倍の200kgとすると同じ範囲内で1020kPaも
のエネルギーが生み出されることになる。

　爆薬の反応は下図のようになる。圧力が一気にクライマックスに達し
（ピークオーバープレッ
シャー）、それが収束す
るまでの変化が急激であ
るのがわかる。爆轟状態
の継続が図内の《オーバ
ープレッシャー持続時
間》である。圧力上昇が
急激である分、揺り戻し
が大きく負圧を生みだす。

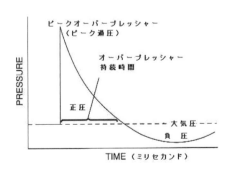

■破線部は通常の気圧

ピークオーバープレッシャー kPa(kg/cm²)	最大時速 km/hour	構造物への影響	構造物影響による人体被害
6.89 (0.07)	61.2	窓ガラスの破砕	破片によるもの
13.79 (0.14)	112.7	窓、ドアが吹き飛ぶ、屋根に被害	ガラス片や瓦礫による被害
20.68 (0.21)	164.1	住宅基礎にダメージ	重症者発生
34.47 (0.35)	262.3	ほとんどの構造物倒壊	重症者増加
68.95 (0.70)	473	鉄筋コンクリート構造物へのダメージ	ほとんどの者が死亡
137.7 (1.4)	808	鉄筋コンクリート構造物崩壊	全員死亡

■ピークオーバープレッシャーの構造物への影響

負圧と爆風

1950年代の原爆実験映像でキノコ雲と同じくらいに不気味なのが正方向に吹いた風(爆風)が暫くたってから逆方向に吹き戻されるシークエンスだ。爆発によって衝撃波の発生と周りの空気の膨張と圧縮が起きる。これに追随する現象が《爆風》である。先述したように爆風と衝撃波は違う。もうひとつ、爆風と衝撃波の違いとして挙げられるのが、爆風にはある程度のデュレーション(持続時間)がある点だ。

爆風を発生させるには相当の量の爆薬を必要とする。極端な例として原子爆弾を取り上げてみる。原子爆弾が爆発するとピークオーバープレッシャーが数十万気圧という超高圧で発生し、まわりの空気が大きく膨張して強烈な爆風を生み出す。爆風は、1)先端に発生する衝撃波と、2)その後を追って吹く突風から構成されている。爆風が正方向に生じると、中心部の空気が希薄になり圧力が下がる。続いて周囲から気圧が低くなった爆心地点に向かって《吹き戻し》が発生する(負圧)――――。これが負圧によって逆方向に吹く爆風の正体である。

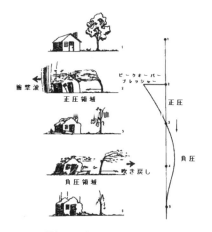

■爆風発生から収束までの様子

140

爆創について

爆創(blast wounds)は次のように分類することができる――――

・第Ⅰ爆創：衝撃波による空気を多く含む臓器、肺、腸、内臓、血管、聴
　　　　　覚器官への損傷
・第Ⅱ爆創：破片による創傷(軍創の多くがこの第Ⅱ爆創)
・第Ⅲ爆創：衝撃波や爆風による壁や地面との衝突や四肢の切断。構造物
　　　　　の倒壊による二次災害もここに含まれる
・第Ⅳ爆創：第Ⅰ-Ⅲ以外の爆創。爆発時に生じた高熱(3000〜7000℃)
　　　　　による熱傷、爆発で生じた有毒ガスによる空気汚染、感染症
　　　　　の併発も含む

1）目に見えない爆創

　外見上では判断しにくいのが第Ⅰ爆創の特徴である。衝撃波と急激かつ
大きな気圧変化によってもたらされる爆創。爆風の威力は爆心地点から距
離の二乗で反比例するため、爆心に近接した者にしか生じない。車両や屋
内などでは入射波(衝撃波)と反射波(衝撃波の反射)が増幅されるため被害
が大きくなる。血管内の空気塞栓、肺(気胸)や結腸のような空気を含む臓
器、聴覚器官の損傷(鼓膜破れ)、眼球の損傷(眼底出血、眼球破裂など)が
生じている。

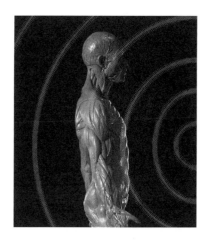

■衝撃波暴露のイメージ

2）フラグメント創傷

　第Ⅰ爆創が目に見えぬ衝撃波によるものであれば第Ⅱ爆創は目に見える飛翔体による創傷といえる。飛翔体は、破片化した弾殻フラグメントのほか殺傷力を向上させるために意図的に混入させたベアリングや釘などの異物が含まれ、周囲の環境にある構造物の瓦礫の破片（二次的フラグメント）も創傷を形成する。

　フラグメントはブレットを遥かに凌駕する速度を伴うため（ミニマム1000m/sec以上）、運動エネルギーが大きく、しかも受傷箇所が複数に及ぶことから創傷の程度は甚だ高い。爆心地点からの離隔が同じであれば第Ⅱ爆創の方が死因となる率は高くなる（当然第Ⅰ爆創も負っている）。

　Ⅰ〜Ⅳの数字は爆創の程度をあらわすものではない。致死率が皆一様に高いのが爆創の特徴でもある。フラグメントを伴わず単に爆薬の薬量が多かった場合、第Ⅰ爆創が死亡原因になる（テロなど）。フラグメントによる創傷の程度はライフルブレット（高速飛翔体）で銃撃されたのと同等か、それ以上になる。一度に複数の箇所に創傷が生じることから医療従事者にとっては第Ⅱ爆創の方が治療しにくい。

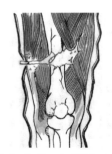 

■ライフルブレット（700m/sec）　　■ベアリング（上）、フラグメント爆創

　榴弾をはじめ手榴弾、地雷はもっぱら第Ⅱ爆創で人員を殺傷するようデザインされている。こうした一方で、昨今、爆創においては第Ⅱ爆創の生存率が比較的高いともいわれている。これは抗弾ベストの着用時や爆弾テロなどのシチュエーションにあてはまる。爆創の程度は爆発地点からの離隔距離、爆薬の薬量によっても大きく左右されるからだ。とはいえども爆心地点に近いリーサルゾーン圏内においては遮蔽物や抗弾ベストを着用していない限り致死率は高い。

142

テロの場合むしろ第Ⅰ爆創の方が深刻であろう。一般にはリーサルゾーンを越えると内臓ダメージ（第Ⅰ爆創）よりも破片（第Ⅱ爆創）による死亡率が高くなる。第Ⅰ爆創の致死率は体のどの部分が衝撃波に暴露されたかによって決まる。胸部や腹部の場合、入院後の死亡率が高い。四肢が吹き飛ばされた場合、死亡率は80％あたりとかなり高いものとなる。つまり四肢切断は爆心地点に近いところにいたという証であり、第Ⅰ爆創の程度もおのずと深刻なものとなるからだ。

動物実験による検証

　第Ⅰ爆創と第Ⅲ爆創はどちらもおおむね致死率が高い。爆創発生のメカニズムは複雑である。第Ⅱ爆創を除いてどこからどこまでが第Ⅰ爆創で、どこをして第Ⅲ爆創と見なすかは曖昧だ。

　1940年代に人体に対する影響を調べるため薬量32kgの爆薬を使い動物実験がおこなわれた。結果は以下————。

・爆発地点から４ｍ以内にいた動物はすべて死亡した。このことからキリングゾーンは４〜５ｍ範囲内であることが判明した。

・5.5〜６ｍ以内では数頭に呼吸障害のような状態を確認したが24〜48時間以内に正常に戻った。

・6〜16ｍ以内ではほとんどが無傷であったが実験後、数頭が食欲の減退を見せた。いずれの実験でも外傷は見られなかったが、実験後におこなわれた解剖の結果、距離に応じて肺に溢血が生じているのを確認した（典型的な第Ⅰ爆創）。

臓器損傷のメカニズム

　爆創は、主に爆轟によって生じた衝撃波と爆風（第Ⅰ爆創）や吹き飛ばされた破片（第Ⅱ爆創）によってもたらされるもので、ここへさらに構造物の崩壊や倒壊による打撲傷や挫傷、切断（第Ⅲ爆創）が加わり、火傷や感染症などといった二次的な創傷（第Ⅳ爆創）が付随する。

■筋肉や骨、肝臓といった密度の高い組織へのダメージは第Ⅰ爆創には含まれず第Ⅲ爆創に分類される。

最も深刻な爆創である第Ⅰ爆創は爆発直後の現場では症状として現れない――――。第Ⅰ爆創は衝撃波によって発生する《入射波（圧縮波）》と《反射波（膨張波、引張波）》によって形成される。人体を透過した入射波は人体組織内で反射波となり内臓や血管に局所的かつ深刻なダメージをあたえる。最もこの影響を受けやすいのが聴覚器官と肺や小腸に代表される気体（ガス）を包含している臓器だ。発破によって岩盤を破砕する《スポーリング（破断現象：spalling effects）》や水中発破の《ボイリング（沸騰現象：boiling effects）》が体内でも発生しているというわけだ。アクション映画やカースタントで爆発地点の脇を通過するシーンをよく見かけるが、現実の世界では《無傷》では済まされない。

■発破では岩盤に穴を穿ち、その中に爆薬を装填し、爆発させることで岩盤を破砕する。岩盤内を伝播した圧縮波が自由面（岩盤が空気と接した面）と接触することで反射が起こり、膨張波が発生する。岩盤と空気の関係のように反射波はインピーダンスの差が大きければ大きいほど増幅される。

第Ⅰ爆創　胸部への影響

　人体を通過した衝撃波は体内で反射や増幅といった現象を引き起こす。まず衝撃波は入射波（圧縮波：stress wave）として人体を通過し、続いて反射波（膨張波、引張波：shear wave）を生じさせ人体組織、特に空気を含む臓器や器官を破壊する。衝撃波は爆心地点から音波と同じように放射状に放たれる。入射波そのものによる組織破壊は少なく、水や空気といった異なる密度の界面に達した際に生じる反射波がダメージを与える。したがって肺（肺胞）は空気を多く含んでいる分、反射波が発生しやすい。

　軍創の専門書によればオーバープレッシャーが40psi（275kPa：2.8kgf/cm²）以下ならば胸部（肺）に損傷は生じないと記されている。40psiといえば薬量20kgのTNT爆薬が6ｍ離れた地点で爆発した時に生じるエネルギーに等しい。爆薬を拘束せずオープンエアで爆発させた場合、80psi（551ｋPa：5.6kgf/cm²）以上になると半分以上が肺にダメージを蒙り、200psi（1379kPa：14kgf/cm²）　あたりから全員が死に至る。

　肺へのダメージは高い死亡率を誇る。第Ⅰ爆創が厄介といわれる所以は受傷直後は自覚症状がなく、数日後に発現し、しかも手遅れになっている

ケースが多いからである。爆弾テロでは、出血など目に見える創傷を負った第Ⅱ、Ⅲ爆創の犠牲者に気を取られがちだ。

　胸部爆創のメカニズムは以下のようになる――――。胸部を透過した衝撃波（入射波）が気管や胸膜で反射し膨張波（引張波）を生む。膨張波は肺全体に伝播し最終的に《ガス交換（酸素と二酸化炭素の入れ替え）》の要所である肺胞にダメージを与える。肺胞の障害は外側からは確認できない。重度の第Ⅰ爆創では徐脈や呼吸障害、血圧低下が顕著になる。肺胞や、肺胞に繋がる毛細血管の損傷は空気塞栓を誘発し脳や心臓への血流を妨げ、最終的に死に至る。後のセクションで詳細しているが頭部（脳幹）も第Ⅰ爆創の影響を受けやすい。

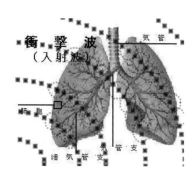
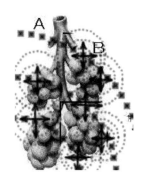

■衝撃波に曝された胸部

第Ⅱ爆創　フラグメントについて

　フラグメントは対人用の殺傷手段である。その特徴は弾丸と違い形状がイレギュラーでしかも高速（高運動エネルギー）であることだ。フラグメントの被害は広範に及び、創傷の程度はおしなべて酷く、創傷箇所は複数に及ぶ。人間を殺傷（行動不能に陥らせる）するのに必要な運動エネルギーは80J以上といわれており、手榴弾のような薬量の少ない兵器の殺傷力においては、爆風や衝撃波はほとんど寄与せず、フラグメントに負うところがほとんどである。

　フラグメント系の兵器は、小は手榴弾から大は空中投下の爆弾にいたるまでその大きさやデザインに応じミリグラムから数グラムのフラグメントを秒速1500m/sec以上のスピードで周囲にばらまくよう設計されている。

重さや形状がイレギュラーなフラグメントは銃弾のような理想の飛翔体とはいえず、空気抵抗の影響により速度が急激に減少し、遠方であればあるほど創傷の程度が軽くなる。しかし近年のフラグメントの中には速度、距離に関係なく最適な効果（殺傷力）を発揮できるよう最初からデザインされているものもある。

　ボディーアーマーの普及と抗弾性能の向上によりフラグメント爆創の部位にも変化がみられるようになった。これらで保護されている胸部腹部よりも無防備な四肢や頭部、顔面への、しかも複数のフラグメント爆創が多くなっているのだ。第一次世界大戦を初め現代の主だった戦場から収集したフラグメント爆創に関する報告を総合すると受傷部位は四肢：64.6%、頭部頸部：15%、胸部：9.5%、腹部：7.4%という結果となっている。四肢へのフラグメント爆創は直接生死にかかわるものではないが、頭部へのそれは失明や死に至ることがあるので直ちに手当てを受けなければならない。

■爆点付近では爆風で飛ばされたガラスや木材の裂片、土壌なども爆創を形成する。スーザイドボマーが自ら吹き飛ばした肉体の破片（組織）が新しい脅威とみなされている（第Ⅳ爆創に含まれるだろう）。彼らがHIVや肝炎ウィルスなどに冒されていれば犠牲者はもちろん、医療従事者にとっても面倒な事態になる。

砲弾のリーサルゾーン

　マテリアル、サイズが同一な砲弾（シェル：shell）のリーサルゾーンは、弾頭のデザインや炸薬の薬量を変えることによって増強することができる————。ユーゴスラビアのウェポンデザイナーが興味深い研究発表をおこなっているので紹介する。対象となった砲弾（榴弾）は122mmシェルが2種類（OF462とM76）と、128mmロケット砲弾が3種類（M63,M87,M87改）。それぞれの特徴は以下のようになる————。

122mmシェル

　OF462は第二次世界大戦で使われたもので、現代ではいささか古い部類に入るTNTを炸薬に採用し、薬量も少ない。さらに炸薬部の径に対して弾殻部の比率が大きい。M76はOF462のデザインを見直し炸薬にコンポジッションBを採用したものだ。

128mmロケット砲弾

M63はTNT仕様のロケット砲弾である。このM63のデザインをスリムラインに変更したものがM87である。M87(改)はM87をさらにスリム化して弾殻の厚みを薄くすると同時に炸薬をコンポジッションBに替え、薬量を増量したものである。

1）フラグメント発生範囲

砲弾名	炸薬	薬量 kg	爆速 m/sec	フラグメント発生範囲		
				前方	側面	後方
122mm OF462	TNT	3.55	6620	18~44	80	15
122mm M76	コンポジッションB	4.43	7437	10	96	43
128mm M63	TNT	2.42	6620		75	58
128mm M87	TNT	2.89	6620		117	56
128mm M87	コンポジッションB	3.15	7437		96	56

■砲弾スペック一覧

弾殻フラグメントはシェルの形状に沿って均一に発生するものではなく側面がもっとも濃厚で、次いで後方と続く。実験の結果、前方にはほとんど発生しないかことがわかる。特にロケット砲弾では顕著で、砲弾前方の兵士の負傷率が非常に低いという戦場からの報告を裏付けるものとなった。

2）リーサルゾーン

コンポジッションBを採用した122mmM76と128mmM87のリーサルゾーン(致死範囲)が広範であることがわかる。両者を比べた場合ロケット砲弾であるM87はM76シェルよりもボディーマス(体質量)が2.76倍小さく、薬量もM76よりも1.4倍ほど少ない。

砲弾名	炸薬	リーサルゾーン m²
122mm OF642	TNT	397.9
122mm M76	コンポジッションB	585.1
128mm M63	TNT	432.2
128mm M87	TNT	524.9
128mm M87	コンポジッションB	583.7

■リーサルゾーン一覧

リーサルゾーンの相違を炸薬から探ってみるとシェルのマテリアルとデザインが同一であればコンポジッションBの方がTNTよりも10％高くなる。またデザインの効果も見逃せずM63とM63のスリム化を図ったM87やM87改を比べてみると後者の方が17.6％もリーサルゾーンが大きくなっている。M76とM87改のデータが示すように炸薬を爆速の高いものに替え、薬量を増やし、弾殻を薄くすればリーサルゾーンは32−34％も向上する。

■弾殻フラグメントの発生状況

■1915年のフランス軍の導入をきっかけに各軍がスチールヘルメットを採用しはじめた。イギリス軍兵士のヘルメット通称バトルボウラー（battle bowler）は縁の幅が広いのが特徴だ。これはシュラプネルのボールから顔や首を防御するためであった。

検証　第一次世界大戦

　第一次世界大戦以前の戦争、つまり青銅火砲やマスケット銃がメインウェポンであった頃のそれは敵軍同士がお互いを目視できる距離から戦火を交えていた————。いわゆる《直接攻撃（direct fire）》である。普墺戦争、普仏戦争から火砲は、ライフリングの効果により射程が伸び、マズルローダーからブリーチローダーへ切換ったことで発射サイクルも早くなった。19世紀終盤、ケミカル技術の発達にあわせ発射薬は黒色火薬から無煙火薬に代わり、砲弾の炸薬に爆薬が使用されるようになった。こうしたハード

面の進化にあわせてエイミング（照準）に関するノウハウも進歩すると敵の姿が見えないにもかかわらず正確な攻撃を仕掛ける《間接攻撃（indirect fire）》が当たり前のようになっていった。

　産業革命が生み出す最先端技術を駆使した軍隊同士の戦争がどのようなものになるかということをアメリカの南北戦争（1861－1865）はおぼろげながら予見させてくれた。それから約半世紀後、第一次世界大戦（1914－1918）で戦争の持つ残虐性がいよいよ発揮されることになり、戦争の様式も、敵の息の根を完全に止めない駆け引き的な戦争（制限戦争）から、敵（国家）を殲滅させる絶対的な戦争へと移っていった。

＊　　＊　　＊　　＊　　＊　　＊

数字で観る第一次世界大戦

　人類史上初の世界的規模の戦争である第一次世界大戦（World war I ,Great war）はイギリス、フランス、ロシア、イタリア、アメリカ、セルビア、日本から構成されたThe Allies（連合国）と　ドイツ、オーストリア・ハンガリー、オスマン、ブルガリアから成るThe Central Powers（同盟国）が1914年から1918年までの４年間をかけて戦った戦争である。死傷者数は一般市民も含め3700万名に及び、1600万名が死亡し2100万名が負傷した（この数字に戦争に起因する飢餓や疫病の蔓延は含まれていない）。死者の内訳は、軍人が970万名、市民は680万名となった。両陣営の死者は連合国軍で570万名、同盟国軍は400万名を数えた。アメリカを除いた参戦国では息子、父、兄弟など男の親族を失っていない家族はほとんどなく一家のうちすべての男性を失った家族もあった。

■第一次世界大戦では疫病による犠牲者数も無視できない。1918年から1919年にかけて全世界で猛威を振るったスペイン風邪により感染人口は6億名を数え死者は4000-5000万名に上った。発生源はアメリカの南東部とされ、1917年のアメリカ軍のヨーロッパ遠征とともに欧州全土に拡散した。当時戦争に関与しない中立の立場をとったスペインが伝染病情報の発信元であったためスペイン風邪と呼ばれるようになった。

大量殺戮兵器と新兵器

　第一次世界大戦を要約するとこれまでの兵器とは一線を画する大量殺戮兵器が全面的に投入された戦争であるといえよう。そのひとつがマシンガンである。いうまでもなく装填から発射までのサイクルを自動でこなす銃器の開発はまさに《軍人の夢》であった。1880年代と1890年代にハイラム・スティーブンス・マキシム（1840‐1916）やジョン・モーゼス・ブローニング（1855‐1926）らによって考案されたこれらは戦争直前まで改良が加えられ、戦場の常識をがらりと様変わりさせてしまった。進軍や突撃は絶え間ない弾幕の前では自殺行為に等しく、このため弾道よりも低い位置での移動を強いられたため長大な塹壕が掘り込まれ《塹壕戦：trench warfare》という戦術が第一次世界大戦のキーワードになった。マシンガンは４年間の戦争を通じライトマシンガン、サブマシンガンというスピンオフを生み出していった。

　大量殺戮兵器のもうひとつの主役は火砲である。火砲といっても産業革命の洗礼を受けたそれは青銅製マズルローダーとは別物であった。現代火砲の特長は、長距離から高い命中率を誇る連続砲撃である。たとえばフランス軍が先鞭をつけた75mm野戦砲はリコイルアブゾーバーを搭載しており、これまでの火砲の発射サイクルが１分間に１、２発であったものを15発にまで向上させた。発射薬が無煙火薬になったことで砲弾の発射速度は500m/secとなり、ライフルバレルから放たれる各種砲弾の有効射程はシュラプネルで７km、榴弾で９kmにまで達した。

　両軍が塹壕戦術に頼らざるを得なくなった最大の理由は《絶え間ない砲撃》であった。砲弾の消費量も並ではない――――。第一次世界大戦が始まる12年前にイギリスはオランダ系白人住民（ボーア）と南アフリカの植民地争奪を巡って戦火を交えていた。この戦争は第一次・第二次ボーア戦争と呼ばれ、２年半ほど続いた。この間にイギリス軍が消費した砲弾数は273,000発であった。ところが第一次世界大戦では戦争勃発から半年間で100万発を消費していた。1916年、激戦のひとつに数えられる《ソンムの戦い》が始まる一週間の間に125万発を、翌年の《パッシェンデールの会戦》では一日に２百万発を消費していた。こうした無制限砲撃は周囲の村落、森林をことごとく粉砕し、残された大地がさらに砲弾によって耕されるという状態であった。一説によればイギリス軍、フランス軍合わせて総計３億発、ドイツ軍は５億発を消費したといわれている。

■ベルギー西部が戦場となった《イープルの戦い》は激戦地の一つとして記憶されている。2014年3月、大戦終結から1世紀を経たにもかかわらず工場の建設現場で2名が不発弾により死亡した。イープルではまだ数千発の不発弾が地中に埋まっているといわれている。この地にかかわらず旧戦地では当時の不発弾による犠牲者が後を絶たない。

■第一次世界大戦における砲弾の消費量は各国政府の予想をはるかに上回っていた。1914年、《マルヌの戦い》で連合国軍は日露戦争（1904－1905）の全消費量にあたる砲弾を消費。1916年、ドイツ、イギリス、フランスの3軍合わせて70万名が死傷した《ベルダンの戦い》では総計2000万発以上、136万トンの砲弾が消費された。フランス軍は開戦からわずか1ヶ月で、ドイツは2ヶ月で備蓄砲弾の50％を使い果たしたとされる。

大量殺戮兵器と並んでこの大戦は新兵器の実験場でもあった。1915年、《イープルの戦い》で毒ガスがドイツ軍によって兵器として初めて採用され、イギリス、フランス軍もこれに倣い、両軍合わせて総量12万トンを放出した。上空では飛行船による偵察活動がおこなわれ、動力飛行の歴史が10年ほどしか経過していないにもかかわらず飛行機同士の空中戦がおこなわれた。特筆すべきは塹壕戦のクリンチ状態を打破するためイギリス軍が1916年の《ソンムの戦い》において戦車を投入したことだ。戦車や装甲車の登場は塹壕戦の膠着を打破し戦場の活性化を促すと同時にその後の戦術を大きく変えるきっかけとなった。

■致死性の高いジホスゲンやマスタードガスによる攻撃を受けた兵士は両軍で120万名、このうち9万2千名が中毒死した。ちなみにマスタードガスはイープルの地の名にちなみイペリットと呼ばれた。マスタードガスは糜爛性（ただれるという意味）を有し、皮膚や目、上気道の粘膜を冒す。暴露後3－6日後の死因は剥離、壊死した上気道粘膜への細菌感染による呼吸不全となる。

塹壕戦という戦術

　戦争勃発までの経緯に触れる――――。1914年、オーストリア・ハンガリーが、セルビア過激派による自国皇太子フランツ・フェルディナント（1863－1914）に対する暗殺テロ（サラエボ事件）の報復としてセルビア政府に宣戦を布告。ロシアやフランスがこれに反応し兵力を動員する。この機会を虎視眈々と狙っていたドイツが機は熟したとばかりにロシア、フランスに宣戦布告をする、といった雪だるま式に事態が一大事になっていった。

　当時、帝国主義を背景とした列強同士の緊張状態は一触即発であったことから《起こるべくして起きた戦争》ともいわれているが、開戦当初、誰しもがこの戦争は早く終結すると考えていた。なぜならば当時の戦争は、戦力を集中させあっというまに決着がつく、いわゆる短期決戦型が多くなっていたからである。第一次世界大戦が始まる50年前の各国軍隊の戦力バランスは均整がとれておらず産業革命が進んだ工業国が戦況を優位なものとしていた。クルップ社を有していたプロイセン（ドイツ）がその好例だ。しかし第一次世界大戦の頃になるとほとんどの軍隊が最新の軍備を一様に整えており、戦争が始まれば拮抗することは必至であった。

　拮抗は戦場の膠着（クリンチ）に繋がった。遠方からの正確な砲撃、射撃が可能になった戦場においては、特に開けた平地において敵に身をさらすことなど愚の骨頂であった。そこで重用されたのが塹壕戦術であった。塹壕戦は新しい戦術ではない。さすがにマスケット銃の時代にはないが、ミニエーボールとブリーチローダー砲の導入がはじまった南北戦争あたりから徐々に浸透しはじめた（正確に言えば塹壕戦術を採用せざるを得なくなった）。塹壕とは飛んでくる敵弾よりも低い位置に自分の身を置くために地面を掘り下げてつくる掩蔽壕（えんぺいごう）のことである。兵士の活動時間は戦闘よりも塹壕の掘進に費やされ、丈夫なスコップが銃よりも重宝がられた。

　塹壕戦の典型は、まず敵軍の塹壕の主要箇所（おもにマシンガンポスト）を砲撃する。つぎに壊滅したとの推測の元、司令官の号令を受け、兵士らが塹壕から飛び出し、徒歩で真っ向からの突撃を試みる。しかし敵のマシンガンの掃射によってなぎ倒される――――これを両軍が決め手もないままに繰り返していた。戦車も悪名高い毒ガス兵器も、こうした持久戦の膠着を打破するために考案されたものだった。

■第一次世界大戦はその国が持てる国力のすべてをつぎ込む《総力戦（total war）》となった。鉄の消費量は兵士１名につき約３ｔと見積もられ鉄鉱産業や軍需産業が大いに沸いた。1916年にはイギリスの全男性従業員の61％が軍需品にかかわる産業に従事していた。1916年11月時点のウールウィッチ王立兵器工場で働く女性は100名足らずであったが翌年には30000名にまで増員されていた。

マシンガン vs. 百兵戦術

　砲撃の犠牲者（爆創）に次いで多かったのは銃撃（銃創）によるものであった。当時の軍用銃と同じ飛距離と運動エネルギーを有する弾丸を高サイクルで無尽蔵（もちろん弾が尽きるまで）に発射するマシンガンの前では、かつて最高の戦術と評価された密集隊形による進軍は自殺行為以外のなにものでもなかった。

　手動に頼らず自動的に装填と排莢をおこなうマシンガンはアメリカ人発明家ハイラム・スティーブンス・マキシム（1840－1916）によって1883年に開発された。完成したマシンガンは開発者の名にちなみマキシムガンと呼ばれ、同盟国軍、連合国軍の両軍が独自の改良を施し制式採用とした。

　発明家ハイラム・マキシムについて触れておこう―――。彼は軍関係者ではない。民間人だが生来の発明家であった。小さいものではネズミ捕り機にはじまり、スプリンクラー、ガス灯、大きいものでは航空機と、発明に関してはジャンルを問わなかった。かのエジソンとも電球のパテントを巡って争奪戦を繰り広げ、パテントホルダーになり損ねたのが原因でイギリスへ移住した。この失意のイギリス時代に転機が訪れる。ウィーンで出会った同郷ビジネスマンのアドバイス、《化学だの電気だのといったものは、もうやめたらどうだい。でっかく儲けたいのならば殺し合いが大好きなヨーロッパ連中にもっと効率の良い道具を作ってあげるといい》、が彼をマシンガン開発にのめりこませた。

　かくして完成したマキシムガンは、イギリス軍に納品され先のアフリカでの植民地戦で原住民に対して目覚ましい成果を上げ、現代戦争において欠くことができない絶対的兵器になった。にもかかわらず本国の古い体質の軍人（特に軍幹部）はこの真価を黙殺しようとした。人殺しの目的の達成には申し分の無い兵器を、申し分が無いがゆえに受け入れることができなかったのだ。

植民地戦で証明されたマシンガンの圧倒的な殺傷力は、軍人の勝利ではなく《機械装置》の勝利であった。マキシムガンの発射サイクルは600発/分間である――――。マスケットの時代の銃口から弾を込めるという煩わしい一連の作業さえ懐かしく思えるほどであった。

■帝国主義に基づく植民地政策を推進するイギリス軍は原住民の制圧にマキシムガンを投入した。アフリカ南部で発生した植民地暴動、第一次マタベリ戦争（1893－18949）では4挺のマキシムガンで5000名ものマタベリ族戦士を殺傷させた。

　戦場には兵器の完成度以上に兵士一人一人のパッションとスピリッツが求められた。むしろ兵器は未完の方が、軍幹部にとっては都合がよかった。因習的で頑強な体質の軍人は、戦場の主役は武器ではなく究極、突撃に代表される兵士の精神力なのだ！と説く。こうした意味から馬にまたがり突撃を旨とした騎兵はまさに戦場の花形であった。しかしマシンガンの前では恰好の《標的（まと）》に過ぎない。グスタフ2世・アドルフ、フリードリッヒ大王、ナポレオンなどが完成させた密集隊形もしかりだ。個々の武勇、軍人の誉れといった精神論的なものはマシンガンの前では何の意味も持たなくなった。
　実際、第一次世界大戦開戦時はマスケット銃の時代の銃剣突撃が理想の姿として崇められていた節がある。しかし、砲撃に耐え、弾幕を掻い潜り、敵陣へ突進する、といった刀剣類を用いた白兵戦術を現代の戦場に持ち込むこと自体がナンセンスであった。戦争と全く関係のない発明家や医者といった民間人が金儲けのためにその他の発明品のひとつとして考案した仕掛け（マシンガン）が、古代から引き継がれてきた誉れ高い軍人の栄光を脅かす存在になったのだ。

第一次世界大戦前の世界情勢

　19世紀後半よりアメリカやイギリスをはじめとするヨーロッパ諸国は《列強（the great powers）》と呼ばれ、軍事力を背景に他の民族や国家を支配下に治める《帝国主義（imperialism）》に基づく政策を積極的に推し進めており、自国の利益のためであれば侵略をも正当化された。
　アメリカは1898年の米西戦争での勝利をきっかけに一気に国際社会での

プレゼンスを高めていたものの産業革命の恩恵をいち早く受けカナダ、オーストリア、インド、香港など広大な植民地を手に入れたイギリスが事実上、世界の覇者として君臨していた。産業革命の波に乗り遅れたフランス、ドイツは遅ればせながら工業国としての地位を着々と築きつつあり、イギリスを筆頭にイタリアやベルギー、ポルトガル、スペインといった国々は、アフリカ大陸の領土と支配権を巡り火花を散らしていた。一方、東欧に目をやるとオーストリア・ハンガリー帝国とロシア、オスマン帝国がバルカン諸国に対する影響力を競い合っていた————。

1）三国同盟vs.三国協商

　こうした中、列強各国は敵国を牽制するため、お互いが疑心暗鬼のまま同盟関係を結ぼうとしていた。普墺戦争、普仏戦争を通じ1871年、悲願の統一をなし得たドイツは1900年代にはいるとアメリカ、イギリスに次ぐ工業大国の地位に登りつめていた。卓越した軍事力を背景にヨーロッパ列強の中でその存在感を高めつつありイギリスの覇権を脅かす存在になっていた。1882年にはドイツがかつてのライバル国オーストリア・ハンガリーと、1861年に国家統一を実現させたイタリアと《三国同盟：Triple Alliance》を結んだ。

　ドイツは同時期にトルコ進出を画策しイギリスと対立していた。ドイツに対する感情はフランス、ロシアも同様であった。普仏戦争での遺恨が根強いフランスはことごとくドイツを敵視し1905年と1911年にはモロッコの領有権を巡り一悶着を起こしたばかりであった（モロッコ事件）。日露戦争（1904－1905）に敗れ極東進出を諦めたロシアは汎スラブ主義を掲げ、バルカン諸国におけるプレゼンスを強化する政策にシフトし、汎ゲルマン主義を標榜するドイツ、オーストリア・ハンガリーに敵愾心を燃やしていた。

　三者三様の思惑の中、イギリス主導の元、1904年にフランスと英仏協商を、続いて1907年にロシアと英露協商を

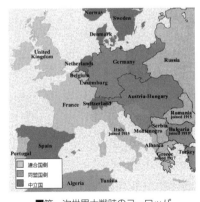

■第一次世界大戦時のヨーロッパ

締結した。イギリスはヨーロッパ内でドイツを孤立させようとしていた。このイギリスをハブとしたフランス、ロシアとの関係を《三国協商：Triple Entente》という。

　対立の構図はそのまま第一次世界大戦に引き継がれていった。三国同盟側はオスマン、ブルガリアと《中央同盟国》という関係を築き第一次世界大戦時は《同盟国軍》に引き入れた。一方三国協商側は大戦時にアメリカ、セルビア、イタリア、日本を取り込み《連合国軍》として対抗した。

■ 三国同盟の構成国であるイタリアはもともとオーストリアと領土を巡り対立していた。同盟締結後も、1902年にフランスと仏伊協商を結ぶなど政治的に綱渡りの状態であったが、《ロンドン密約》の締結を機に1915年、三国同盟を破棄し連合国軍に寝返った。

バルカン半島事情

　三国同盟vs.三国協商の対立構図とは別にバルカン半島ではバルカン戦争（1912-1913）以来、イギリス、ドイツ、ロシアなど列強の思惑がない交ぜになりまさに一触即発の状態にあった。

1）バルカン戦争

　バルカン戦争とは二つの戦争に分けられる。まず汎スラブ主義のもとにロシアの支援得たギリシャ、ブルガリア、モンテネグロ、セルビアのバルカン同盟国と、オーストリア・ハンガリー（汎ゲルマン主義）が支援したかつての強国オスマン帝国との間で第一次バルカン戦争が勃発した。この戦争ではバルカン同盟軍が勝利を収めた。その後領土分割を巡りブルガリアがバルカン同盟を脱退。ブルガリア対ギリシャ、セルビア、モンテネグロ、ルーマニア、オスマン帝国から構成される連合軍との戦闘が始まった、これが第二次バルカン戦争で、この戦争では、第一次バルカン戦争でオスマン帝国を援助したオーストリアがブルガリアの支援にまわったものの連合軍側が勝利した。敗戦国ブルガリアが、これを機にドイツ、オーストリア・ハンガリーに接近し始めたことからイギリスが懸念していたドイツの本格的なバルカン半島進出がいよいよ現実味を帯びてきたのであった。

2）３Ｃ政策と３Ｂ政策

　三国同盟vs.三国協商、汎スラブ主義vs.汎ゲルマン主義————第一次世界大戦の火種はもう一つあった。三国協商の雄であるイギリスは植民地カイロ、ケープタウン、カルカッタ（コルカタ）の頭文字をとった３Ｃ政策をすでに確立させていた（三点を結ぶとトライアングルになる）。一方三国同盟を主導するドイツはベルリン・バグダード・ビザンチウム（イスタンブール）の３都市を鉄道で結ぶという３Ｂ政策を推進するべく、バルカン戦争の戦況をうかがっていた。第二次バルカン戦争で敗退したブルガリアが三国同盟側に接近したことはバルカン半島進出を狙うドイツにとって千載一遇のチャンスであった。イギリスはこれを何とか阻止しようと武力行使も辞さない構えであった。

戦況の経過

　ヨーロッパはいつ戦争が起きてもおかしくない状況にあり、最も緊張していたのがバルカン半島情勢であった。1914年６月、オーストリア皇太子がボスニア・ヘルツェゴビナ共和国の首都サラエボでセルビア人テロリストにより暗殺されたのをきっかけに、オーストリア・ハンガリーはセルビア（汎スラブ主義国）に宣戦布告を行う。バルカン諸国に深く関与しているロシアはオーストリアのこうした動きに敏感に反応し、オーストリアを牽制する目的で国家総動員令を発した。

■オーストリア、広義ではハプスブルク君主国は1804年から1867年までオーストリア帝国、1867年から第一次世界大戦が終息する1918年までオーストリア・ハンガリー帝国と呼ばれていた。

　先述の通りドイツとオーストリア・ハンガリーは三国同盟、一方のロシアはイギリス、フランスと三国協商の間柄であった。先に動いたのはドイツで、ロシアとフランスに宣戦を布告。イギリスが応酬しドイツに宣戦布告————。ヨーロッパを舞台とした世界的規模の戦争がこれを機に始まり、戦線はドイツを中心に据え東西に分かれオーストリア・ハンガリーを中心とした対ロシアの戦線を東部戦線、他方のフランス側の戦線を西部戦線と呼んだ。

1914年	ドイツ、フランスとロシアに対して宣戦を布告しベルギーに侵攻。これを受けイギリスもドイツに宣戦布告。日英同盟にならい日本も連合国軍として参戦。 ドイツの局所的な勝利が続く（マルヌ会戦、タンネンベルクの戦い）本格的な塹壕戦がはじまり、両陣営が膠着状態に陥る。 オスマントルコが同盟国陣営に参入。
1915年	イープルの戦いで毒ガス兵器が使用される。イタリアが連合国側に加担したことで三国同盟が事実上解消される。第二次バルカン戦争で敗北したブルガリアがドイツ、オーストリアと合流しバルカン諸国を制圧する。
1916年	フランスのベルダン要塞の攻防戦であるベルダンの戦いが始まる。ソンムの戦いでは戦車が投入（どちらの会戦も決着がつかなかった）。ルーマニアが連合国側として参戦するも同盟国軍の優勢が続く。
1917年	ロシアで二度の革命が起き戦線から離脱（ロシア革命）。ドイツ軍の無制限潜水艦作戦により中立を表明していたアメリカがドイツに宣戦布告。
1918年	ドイツ軍が西部戦線に全力を傾けるものの5回に及ぶ総攻撃は失敗に終わる。ブルガリア、オスマン、オーストリア・ハンガリーが次々と降伏。厭戦ムードが最高潮に達したドイツ国内で革命が起き、ドイツ社会民主党の成立とともに帝国制度が崩壊する。
1919年	ベルサイユ条約調印。領土分割、軍備制限、多額の賠償金の支払いなどの制裁がドイツに課せられた。

　ドイツが事実上、降伏すると世界の構図はベルサイユ条約に基づく第一次大戦後のヨーロッパの新秩序であるベルサイユ体制へと再編成される。1920年にはアメリカの主唱で世界平和の確保と国際協調を目的とした諸国家の団体、国際連盟（League of Nations）が創設される。イギリスをはじめとするヨーロッパの諸国は戦争の後遺症で経済、国力が疲弊しきっており、他国の動き、なかんずくドイツの動きに目を光らせるほどの余裕がなかった。

　ドイツは帝国崩壊後、1919年に成立したワイマール共和国へと体制を一新させていったが、ベルサイユ条約が定めた諸々の制裁により民族の誇りを傷つけられたドイツ国民の怒りが鬱積し、これがナチス（国家社会主義ドイツ労働者党）の躍進につながっていった。

■第一次世界大戦によって四つの帝国が消滅したことになる―――。大戦最中の1917年、ロシア革命によってロシア帝国（帝政ロシア）が崩壊し、敗戦した同盟国軍でも1918年のオーストリア・ハンガリー帝国を筆頭に、1919年にドイツ帝国が、1922年にはオスマン帝国が解体された。

第一次世界大戦の軍創とその治療

　普墺戦争（1866）、普仏戦争（1870‐1871）など南北戦争以降の銃器や火砲は、それまでのものとは比較にならぬほど殺傷力が増していた。ライフリングの普及による飛距離と命中率の向上、それに加えブリーチローダーシステムが確立されたことで発射サイクルは飛躍的に改善された。第一次世界大戦を迎える頃には、マスケット銃や青銅砲といったどことなく牧歌的風情を漂わせた武器は完全に淘汰されていった。

　1840年代中盤以降、軍創治療の面でもこれまでは拷問と紙一重であった医療現場に麻酔が導入され南北戦争の頃にはアンピュテーションの激痛もある程度まで許容できるものとなった。しかしヨーロッパの医療現場では一般常識になりつつあった消毒殺菌の分野でアメリカは立ち遅れていた。これが励行されだしたのは皮肉にも南北戦争が終結してからであった。その後ドイツの細菌学者ロベルト・コッホやフランスのルイ・パスツールの功績が認められ感染や化膿の原因が微生物によるものであることが判明する―――。

　なお、このセクションにある専門用語の解説と、その関連知識として後のセクション、《最新銃創学概説》を併読されたい。

＊　＊　＊　＊　＊　＊

第一次世界大戦の銃創

　紙であろうと布であろうと弾丸（ブレット：bullet）と発射薬（パウダー：powder）が容器（ケース：case）によって一体化したものを《カートリッジ：cartridge》と呼ぶ。真鍮ケースでできたメタルカートリッジ（センタ

ーファイヤー方式）の普及はベルダンやボクサーといったプライマーが考案される1860年代後半以降のことである。

第一次世界大戦の頃には西欧列強の装備するライフルカートリッジの発射薬は黒色火薬からスモークレスパウダー（無煙火薬）に完全に移行していた。スモークレスパウダー（無煙火薬）は1884年、フランスの化学者ポール・ヴェイユ（1854－1934）によって開発された火薬で黒色火薬と同じ薬量で３倍のエネルギーをブレット（弾丸）に付与し、黒色火薬につきものの発射時に伴う白煙や燃焼残渣の発生を極力抑えることに成功した。

弾丸もパウダー同様、ボールの時代を完全に脱却し、ミニエーボールを踏襲した頭部が尖頭アーチを描くブレット（ラウンドノーズ）に完全に切換わっていた。このほかにスモークレスパウダー誕生とほぼ同時期の1883年、スイス軍のエデュアルド・ルビン少佐（生没年不明）が弾丸にカッパージャケット（銅）を被せるというアイディアを考案し、これがフルメタルジャケットブレットの先駆けとなった。エネルギーの大きいスモークレスパウダーによるレッド（鉛）の溶解やバレル内部への付着防止の目的でも弾丸のジャケッティドは必然であった。

1）米西戦争とメタルジャケットブレット

米西戦争（1898）とはアメリカとスペインがキューバの独立を巡って戦った戦争で、両軍兵士がフルメタルジャケットブレットを撃ち合った最初の戦争としても記憶されている。フルメタルジャケットブレットは、そもそもミニエーボールのような酷い銃創（鉛の飛散や鉛の変形による）を負わせないようにとの人道的配慮から考案されたものであった。しかし実際は違っていた――――。ジャケット処理により鉛毒は軽減されたものの頑丈な弾丸はかえってミニエーボールよりも重い銃創を負わせることになってしまった。

2）スピッツアーブレットの登場

尖頭がのっぺりとした丸い形状の飛翔体と、鋭角に尖った飛翔体とでは後者の方が、空気抵抗が少ないことが判る。弾丸の場合、空気抵抗が減れば飛距離アップはもとより速度が増すことで運動エネルギー（殺傷力）も増強することから、スタイルこそが最も重要な要素となる。空気力学を追求すればおのずと飛翔体の形状は流線型になる――――。そこで考案されたのがスピッツアー（spitzer）ブレットであった。spitzerとはドイツ語で《先

の尖った》を意味するspizgeschossが英語化したものである。

　スピッツアーブレットの有効射程（殺傷力を維持する距離）は800－1000m範囲に及ぶ。大戦中の軍用ライフルやマシンガンにはスピッツアーブレットが使われていたことを理解すれば、塹壕から飛び出し突撃を試みるという行為がいかに無謀であるかが判るであろう。

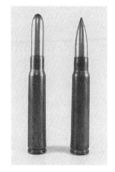

■ラウンドノーズブレットと
スピッツアーブレット

3）弾丸の小口径化

　スモークレスパウダーが開発されたことでブレット（弾丸）は鉛のコアをスチール、カッパー、ニッケル、ニッケルシルバーのジャケットで被覆（完全被服とボトムのみを解放した）したジャケッティドブレット（いわゆるフルメタルジャケット）となり、形状はラウンドノーズもしくはセミワッドカッタースタイルからスピッツアー（先端が尖った）タイプへと変貌を遂げると同時に、これまでの11mm（フランスのグラスM1874ライフル）や11.43mm（イギリスのマルティーニヘンリーライフル）といった大口径から8mm（フランスのルベルM1886ライフル）や7〜6.5mmなどの小口径へとシフトしていった。

　大口径の重いブレットを高速で撃ち出せば、リコイルは強くなる。ブレットの小口径化はイギリスのコルダイトのようなより洗練されたスモークレスパウダーの導入により当然の帰結ともいえた。小口径化はブレットの軽量化に繋がり従前の平均的な弾丸の重量であった25gから15g、12.5gを経て10g（ドイツ軍マウザーブレット）にまで軽量

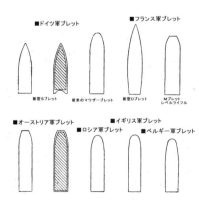

■ドイツ軍ブレット　　　　　■フランス軍ブレット

新型Sブレット　従来のマウザーブレット　　新型Dブレット　　Mブレット
　　　　　　　　　　　　　　　　　　　　　　　レベルライフル

■オーストリア軍ブレット　■イギリス軍ブレット
　　　　　　　　　　■ロシア軍ブレット　■ベルギー軍ブレット

■第一次世界大戦交戦国の各種ブレット
重量10gを切ったのはドイツ軍のSブレットだけだ

化が進んだ。第一次世界大戦参戦国の軍用ライフルの口径はドイツが7mm、フランスが8mm、オーストリアが7.9mm、ロシアが7.6mmイギリスが7.7mm、ベルギーが7.6mm、そして6.5mmが日本だ。

　ドイツ軍の設計した《Sブレット》は鉛のコアをニッケルジャケットで覆ったスピッツァーブレットである。1893年に開発されたオリジナルカートリッジ（7mmマウザー：7mm×57mm）に詰め込まれたブレットはラウンドノーズであったがスピッツァータイプになったことで重量は10gを切った。

4）ルベルライフルとボールD

　1887年のピクリン酸系炸薬メリナイトの採用でも先鞭をつけたように、黒色火薬に代替する発射薬として1884年に開発されたばかりの無煙火薬（スモークレスパウダー）をいち早くカートリッジに取り入れ、それを使うライフルを最初に制式採用したのもフランス軍であった。このニコラス・ルベル大佐（1838-1891）が開発した新カートリッジと軍用ライフルは大佐の名前にちなみカートリッジは《8mmルベル（8mm×50mmR）》、ライフルは《ルベルM1886》と命名された。1898年、8mmルベル用に開発されたスピッツァーブレット《Dブレット：ボールD》はドイツ軍のSブレット（28mm）よりもサイズが大きく重量も12.8gとなっている。Dブレットは全長が39mmあり、マテリアルが真鍮の一体構造でボトムにもテーパーがかけられている。Dブレットは世界初のボートテールブレットとしても知られている。

　他国の軍用ライフルが装填方法を見直し、ストリッパークリップを介したインナーマガジン方式に切り替えていたのに対してルベルはレバーアクションライフルでおなじみのチュブラーマガジン方式を一貫して採用し続けた。常識ではチュブラーマガジン（チューブ式）にスピッツァーブレットの装填は暴発の可能性（前のカートリッジのプライマーを後ろのブレットの先端が突く）があるため禁物であるがルベルはプライマーを二重構造にすることでこれに対処した。

5）殺傷力の向上

　当時、0〜100mを近距離、500mまでを短距離、500〜800m、1000mを中距離、長距離は1000m以上とみなされスピッツァー＋スモークレスパウ

ダーの組み合わせにより500mまでの弾道はほぼフラットであることが確認されていた。

　ボールDは軽量化とデザイン変更により前身にあたるボールM（フラットノーズ）に比べすべての数値が格段に向上した。スピッツアーブレットはラウンドノーズやセミワッドカッターブレットにくらべ断面積による空気抵抗が少なく、しかも重量が軽いことから速度と飛距離が伸びることは容易に理解できる。ボールDはドイツのSブレットよりも大きいがテイルの形状に工夫を凝らしたことでブレットのポテンシャルを引き出すことに成功した。

	ブレット重量(g)	m/sec	最大飛距離(m)	エネルギー(J)
ボールM	15	610	3150	2790
ボールD	12.8	700	4050	3136

※）人体の無力化に繋がる銃創は78J（8kgf/m）以上から

　殺傷力を表す単位として運動エネルギー（Ｊ：ジュール）が用いられる。当時の軍医も銃創の程度は《KE=1/2wv²》で算出される運動エネルギーの数値を目安にしていた。現代の5.56mmNATOに代表されるさらに軽量化と小口径化を進めたブレットは体内に侵入すると破砕（ラプチャー）を起こすことで銃創を形成する（ブレットのデザインは勿論、スピッツアータイプ）。

　現代の小口径ブレットは自身の生み出す高速に耐えられない。これらに比べれば重く、堅牢な当時のスピッツアーブレットは勝手が違う。破砕の代わりに人体衝突後に激しい偏揺（yawing：尻振り現象）を起こすのだ。これにより500m以内（至近距離は除く）で撃たれた場合、偏揺からタンブリング（回転）を起こし、この時に人体組織にブレットの運動エネルギーがあますことなく伝達される。骨に衝突すれば粉砕骨折を促し、骨片が《第２ブレット》になることで銃創はさらに酷くなる————この現象は当時《爆裂効果（explosive effects）》と呼ばれていた。

　銃創と銃撃距離の相関はこのようになる————。

0〜500m以内	爆裂領域
500〜2000m以内	貫通領域
2000m以上	挫傷領域

※Sブレットは2000mの離隔でも近接する人体2名を貫通することができるといわれた

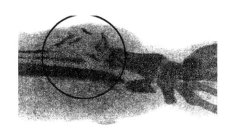

■Sブレットにより尺骨、とう骨が粉砕した

　対象となる人体組織の構造の違いによっても銃創の程度は変化する。弾性に乏しい脳や肝臓は弾丸のエネルギーをまともに受け壊滅する。一定の弾性を維持する膀胱や腸、胃、胆嚢は限界を超えると裂け、時には破裂する。筋肉や筋膜、腱は弾性に富んでいるので銃撃距離が500〜1000m以上であれば銃創は局所的になり、弾丸径に等しい貫通銃創と挫傷を形成する。

6) S vs. D

　第一次世界大戦時、スピッツアーブレットはリコシェ（跳弾）を起こしやすいと考えられていた。リコシェとなったブレットは先端からプスッと侵入するのではなく側面から人体にバチンと《叩き付けられる》ようになることから射入口がイレギュラーな形状となり創傷への異物混入の確率が高くなる。リコシェによる弾丸の変形は重度の銃創を形成する————鉛ブレットならば450m/sec以上で、ジャケッティドブレットならば750m/sec以上から変形が著しく、後者はコアとジャケットフラグメントが分離することにより複数の銃創を形成する。この傾向はオールブラス（真鍮）製のボールDよりもSブレットの方が顕著である。

　ドイツ軍はSブレットの実戦投入にあたり《人道的な弾丸》と宣伝した。これは詭弁である。第一次世界大戦の軍医療関係者の中には先端が尖ったSブレットもボールDもその形状から、なかんずくSブレットに関しては7

mmという小口径から《銃創は人体に孔が開く程度》と間違った解釈をする者がいた。ブレット径にひとしい貫通銃創は弾力に富む組織への遠距離銃撃にのみにあてはまることで、多くの場合、スピッツアーブレットは体内で《もんどりを打って》いる（偏揺とタンブリング）。そもそも兵器に人道的も非人道的もないわけだが、あえて言うのならば8mmで長大、かつブラス一体構造のボールDの方がSブレットよりも銃創の程度が軽度であったはずだ。

ダムダムブレットとスピッツアーブレット

　1899年、オランダのハーグでおこなわれた第一回万国平和会議の中で採択されたハーグ陸戦条約は国と国とがおこなう戦争に関する交戦規定を定めたものだ。内容は戦闘員、非戦闘員の定義にはじまり、捕虜や傷病兵の待遇や休戦、降伏の定義、非人道的兵器の制限にまで及んでいる。時代とともにハーグ条約の精神は形骸化し昨今のゲリラ戦や対テロ戦争にはまったくそぐわない内容となっている。そのハーグ陸戦条約で使用が制限された兵器の中に、ダムダムという名のブレットも含まれていた。

1）ダムダムブレットの特徴

《ダムダム（dumdum）》はイギリス軍がインドのカルカッタで運営していたダムダム造兵廠において1897年から生産がはじまった。現代でいうところの一部鉛が露出したブレット、ソフトポイントもしくはハローポイントタイプのものを想像すればよい。ダムダムはコアである鉛が体内で飛び散ったり、ブレットがマッシュルーミングを起こしたりすることから捕虜がこれをもっていた場合、その場で処刑しても構わないとまでいわしめた悪名高いブレットだ。

　前述のように弾丸のジャケッティド加工は鉛コアがスモークレスパウダーの高出力に耐えうるための対策であった。これにより不慮の変形やバレル内部への鉛の付着が無くなったが、肝心な殺傷力が低下してしまったのだ。やわらかい鉛を採用した従来のオールレッドブレット（すべてが鉛製）は体内での変形が著しかった。

　スモークレスパウダー対策と殺傷力の両方を兼ね備えるべく設計されたのがダムダムブレットなのだ。イギリス軍はまず自国のカートリッジ、.303ブリティッシュ（7.7mm×56mmR）のフルメタルジャケットブレ

ット（通称マークⅠ）のジャケット先端だけをはがし鉛を露出させたソフト
ポイントを、つぎにボトムのみを露出させ（マークⅡ）、さらにここに孔を
穿ったハローポイントを開発した。一連のダムダムブレットはハーグ陸戦
条約締結直前の1899年まで（マークⅤまで）造られた。マークⅡブレットは
ボトムを除いて実質フルメタルジャケットであったため、兵士らは自分た
ちで先端のジャケットを剥がし即席ダムダムブレットをこしらえていた。

2）ダムダムの代替

　1898年、ドイツの提訴によりダムダムブレットの使用が禁止になると各
軍はフルメタルジャケットブレットをベースとした殺傷力upの研究──
──小口径化、軽量、マテリアルの選定とブレットの構造など、に躍起と
なった。その結果、Ｓブレットのような偏揺、タンブリングによってダム
ダムブレットの殺傷力に遜色のないキラーブレットが誕生することになる。
イギリス軍も1905年にスピッツアーブレット（マークⅦ）を開発する。この
ブレットはコアに鉛以外のマテリアルを使い重心が常に後方にあるため人
体衝突時の偏揺が著しく大きかった。

■第一次世界大戦でアメリカ軍はショットガンをトレンチガン（塹壕銃：
　trench gun）として制式採用した。ショットガンはヨーロッパでは《動物
　を撃つ銃》という先入観が強く、対人使用に関して抵抗を感じていた。
　変形し易い鉛のペレットを無差別にばらまくという点でも反発を買って
　いた。ショットガンの使用をハーグ陸戦条約に抵触していると提訴した
　のは毒ガス兵器を最初に導入したドイツ軍であった。

第一次世界大戦の爆創

　砲弾は，要塞などの軍施設や塹壕、または戦艦等に対する破壊力を重視
した対物砲弾と対人の殺傷力に特化した対人砲弾の２種類とに分けること
ができる。通常、対物砲弾の信管は着発タイプで、対人砲弾には時限信管
が用いられる。
　殺傷力は敵兵と砲弾が炸裂する際の離隔（高さ）により左右される。離隔
が短ければ（適正であれば）、弾殻フラグメントの飛散範囲は狭いものの密
度が高くなる。高密度はイコール高殺傷力を意味する。離隔が高すぎると
フラグメントの飛散は広範囲に及ぶが、密度が低くなるため殺傷力は低下

する。このタイミングを制御するのが信管(fuze)の役目である。第一次世界大戦時の砲弾の直径は75〜77mmが一般的で主に1)榴弾(HE弾：ハイエクスプロージブス)と2)シュラプネル(榴散弾)、3)ユニバーサル(榴弾、榴散弾の用途を満たす)の3種類が使われた。

1）榴弾

　榴弾は、英語でハイエクスプロージブス(HE弾)と呼ばれ、名が示す通り炸薬に爆薬(high explosives)が使われている。弾殻はスチールまたはキャストアイロンでできておりシュラプネルに比べると肉厚になっている。

　弾頭内部のキャビティーに仕込まれた炸薬により弾殻をフラグメント化させる。フラグメントの発生に必要不可欠な《炸薬》や《起爆薬》は第一次世界大戦前に開発された。1853年に合成されたジアゾジニトロフェノールや1863年のTNT、1877年のテトリル、1885年のピクリン酸、1891年のPETN、1899年にはRDX、1914年にはトリシネートなどがあり、このうち炸薬として最も使われたのがピクリン酸である。

　榴弾の殺傷力は爆風や衝撃波に負うものではなく弾殻フラグメントによって決まる。フラグメントのサイズであるが、一般的に長さが1〜1.5cm程度、重量は100〜300gあたりになる。大きいものでは胡桃からえんどう豆ぐらいになる。フラグメントのサイズや飛散範囲、速度は炸薬の量でコントロールし、装薬量は通常150gから大きいものでは800gになる。フラグメント爆創はそのイレギュラーな形状から、組織を《大きく抉る》ような創傷を形成する。一人につき6〜10箇所以上の創傷を負うことも珍しくない。また銃創と違いほとんどが盲管状態になり、感染源となる衣類の繊維や異物の混入が大きいのが特徴だ。イレギュラーな形状であるため重く大きな破片であれば速度減衰が速く、貫通力の点ではライフルブレットの約半分と見積もられている。したがって近距離でなければヘルメット、雑嚢、シャベルでの防御が可能になる(フランス兵は砲撃の間、ナップサックで頭部や頚部を覆い両手は完全にフリーにしていた)。

2）シュラプネル（榴散弾）

　シュラプネルが実戦に初めて投入されたのは1804年のことで、オリジナルはイギリス軍砲兵部隊の少佐だったヘンリー・シュラプネル(1761－1842)によって考案された。前方に向かってマスケットボール(散弾)を浴びせ掛けるのが特徴で、この手の榴散弾は考案者の名にちなみ《シュラプ

ネル《shrapnel》と呼ばれるようになった。

　シュラプネルには、散弾(直径10〜16mm)をダウンレンジで撃ち出せば
よいことから球形だったオリジナルシュラプネルの時代から砲弾タイプに
スタイルを変えても黒色火薬が使われていた。榴弾と違いフラグメント効
果を狙ったものではないため弾殻は薄く作られている。フランス軍の
75mm砲弾には重量12gのペレットが290個、ドイツ軍の77mm砲弾には10g
のものが300個詰められていた。これは300挺近いマスケットが近距離から
一斉に発射された状態とほぼ同じである。ペレットはほとんどが盲管銃創
となり薄い弾殻はナイフのように飛散した。

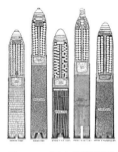
■シュラプネル(榴散弾)砲弾

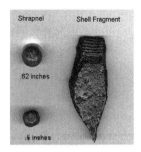
■シュラプネルと弾殻フラグメント

戦場医療の現実

　第一次世界大戦(1914-1918)が勃発する以前、局所的な紛争や内戦は別
としてヨーロッパにおける大規模戦争といえば普墺戦争(1866)、普仏戦争
(1870-1871)があり、アメリカは米西戦争(1898)、米比戦争(1899-
1913)を、日本は日清戦争(1894-1895)、日露戦争(1904-1905)を経験し
た。この間、医学界では細菌学の研究が進み医療現場において消毒や滅菌
が絶対条件であることがあまねく知れ渡ったほかに、血清療法やレントゲ
ン撮影、輸血、デブリードマン(創面切除:debridement)といった新しい
治療法が次々と考案されていった。

■アメリカ軍が、ロベルト・コッホ(細菌学)の成果や滅菌消毒の必要性を
　説いたジョセフ・リスターの実践を導入したのは1898年、スペインと
　キューバの解放を巡って争った米西戦争からであった。この頃にはすで
　に両軍がライフルを装備しており、銃創の程度は甚だ高かった。しかし

輸液や滅菌消毒の励行により（医療用グラブやマスクの着用は無かったが）、致死率は南北戦争時と比較して格段に下がった。銃創を負った1320名のうち、アンピュテーションをしたケースは29件しかなかった。

第一次世界大戦時の戦場医療の現実を連合国軍側から探ってみる————

1）イギリス軍の場合

　1914年、イギリス軍は参戦と同時に医療部隊を編成した。この時、負傷者数は16万名と推測された。軍関係者も国民もこの戦争が4年もの長きにわたるとは夢にも思わなかった————。最終的にイギリス軍は500万名の兵員を投入し、死者は88万名を超えた。これは一日に平均して500名の兵士が戦場で命を落とした計算になる。この数字の中にはマラリアやチフスなどの疫病や風土病によるものも含まれており、メソポタミアの戦線での犠牲者の50％以上は疫病によるものだった。

　当然ながら当時、抗生物質はまだ発見されておらず傷口はほぼ100％の確率で汚染されていたので受傷直後ではなく治療中に感染症で死亡するケースが多かった。

　負傷者はまず塹壕内に設けられた応急救護所で看護兵の手当てを受ける。手当てといっても消毒薬アクリフラビンを浸したガーゼで傷口を覆い、包帯でドレッシングする程度であった。つぎに戦線後方にある負傷者収容所（いわゆる野戦病院）に運ばれ四肢銃撃などの軽微な軍創を負った者はここで手術を受けることになった。手術中の苦痛はプロカイン系の局所麻酔剤で緩和させるしかなかった。野戦病院には廃工場や崩れた教会など一応雨風を防げる程度の建造物が指定された。重傷者はここからさらに遠方にある基地病院に移され長期の療養が必要な場合、母国に送還された。幸いにも第一次世界大戦においてもアンリー・デュナン（1928-1910）の提唱した《国籍にとらわれない負傷者の救済》が実践され、正規の医療部隊の任務を補完するためイギリス赤十字社によるボランタリー救護部隊が活躍した。

　軍創は当初軍用ライフルやマシンガンの弾丸（ブレット）による銃創が多かったが、戦闘が激しくなるにつれ砲弾フラグメントを含む爆創に占められるようになった。榴弾やシュラプネル、手榴弾による爆創は軍創の約60％を占めるようになり、銃剣による切創、刺創は0.3％しかなかった。間接的ながら第一次世界大戦のプロローグ戦と位置付けられているバルカン

戦争（1912 – 1913）では刺創、切創は創傷全体の10%をしめていた。受傷箇所は体幹部、腹部や下肢の付け根の部分が多かった。剣やサーベル、軍斧によるものは頭部や上肢に集中した。

2）アメリカ軍の場合

　アメリカが参戦したのは1917年2月のことで、戦闘期間では最も短い（大戦は1918年11月に終わった）。事実、連合軍の570万名の死者比率のうちアメリカ兵が占める割合は2％程度である。当時の大統領ウッドロー・ウィルソン（1856 – 1924）は大戦勃発時に《参戦せず》を公言していたが、ドイツのUボートによる自国商船への無差別攻撃への報復として同盟軍に宣戦を布告した。

　他国の軍隊と同様、アメリカ軍軍医の間では消毒滅菌、デブリードマン（創面切除）や創傷の縫合を遅らせるなどの当時の最新外科技術が積極的に採り入れられ、銃弾で砕けた骨片の完全除去や感染症予防以外のアンピュテーションはほとんどおこなわれなくなっていた。

　しかし実際の軍創治療の現場がいつもこうであるとはいえなかった。戦争末期の1918年、フランス北部が舞台になった《ベローウッドの戦い》に派遣されたアメリカ軍医療班の軍医は次のように語った。

"我がアメリカ海兵隊はこの地でフランス軍と合流しドイツ軍の侵攻を抑えた。われわれは第8野戦病院に派遣されたが、あまりに酷かった。病院とは名ばかりで多くの負傷者が軍服を着たまま簡易ベッドの上に横たわっていた。彼らの額には《T》や《M》といったアルファベットが書かれていた。Tは血清療法中、Mはモルヒネ投与の意味だ。

　創面はガーゼや包帯によるドレッシングのみをおこない縫合は極力おこなわなかった。ドレッシングに付着した組織から細菌の増殖具合を観察し改善の兆しを確認してから縫合するからだ。腰から下の骨折の場合、オーバーヘッドタイプの固定式装具（むしろ装置というべきか）、通称バルカンフレームの出番となる。大腿部を骨折した患者は錘で足を引っ張られたまま数週間もしくは数ヶ月も寝たきりになるため背中や臀部がぺしゃんこになった。

　軍創の大部分は銃創ではなく砲弾による爆創であった。フラグメント軍創の特徴はブレット（弾丸）のそれとは違い、創傷の程度が深刻だ。多くの場合、フラグメントの侵入は筋肉組織まで及び粉砕骨折も起こしていた。

土や埃、軍服の切れ端など異物による傷口の汚染が酷く、われわれはこのような金属片、汚泥、衣類の繊維、骨片が一緒くたになった創傷を《ボトルウーンド（bottle wounds）》と呼んだ。こういった傷は100%、間違いなく破傷風になる。悪いことにこの地（フランス）の肥沃な大地には肥料として動物の排泄物がふんだんに使われている。下肢に受けた軍創の場合、筋肉組織から始まる感染は16時間を経過した頃にガス壊疽を起こす。治療法といえば傷口を解放させ嫌気性細菌の繁殖を抑えるだけであった。功を奏するのは稀でガス壊疽で何千名もの兵士が死んでいった。感染症に対する最善の処置はあいかわらずアンピュテーション（四肢切断）しかなかった。冷酷かも知れぬがわれわれ軍医の最大の任務は負傷した兵士をいち早く回復させ再び戦線に戻すことである————"

　参戦が遅れたアメリカ軍は連合軍の治療実績に頼らざるを得なかった。その中で学んだことのひとつが縫合のタイミングであった。おりしも創傷の早期縫合が疑問視されていた頃であった。連合軍の軍医らは、消毒はもとより、壊死した組織を完全に取り除き、傷口をしばらく開放したまま放置することによって（24－48時間）感染症がかなりの確率で防げることを初期の会戦の治療経験から学んでいた（破傷風菌、クロストリジウム菌は嫌気性である）。
　このほか骨片は無理に摘出せずにあえて体内に残しておくなどアメリカ軍が第一次世界大戦の戦場から得た知見は大きく、事実、南北戦争時と比較してアンピュテーション実施例は12%から1.7%にまで激減した。また南北戦争時代に適用が決まった四肢欠損者に対する福利厚生はより充実していった。

デブリードマンとデーキン洗浄法
　兵力の維持を最優先に考える軍幹部にとってアンピュテーション（四肢切断）のような身体に重大な機能障害を生じさせる治療法は最も避けたかった。このような状況の中、当時アンピュテーションに代わる有効な治療法と見なされていたのが1914年にフランス軍医、P. リーシェ（生没不明）が確立した《デブリードマン（debridement－創面切除）》であった。この治療法は汚染もしくは死滅した創傷の外周を新鮮な組織が露出するまで切除するというもので四肢に複数の軍創が及んだケースでは除去範囲が広

範かつ深部に及ぶこともある。

　リーシェよりもいち早く軍創治療にデブリードマンと同じような方法を採り入れていたのがオーストラリアの軍医、エドワード・トーマス・キャンプベル・ミリガン（1886－1972）で創傷から異物や汚染、死滅組織を完全除去し、創面を解放させたままドレッシングの交換と殺菌溶剤による徹底洗浄で多くの負傷者を戦線復帰させた。

■発射時の高温で弾丸に付着していた微生物や細菌は死滅する、というのは全くのでたらめだ。

　ミリガンの成果はデブリードマンに創傷洗浄法を採り入れたことによるところが大きい。1909年、イギリスの化学者、ヘンリー・D・デーキン（1880－1952）は創面を次亜塩素酸ナトリウムとホウ酸からなる溶液で絶え間なく洗浄する《デーキン洗浄法》を考案した。この方法は局所持続洗浄療法と呼ばれ、実際の施術はフランスの外科医アレクシス・カレル（1873－1944）が開放性骨折の治療に用いたのが最初の試みとなった。ラバーチューブによる潅注（洗浄）でチューブは2時間おきに新しいものと交換した。この方法は《カレル・デーキン洗浄法》とも呼ばれている。
　ちなみにカレルは近代血管外科の草分け的存在で大動静脈の吻合技術を確立させ臓器移植の可能性も見出した。これらの功績が認められ1912年にノーベル生理学医学賞を授与された。

■ドイツの外科医クルト・セオドア・シンメルブッシュ（1860－1895）は麻酔処置をより安全に効果的におこなうために麻酔用マスク、シンメルブッシュマスクを考案したほか、手術時の消毒滅菌を確実にするためにシンメルブッシュ型煮沸消毒器を発案した。

血清療法の確立

　血液は放置すると沈殿物と液体とに分離する。沈殿物は血餅（けっぺい）と呼ばれ上澄みの黄色い液体が血清（serum）である。血清とよく混同されるものにワクチン（vaccine）がある。どちらも生体に人為的に抗体を生じさせ、侵入した抗原を無力化させることができる（ワクチンは持続的、血清は一時的である）。ワクチン療法に先鞭をつけたのはイギリスの医師

エドワード・ジェンナー（1749 - 1823）で先のセクションで詳細したジョン・ハンターのもとで医療の道を究めた。ジェンナーは1796年、牛痘を人為的に摂取させ天然痘を予防するという牛痘種痘法を開発した。

《細菌学の開祖》と目されるロベルト・コッホ（1843 - 1910）に師事した北里柴三郎（1853 - 1931）は1890年、コッホ研究所の同僚エミール・アドルフ・フォン・ベーリング（1854 - 1917）との共同研究で破傷風菌の免疫抗体を発見したのをきっかけに、免疫血清を患者の体内に注射し体内の毒素を中和させる治療法《血清療法》を確立する。この治療法は後に法定伝染病のジフテリアや毒蛇の毒素中和にも転用され、医学の大きな進歩に繋がった。

レントゲンのX線

　1895年、ドイツの物理学者ウィルヘルム・コンラート・レントゲン（1845 - 1923）によって透過線《X線》が発見された。この世紀の発見は（麻酔がそうであったように）当初どちらかというと余興的な扱いを受けていたが各国軍はこぞって軍創治療に導入した。エチオピアに侵攻（1895 - 1896）したばかりのイタリア軍はX線発見から５ケ月後には銃創治療に用いており、1898年の米西戦争でアメリカ軍は軍医船３隻にX線装置を搭載していた。

　銃創治療といえば、これまでは射入孔から指を入れて弾丸の位置を探っていたが、X線（レントゲン線）によって破片の位置までも特定できるようになり、それまでは机上の理論であった体内における銃創のメカニズムも実証されるようになった。

■X線発見の功績が認められたレントゲンは1901年第１回のノーベル物理学賞を受賞した。

安全な輸血法の確立

　第一次世界大戦で功を奏した医療行為は麻酔の普及と滅菌消毒の励行、これに続く輸血体制の確立であった。最も優先されるべき救命行為は《失血をいかに早く止めるか》である。これだけは今も昔も変わらない。失われた血液は血液で補うしかなかった。輸血の歴史は古く1492年にローマ教皇イノケンティウス８世（1432 - 1492）に対して３人の少年の血液が輸血さ

れたが教皇もドナーも全員死亡した。1667年には羊の血液を使った輸血が15歳の少年におこなわれたとの記録もある。

　医学的な根拠に基づいた、人から人への輸血はイギリスの産科医ジェームス・ブランドル（1791–1878）により1818年からおこなわれていたが当時はまだ血液型という概念はなかった。血液型A、B、O（当初はオゥではなくゼロと呼んでいた）は1900年、オーストリアの医師カール・ランドシュタイナー（1868–1943）によって発見された。この2年後にアルフレッド・フォン・デカストロとアドリアノ・シュテュルリ（ともに生没年不明）によってAB型が見つかった。

　採取された血液は凝固するため初期の輸血は現場で直接ドナーからおこなうしかなかった（枕元輸血）。イギリス軍医の間ではこれが積極的におこなわれていた。1916年、19名の傷病兵同士の間で枕元輸血が行われたが15名が死亡した。

　アメリカの生理学者リチャード・ルーイソン（生没年不明）のクエン酸ナトリウムを使った血液の抗凝固剤の発見（血液を希釈する方法）と血液を冷凍保存しておく《血液バンク》という発想が生まれたのは1910年代になってからで、血液バンクを介した最初の輸血は1916年にフランス軍に軍医として従軍したアメリカ人医師オズワルド・ホープ・ロバートソン（1886–1966）によっておこなわれた。

　アメリカ軍が参戦したばかりの1917年の軍医マニュアルには枕元輸血の方法が記されていたが、終戦間近にはこの部分は削除され、代わりに氷とおが屑を使った血液の保存法や安全な輸血手順が掲載さるようになった。軍医の間で対人輸血の危険性が周知の事実となると、500mlという基準で採血したドナーの血液を収めたアイスボックスが前線へと搬送され、採血から10–14日後に野戦病院にいる負傷兵に衛生的に輸血されるようになった。

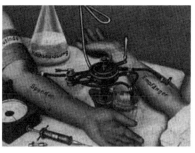

■インターヒューマントランスヒュージョン
　（対人輸血：枕元輸血）
感染症などの危険を伴った

■1916年、アメリカのジョンズ・ホプキンス大学の研究者ウィリアム・ヘンリー・ハウェル（1860−1945）とその門下ジェイ・マクレーン（1890−1957）によってヘパリンが発見されるまで、血液抗凝固剤といえば1884年にヒルの唾液から抽出されたヒルジンしかなかった。ヒルジンは副作用も多く、清浄処理も容易ではなかった。しかしヘパリンも動物由来であるため1937年まで医療への適用は見送られていた。

近代骨折治療のパイオニア

　銃創や爆創とは別に単純な骨折も厄介な軍創と見なされていた。骨折治療に用いるブレースや副木などの効果的な使用方法を考案するなど《近代整形外科の父》とも称されるイギリス人医師ヒュー・オーウェン・トーマス（1834−1891）の甥にあたるロバート・ジョーンズ（1857−1933）は1885年に着工したマンチェスター運河建設計画に産業医として参加し、そこで働く約２万名の作業員の怪我や骨折の治療にあたりながら外科医としての腕を磨いていった。

　第一次世界大戦が始まる頃には叔父とおなじ整形外科医の道を究めておりイギリス軍の整形外科医長に任命されていた。戦場における大腿骨折に起因する死亡率は80％と高かった。ロバート・ジョーンズは叔父の考案した副木による固定法をより洗練させ、砲弾と銃弾が飛び交う戦場での確実な救急固定法を編み出し死亡率を20％にまで下げた。真っ暗な環境下でも正しい固定ができるよう衛生兵や担架手は目隠しをして訓練に臨んだという。

塹壕戦特有の疾病

　第一次世界大戦時、大量殺戮兵器の大々的投入により軍創の程度は当時の医療水準を超えていた。それでも戦前、戦中に考案された輸血、デブリードマン、血清療法などの新しい治療法が多くの人命を救った。第一次世界大戦ではこうした創傷治療とは別に精神疾患も深刻な疾病と認識されるようになった。

1）シェルショック

　体の傷はいつしか癒える。しかし心（精神）の損傷（trauma）はどうか

————第一次世界大戦以前、前線にいる兵士の士気を挫く精神疾患といえば《ノスタルジア（nostalgia）》であった。ノスタルジアとは、いわゆる郷愁やホームシックのことで伝染病のように蔓延する厄介な心の病であった。

　先にも述べたように第一次世界大戦は火砲とマシンガンに代表される大量殺戮兵器が大々的に投入された最初の戦争であった。火砲による砲撃は殺傷力もさることながら命中精度と発射サイクルがこれまでのものに比べ格段に増した。このため兵士は高確率で起こりうる《死への恐怖》に常にさらされ、やがて重度の精神および肉体的な疾患を発症した。ノスタルジアで戦闘不能に陥ることはなかったが《この病気》に罹った者は身体の激しい強直や痙攣、チックを発症し、歩行や直立すらままならなかった。このような症状は第一次世界大戦以前には見られなかったものだ。生命に危険が生じるわけではなかったため多くが怠惰、臆病者と見なされ軍法会議にかけられ処罰された。戦線から逃亡する者もあらわれ軍規に背いたとしてその場で射殺されるケースもあった。

　この特異な症状は1917年、イギリス軍精神科医チャールズ・メイヤー（1873-1946）によって《シェルショック（shell-shock）》と名づけられ（シェル：shellとは砲弾のこと）、当初は砲撃で崩れた土砂の生き埋めになったり、砲撃から生じる衝撃波に晒されたりしたことが原因の神経系統の損傷と診断されていた。メイヤーは後年この造語が相応しくないことに気づく。砲撃とは無縁の後方兵士にまで同じような症状の報告が多数寄せられたからだ。

　前線で戦う兵士は多かれ少なかれストレスから精神に異常を来たすものだ。1917年の早い時期に戦線を離脱した負傷者の1/7は精神疾患が原因であった。また除隊し体の傷が治癒した後にも1/3が精神障害を患うとされ、一般兵士よりもハイランキングと称される将校クラスの方が罹患率が高い。

　身体に創傷を負った兵士は機能がある程度回復すれば戦線に復帰したがシェルショック患者の4/5が戦線に復帰できなかった。こうした一方でイギリス軍が認めたシェルショック患者80000名のうち多くの患者が回復したとの報告もある。しかし生涯にわたって今で言うところPTSD（Post Traumatic Stress Disorder）のような後遺症に苦しめられる者も出た。1922年、イギリス政府はシェルショックを疾病と認めず、これまで報告があった各種症状の合併症と見なした。

2）塹壕熱と塹壕足

　シェルショックと並び第一次世界大戦特有の疾病と見なされたのがトレンチフィーバー（塹壕熱：trench fever）とトレンチフット（塹壕足：trench foot）だ。どちらも終戦と同時に症例報告がなくなった。名前が示すように主に高熱を発症し全身の倦怠感に悩まされるトレンチフィーバーは塹壕内の不衛生に伴うシラミを媒介とした感染が原因で連合国側だけでも80万名が罹患した。当時、塹壕内部はあえて劣悪な環境を維持させていた。これは兵士の士気を高めるためであり塹壕の居心地は悪い方が理想であった。しかし居心地の悪さと不衛生とは別物であるべきであった。塹壕内部は水はけが悪く地面は泥でぬかるみ、内部は常に湿っている状態であった。また糞便の処理もここでおこなわれるためネズミや蝿、シラミの発生率が非常に高かった。日照不足から塹壕内部は冷たく、特に夜間就寝時互いの兵士が固まって暖を取っていたためシラミの蔓延に拍車がかかった。

　連合国側の塹壕はシンプルかつテンポラリーであることを旨としていたがドイツ軍は長期戦を見越してセミパーマネントタイプが多く排水を考慮しトレンチの底が二重構造で深く掘り込まれていた。しかしシラミの繁殖（トレンチフィーバー）を防ぐことはできなかった。

　冷たくぬかるんだ泥の中に足を漬けている状態からトレンチフット（塹壕足）を発症する者も続出した。トレンチフットは凍傷と間違えられるが、湿気と立ったままの姿勢からくる血行障害が原因だ。軍靴、靴下、ゲートルの交換や定期的なマッサージで防ぐしかなかった。

顔面への軍創
奇妙なニューアート

　その戦がたとえ負け戦であっても戦死は《誉れ》として、その武勲はいつまでも（時には過剰な脚色が施され）語り継がれる。一方、傷痍軍人として帰国した復員兵はどうだ。彼らに対する風当たりは強く社会復帰は困難を極める————。

　戦勝国であろうと、敗戦国であろうと最大の悲劇は戦場で身体に大きな障害が残った傷痍軍人に訪れる。目に見える顕著な傷痍といえばわれわれ

は普通、四肢のいずれかを失った姿か、もしくはプラセティックス（義肢）が欠かせなくなった状態をイメージする。世間ではこうした傷痍軍人を忌避する傾向にある――――なぜか？　それは彼らの身体が戦争そのものを想起させるからだ。

　最も悲惨な軍創は顔面へのそれだ。確かに顔面損傷（ここでは審美的なもの）が直接生命の危機に結びつくことはない。鼻が無くても気道さえ確保されていれば呼吸はできるし、下顎を失っても栄養を摂取することはできる。顔面を失っても前頭葉が無傷であればその人の人格や思考になんら影響は出ない。

　顔面損傷――――極論すればそれは《ただ顔の凹凸を失っただけ》にすぎない。戦闘機が墜落し漏れた燃料が爆燃して顔面が炭化しても、榴弾の破片で顔の半分をもぎ取られても、ライフルの銃弾で頬骨と鼻を吹き飛ばされても――――人は生きていける。運動機能の維持という観点からすればアンピュテーションの方が深刻かもしれない。しかし、こうした考えは人間の尊厳や情緒というものを一顧だにしない驕った考え方だ。

　第一次世界大戦時の整形外科医は顔面への軍創と真正面に向き合い、機能的なものを超えた審美医療の領域に挑んだ。

＊　＊　＊　＊　＊　＊

軍創と形成外科（plastic‐surgery）

　戦死者は忘れられぬ存在になるがかつて傷痍軍人は顧みられることがなかった。残念ながらこれは事実だ。傷痍軍人は平和な世の中では疎ましい存在であった。それは彼らの傷害が過去の戦争を思い出させるからである。それが顔面であればなおさらであった。

　第一次世界大戦時、歩兵の銃はすべてライフルになり同じカートリッジを使うマシンガンが大量に投入された。火砲による砲撃は連射能力と着弾精度を増し榴弾やシュラブネルなどの特殊砲弾が大々的に使われるようになった。麻酔や消毒手順は確立されていたとはいえ当時の医療はこれらによってもたらされる軍創に追いついてゆけなかったのが現実だ。

　顔面の修復は身体機能のそれ以上に深い意味を持つ。欠損した顔面を修復する整形手術（plastic surgery）の歴史は古い。人体で最も突出した部位といえば鼻だ。審美的にも重要な位置を占める鼻の修復、《鼻形成（rhino-plasty）》は紀元前８世紀のインドを発祥とする《インドメッソド》から発展

178

したもので、イギリスで1731年に創刊された《ジェントルメンズマガジン》の1794年に発行されたある号の中で掲載されたのを機に世に知れ渡ることとなる。これは欠損した鼻に対して、上下対称に額から鼻の形に切り取った皮膚で補うという方法である。

　今日の整形外科で欠かせない本格的な皮膚移植が確立されたのは1869年になってからである。いまさら説明するまでもないが整形外科に限らず、数多の医療技術は《戦争》を通じて考案されてきた。その中には百害あって一利なし、むしろ有害以外のなにものでもないものもあった。あるものはすぐに廃れ、あるものは現代でも立派に通用している。

　本格的な整形外科技術が考案されるきっかけになったのが第一次世界大戦であった。現代で言うところのコズメティックサージェリー（美容整形／美容外科）はズタズタになった傷痍軍人の顔から始まったのだ。

奇妙なニューアート

　医学史において《近代形成外科の父》として記憶されているハロルド・デルフ・ギリス（1882－1960）は外科手術にエステティックなセンスを融合させた最初の人物である。彼の考案した施術法は多くの傷痍軍人にとって福音となった。手足を切断した後の切断部は《スタンプ（切り株）》と呼ばれ、周囲の皮膚をただ引っ張ってそれを縫い合わせるというものでしかなかった。ギリスがこの分野で活躍する以前は顔面もしかりで、そこに美醜の基準が持ち出されることはなかった。

■ハロルド・デルフ・ギリス
（1882－1960）

　外科医にして芸術家————彼は今日においても近代外科史上、最も優れた功労者の一人と見なされている。

　ニュージーランドの都市ダニーディンに8人兄弟の末っ子として生まれたギリスは第一次世界大戦が始まった翌年の1915年、西部戦線にイギリス軍軍医として赴いた。そこで得た形成外科の知見と供にイギリスに戻った

彼は上司に具申し、アルダーショットにあったケンブリッジ軍病院内に顔面整形を専門とした特別チームを立ち上げた。それから数年後、シドカップに整形外科専門のクィーンズメリー病院を設立し5000名以上の兵士の治療にあたった。

　同じ軍創でも顔面へのそれには侮蔑と憐憫、そして諦観が入り混じる。美醜は二の次、生きているだけでもありがたいと思わなくては————このような考え方は医者だけでなく患者本人にもあったかもしれない。ギリスはこれまでの単なる皮膚縫合でしかなかった顔面形成に《美しさ》だけではなく《機能回復》をももたらした。誰も手を付けようとしなかった新しい試みはギリス自身をして《奇妙なニューアート》と名づけられた。

顔面軍創

　切創治療の経験しかない外科医が、いきなり顔半分を失った負傷者の治療を任される————。ギリスに限らずすべての外科医にとって第一次世界大戦の軍創治療はいろいろな意味でチャレンジであった。

　これまで何度も述べてきたように第一次世界大戦を境に軍創はこれまでのものとは比較にならぬほど酷くなってゆく。歩兵のライフルから放たれる弾丸の速度は無煙火薬の高圧ガスによって700m/secを越え、弾丸そのものも軽量小口径になり、形状もラウンドノーズからスピッツァータイプになったことで殺傷力（エネルギー3000J以上）と射程（最大飛距離4000m）が増大した。

　さらに戦場にはマシンガンと火砲の二つの新しい大量殺戮兵器が大々的に導入された。ライフルと同じカートリッジを使用するマシンガンは発射サイクル600発／分間を誇り、大量殺戮をあっという間にやってのけた。フランスの戦地に赴いたあるアメリカ人軍医はこう述懐した————彼ら（兵士ら）はマシンガンがどのようなものかということを本当に理解しているのか。"塹壕からひょっこり顔を出し、飛んでくる弾を避けれるとでも思っているのか？"と。

　集中砲撃を仕掛ける火砲の弾頭は榴弾やシュラプネルがあたりまえとなった。新しく開発された炸薬によって弾殻フラグメントは不均一な（時として巨大な）飛翔体と化し人体を抉り、シュラプネルのペレットはオリジナルが開発された百年前とは比べ物にならぬほどの殺傷力を発揮した。

　こうした殺戮兵器によってもたらされる頭部、腹部、胸部への軍創は多

くの場合で死を意味した。四肢へのそれはたとえ治癒したとしても100%の機能回復はまず望めなかった。弾丸やフラグメントが骨と衝突すれば単純な骨折で済むはずはなく筋肉や皮膚、脂肪などの組織ごと叩き潰される。同じことは顔面にもあてはまる。顔面は四肢と違い組織が柔軟で、さらに骨の構造は極めて複雑ときている————つまり外部から作用する力に対して非常にデリケートであるということだ。

　第一次世界大戦になってから顔面への軍創が増えた理由は第一次世界大戦特有の戦術、塹壕戦と大いに関係がある。深く掘った塹壕のお陰で体は護られたが、その半面、顔は驚くほど無防備になった。顔面はスナイパーにとって格好の標的となった。塹壕を出た後、リスクはさらに高まる。兵士らは後方からの援護砲撃の後、意を決して塹壕を飛び出し突撃を試みるわけだが、《ノーマンズランド（No-man's land：無人地帯の意味）》を横切る最中にマシンガンが火を吹き、頭上では榴弾が爆ぜ、シュラプネルが炸裂するのだ。

　抗生物質がまだなかった時代である。皮膚移植はたとえ本人ものであっても剥き出しになった組織から感染は始まっていた。負傷者収容所（野戦病院）でおこなわれる顔面への手術は感染防止のためデブリードマン（創面切除）が施された後直ちに、縫い合わされるのが定石であった。一通りの治療が終わった患者は回復病棟に移される。そこで四肢切断者以上に好奇の目にさらされるのが顔面を損傷した者であった。"彼らは自分たちに接するあなたたちの表情を見逃さない"————尼僧はこういって看護婦らをたしなめたものだ。患者の心境をおもんぱかり鏡の配置を禁じた病棟もあった。

　ダメージを受けた皮膚は癒着と共に剛直するので顔面は恐ろしく歪んだものとなる。審美的なものはおろか、機能さえしないのだ————愛する人の変わり果てた姿に家族や恋人は愕然とするしかなかった。

ドクター・ギリスのこと

　第一次世界大戦の軍創はすべての外科医にとって挑戦であった。既存の医療行為ではとても対処できず、創意工夫と新しい発想が求められていた。ハロルド・デルフ・ギリスもその一人でイギリス、アルダーショットの病院内で整形外科の新しい試みを模索していた。

ギリスは1882年、ニュージーランドで8人兄弟の末っ子として生まれた。1901年にイギリスのケンブリッジ大学に入学し、学業とスポーツを難なく両立させていた。彼は画家としての才能にも恵まれ、この才能は後の整形外科のキャリアに大きく貢献することになる。

　兄弟はみな法律家を目指したが学生時代のギリスは医学の道に進んだ。第一次世界大戦が始まった1914年、彼は32歳であった。イギリス軍に入隊後、赤十字社に加わり軍医としてベルギーへの赴任が決まり、そこで形成外科に興味を抱いた。この分野を極めようと決心したのは移転先のフランスのブローニュで顎の軍創治療を専門としたオーガスタ・ヴラディール（生没年不明）の手術に立ち会ったことと、アメリカ人歯科医師ボブ・ロバーツ（生没年不明）との出会いであった。晩年、ギリスは晩年、ボブ・ロバーツから借りたドイツ語の顔面整形に関する専門書に大いにインスパイアされたと語っている。

　ギリスは、当時その名がヨーロッパ中に知れ渡っていた外科医ヒポライト・モースティン（1869 – 1919）をパリに訪ね、顔面にできたガン腫瘍の摘出手術の立会いを許可された。モースティンの手によって摘出後の傷痕が顎の皮膚で形成されてゆく様子を見たギリスは単なる外科手術以上の何かを感じ取った。フランス軍はすでにブルゴーニュやアミアンなどの各都市に顔面整形専門の医療チームを擁しており1916年にイギリスに戻ったギリスはフランスに倣い専属チームの必要性を軍幹部に具申した。

　1916年、ギリスは陸軍省からアルダーショットのケンブリッジ軍病院での整形外科ユニットの運営開始を命じられた。繰り返すが顔面整形で本人の皮膚を移植する方法、いわゆる皮膚移植は目新しいものではない。古のインドで編み出された最もプリミティブな鼻形成術は19世紀になってからドイツ、フランスで実用的なレベルにまで昇華されたものの《エステティック（審美的）なファクター》は二の次、三の次といった状況であった。ギリスの目指したものは審美的かつ機能的な整形外科であり、これには単なるテクニック（技術）ではなくアーティスティックなセンス（感性）が求められた。かくしてギリス本人をして《奇妙なニューアート》と称した新しい整形外科技術が誕生するのであった。

　1917年、彼の仕事に感銘を受けたチャールズ・ケンダーダイン伯爵がバックアップを申し出てシドカップのクィーンズ病院（後のクィーンメリーズ病院）に顔面専門の整形外科が開設され、1925年までの術例は11000件以上に上った。ケンダーダイン伯爵は出資を募る際、ギリスの腕の良さを証

明するため人々に術前、術後の写真と患者が負傷する以前の写真を見せて
まわった。

ギリスのアプローチ
　ギリスは画才に恵まれていた。彼は自分自身の手で患者の術前術後の様
子を詳細に描写した最初の外科医としても知られている。ギリスはこのス
ケッチを使って手術の手順と経過を何度もシミュレーションした。ハサミ
でパーツを切り取り、それをジグソーパズルのように組み合わせるのだ。
時にはワックスで盛り付け、実際のイメージを掴もうとした。後にこの仕
事は戦場をモチーフにした作品を幾つも残した外科医にしてプロの画家で
もあるヘンリー・トンクス(1862－1937)に任されることになった。ギリス
は必要とあれば患者の顔を石膏で型取り、そこに粘土を盛り付けるなど、
さながら彫刻家のようでもあった――――まさにギリスは掛け値なしの
《外科アーティスト》であった。オペで見せる手際のよさに立ち会った者
はみな舌を巻いた。あたりまえである。術後のイメージはギリスの頭の中
ですでに出来上がっていたのだから。

術例＃1
　1916年の《ユトランドの戦い》で鼻と口唇を焼損してしまった英国海軍所
属のウィリアム・ヴィカレイジ(当時20歳)の治療にあたった際、胸部から
引き剥がした皮膚(フラップ)の端をチューブ状に縫い合わせることで血流
の維持と感染症対策に成功した。ヴィカレイジは軍創で瞼も失っており、
眼球は常に水分の補給が欠かせなかった。就寝中の彼の苦しみを察したギ
リスは上皮を使った瞼再生を試み、見事にこれを成功させた。

術例＃2
　1914年、世界初の毒ガス兵器が使われた戦闘として記憶されている《イ
ープルの戦い》で鼻腔と鼻梁のすべてをスナイパーによって破壊されたウ
ィリアム・スプレックリーのケースでは肋骨から取り出した軟骨の一部を
額に埋め込み、鼻腔を形成し、移植した皮膚を萌芽させ完璧なまでに
《鼻》を再現した。

術例＃3

コルダイトの爆燃で顔面をほとんど炭化させてしまったヘンリー・ラルフ・ラムレイ。顔面を再生させるため胸部の皮膚ではほぼ原寸のマスクをつくり、それで覆った。彼は治療途中に死亡。ギリスは早い時期で段階的な皮膚移植の重要性を痛感した。

ペディクルチューブ

　整形外科の大きなブレークスルーはギリスが考案した《ペディクルチューブ法》から始まった。ペディクル(pedicle)とは肉茎のことである。クィーンズ病院時代にギリスによって考案されたペディクルチューブは、文字通り《皮膚のチューブ》であった。まず損傷した部位に近いところから健康な皮膚を切り取る。切り取られた皮膚はフラップと呼ばれ、これを患部に縫いつけるというものだがフラップの一方は体の元の部分と繋がったままである。皮膚を完全に切り取らないのは自然な血流を維持するためで、こうすることで従来の術後でよく見られた顔面の歪み(皮膚の剛直)を免れることができた。患部と縫合される側のフラップ先端はU字状になっており、患部の状況に合わせて形成しながらまず縫合される。損傷部に成長した新しい皮膚は弾力に富み、その後の修正も容易であった。

　ギリスの施術の真骨頂は残ったフラップを筒状に縫い合わせるところにある。こうすることによって乾燥と感染が防止されるのだ。ペディクルチューブのアイディアはどこから生まれたのか————皮膚(フラップ)をチューブ状にする発想は肩から切り取ったフラップが自然に内側に折り込まれるのを観察し思いついたとされている。数週間後、患部周辺で萌芽した新しい皮膚を除いてチューブは切り取られる。チューブは抜糸され、元にあった位置(切除した部位)に戻される。

■ギリスの《奇妙なニューアート》
左と中央がペディクルチューブ法の症例であり、それぞれ額と胸の皮膚を利用している

ギリスのアイディアは整形外科以外の分野にも及んだ。第一次世界大戦時、麻酔技術はすでに確立されておりリント布に浸したクロロフォルムやマスクを介して吸引させるエタノールが使われていた。しかし顔面という場所ゆえに手術の妨げになり、手術が長時間にわたるため患者よりも外科医自身が霧散した麻酔によって睡魔に襲われる恐れがあった。そこで考案されたのが気管内麻酔であった。ギリスは、このほか瞼の完全再生や、らい病患者の鼻腔形成術や切断された手足の結合法も考案した。

　第一次世界大戦後、傷痍軍人の整形手術が一段落付いたことを確認したギリスはロンドンにプライベートクリニックを開設し《新しいタイプの顧客》のニーズに応えようとした。いわずもがな。彼は美容整形の開祖でもあった。

　ギリスとイギリス軍との関係は終わったわけではなかった。軍医の指導、世界各地で整形外科に関する講演を精力的におこない1930年には女王からナイトの称号を贈られた。

■ギリスは1946年に世界初の性転換手術（female to male）を成功させた。

フェイシャルプラセティックス

　ギリスとは別のアプローチ、フェイシャルプラセティックス（顔面用装具）で多くの傷痍軍人の社会復帰に貢献した二人の人物についても触れておく。

1）フランシス・ダーウェント・ウッド

　第一次世界大戦の傷痍軍人の多くが訪れた第三ロンドン総合病院内にある《損傷マスク科（masks for facial disfigurement department）》は別名、《ブリキの付け鼻ショップ》と呼ばれていた。

　前掲の術例#3のように当然ながらギリスのおこなった手術にも限界があった。修復の見込みが低く、本人の健康上の理由や経済的理由から外科的治療を受けられなかった傷痍軍人が多数いたことは事実だ。顔面用の義肢ともいえるフェイシャルプラセティックスはこれを補うものとして考え出されたものであり、1916年に開設された損傷マスク科もその一環であった（マスクといっても顔面の一部を補うためのパーツが多く、装着にはワイヤーや伊達眼鏡のつるが使われた）。

このプログラムの運営責任者フランシス・ダーウェント・ウッド（1871
－1926）は医者ではない。第一次世界大戦が始まった時、彼はすでに41歳
で、イギリス軍医の補佐的な仕事（いわゆる雑役）に就いたのが44歳の時で
あった。ウッドは幼少の頃、スイス、ドイツに住み、母方の故郷であるイ
ギリスに戻り芸術、特に彫刻の分野で才能を開花した――――そう、彼は
彫刻家であった。

　彫刻家で生計を立てることに限界を感じたウッドは就職先の第三ロンド
ン総合病院で最初のうちは用務員のような仕事をしていたが、骨折患者の
副木やギプスの作製に携わったのをきっかけに徐々にスカルプター（彫刻
家）としての本領を発揮していった。やがてその腕が見込まれ顔面用装具
の作製に乗り出すことになる。従来のフェイシャルプラセティックスはラ
バーメイドで傷みが激しかった。ウッドはマテリアルに軽量で丈夫な金属
を採用し、完全なオーダーメイドにこだわった。

　1917年、ウッドの仕事ぶりはイギリスの医学専門誌ランセットでも紹介
された。その中で、自分の仕事は整形外科医のそれと本質的には一緒であ
り、外科医の仕事が完全に終わってからが自分の出番であると語っている。
さらに彫刻家としての技量を駆使し、患者の顔をできるだけ負傷する前に
近い状態に戻すことが自分の使命であると続け、患者はマスク（ウッドは
装具をマスクと呼んだ）によって自信と尊厳を取り戻すばかりか、家族は
もちろん、周囲の人間も苦しみから解放されるであろうと結んでいる。

　ウッドのマスクは薄いカッパー（銅）で作られることが多く、マスクは患
者の顔を石膏で型取りしてから何度もフィッティング調整にかけられる。
マスクは塗装をしやすくするため亜鉛メッキが施され、患者の皮膚のトー
ンに合わせてエナメル塗料で色付けがおこなわれた。

　損傷マスク科での活動は1917年から1919年の２年間と短命であった。こ
の間、ウッドが製作したマスクの正確な数字は記録に残っておらず、数百
に及ぶのではないかといわれている。

2）アン・コールマン・ワッツ・ラッド

　アメリカのマサチューセッツで生まれたアン・コールマン・ワッツ・ラ
ッド（1878－1939）は女流彫刻家として活躍する傍ら第一次世界大戦中パリ
にフェイシャルプラセティックス専門のスタジオをオープンさせた。学生
の頃、フランスとイタリアで彫刻を学び1905年、アメリカに戻るとプロの
彫刻家として数々の作品を創出した。1917年、再びパリに戻った彼女はア

メリカ赤十字社の援助を受けながら顔面を損傷した傷痍軍人のためにフェイシャルプラセティックスを造り始めた。1918年から1919年までラッドのスタジオで造られたマスクは250個近くになった。1918年にパリの彼女のスタジオで開かれたパーティーには《新しい顔》を得た大勢の傷痍軍人たちが彼女宛のプレゼントを手に集まったという。

■ギリスの業績と比較するとラッドとアンの業績はこれまで顧みられることがなかったが、近年再評価しようとする動きが活発化している。

弾丸（たま）の変遷
ミニエーボールからスピッツアーブレットまで

　マスケット銃のボールは撃たれてもたいしたことになはならない、現代のライフルブレットは先が尖っているので貫通しやすい————。一般の人々の弾丸（たま）に関するイメージは大方このようなものであろう。このセクションでは1847年にフランスで考案されたミニエーボールから20世紀初頭、フランスで開発されたスピッツアーブレットまで約60年間にわたる弾丸（たま）の変遷を観ながらそれぞれの殺傷力について検証をしてゆく。

* * * * * *

ボールからスピッツアーブレットへ

　マスケット銃、《スムースボアマズルローダー》が全盛の頃、ボール（ショット）と呼ばれた弾丸は名が示す通り球体であった。1742年、イギリスの数学者ベンジャミン・ロビンス（1701－1751）がジャイロ効果を証明して以来ボールは尖頭アーチ形へと姿を変えてゆく。この好例が、アメリカ独立戦争（1775－1783）で植民地軍のスキミッシャー（斥候）が使用したケンタッキーライフルやペンシルヴァニアライフルの専用弾だ。
　こうした時代のマズルローダーに共通する特徴は、いずれも口径が大きく、装填に際しては発射の都度、込め棒で火薬を仕込んでから、パッチで包んだボールを押し込むというものだった。どんな熟練でも発射サイクル

は2〜3発／3分間はかかったといわれる。

　長尺のスタイルから槍を連想させたマスケット銃はどことなく牧歌的な
イメージを連想させ、現代の軍用銃と比べ撃たれても軽傷で済むのでは、
といった印象を抱かせる。確かに命中精度は悪く、発射速度も現代のハン
ドガンブレット程度の速度しかなかった。しかしながらその実、ボールを
構成する軟らかい鉛がこれらの欠点を補っていた。軟らかい鉛は人体内部
で変形しやすく運動エネルギーが無駄なく体内で消費されることから思い
のほか銃創の程度は酷かった。

1）連発銃の登場

　弾丸の威力が人知を越え始めたのが19世紀であった。ライフルドボアバ
レルと1847年に登場したミニエーボールの普及を契機に球形の弾丸は姿を
消していった。これに並行して銃創の程度もさらに重度になり四肢銃撃は
アンピュテーション、それ以外の部位への銃撃は死を意味するようになっ
た。

　1860年代には銃自身に変化が訪れ、これまでの単発からリピーター（連
発銃）へと進化していった。銃に対する抒情的なイメージはアメリカの南
北戦争（1861‐1865）で導入されたヘンリーやスペンサーといったレバーア
クションリピーターが登場したあたりから払拭されてゆく。これらはリム
ファイヤーカートリッジを使用するため発射から装填までサイクルが劇的
に改善されたためである。

　1860年代後半、ボクサーやベルダンといった信頼性の高いプライマー
（銃用雷管）が考案されるとカートリッジの完成形である《センターファイ
ヤーカートリッジ》が定着しはじめる。1870年代にはドイツのマウザー
M1871やイギリスのマルティーニヘンリーライフルに代表される内蔵マガ
ジン式ボルトアクションライフルが開発されるとチューブラーマガジン式
のレバーアクションリピーターは衰退していった。

2）フルメタルジャケットブレットの時代

　続く1880年代————。1884年に開発された無煙火薬が黒色火薬に取っ
て代わるのとほぼ同時期にスイスでフルメタルジャケットブレットが考案
され、ブレットのデザインは先端の湾曲したラウンドノーズがトレンドと
なる。やがてラウンドノーズブレットは殺傷力不足が指摘され1898年、先
が尖ったデザインのブレット《スピッツアーブレット：spritzer bullet》が

フランスで開発される（ボールD）と、1903年にはドイツがこれに続いた（S ブレット）。

　スピッツアーブレットこそ現代ミリタリーブレットの最終形であり、銃 創の程度もこの時代を境に今日に至るまでほとんど変わらなくなった。第 一次世界大戦はこの10年後に始まった━━━━。

殺傷力の基準

　着衣の成人男性の胸部、腹部に着弾したブレットの殺傷力に関する興味 は今も昔も尽きない。これを巡り兵器メーカーの研究開発は絶えず続いて いる。今から150年程前の1860年代からブレットまたは砲弾の弾殻フラグ メントが25mm厚の松板を突き抜ければ《殺傷力アリ》と判断されるように なった。この基準は未来でも通用する━━━━なぜならば人間の身体の構 造はこの間（もちろん、これからも）ずっと同じだからだ。

■殺傷力の目安として運動エネルギー（J：ジュール）が使われ一般には80 　～85Jが《殺傷力アリ》の判定基準となっている。

　感染症特効薬、抗生物質が誕生する1930年代以前、口径の大小に関わら ず四肢銃撃はアンピュテーションが当たり前で、四肢以外の銃撃は死を意 味し、特に胸部、腹部銃撃からの生還は《奇跡》とみなされていた。

　弾丸の殺傷力を計る基準として発射された弾丸が持つ運動エネルギー （J）が頻繁に用いられる。口径はともかく《高い運動エネルギー＝高致死 率》という安易な図式は成り立たない。《口径はともかく》という意味は、単 純に、体にあく孔は小さい直径よりも大きい方が重傷になるからだ（要す るに出血量は大きい孔の方が多いということだ）。

　1857年にS&W社が発売した７連発《S&Wナンバー１》リボルバーはリム ショットカートリッジ.22ショート（5.7mm×11mm）を基に設計された。.22 ショートは現在でも作られており運動エネルギーの数値上最も威力の小さ いカートリッジとして知られている。現代のものは速度で240m/sec、エ ネルギーは132Jであるが、当時のカートリッジは黒色火薬であったため 25mm厚のモミ板を完全貫通することができなかった。

　1865年４月、南北戦争中に奴隷解放宣言を打ち出したエイブラハム・リ ンカーン大統領（1809－1865）が暗殺された。凶器となったのは .41口径

（10.4mm）パーカッションロック式デリンジャーで離隔距離1.2mから放たれたボールは大統領の頭部に命中した。当時のボールは1cm厚の松板を至近距離からでないと貫通不可能という非力なものであった。にもかかわらず大統領は銃撃から数時間後に息を引き取った。

　殺傷力はブレットのスペックではなく《命中した部位》であるということを再認識させる好例である。

ミニエーボール

　銃器の殺傷力が人間の想像力を越え始めたのは1847年にフランスで《ミニエーボール（minie-ball）》が考案されてからだ。ミニエーボールの登場は殺傷力だけではなく飛距離、命中精度の常識を覆した。1804年、イギリスで考案されたシュラプネルと並びミニエーボールの普及によって軍創の程度はさらに深刻になりイタリア統一戦争（1848－1871）、クリミア戦争（1854－1856）で多くの兵士がこれらの犠牲者となった。

1）マスケット銃の時代

　ミニエーボールが登場する直前のフリントロック式マスケットの口径は17〜20mm、平均すると18.5mm程度であることからショットガンの12ゲージ（18mm）に近かった。全長およそ150cmのマスケットの発射速度は平均で400m/sec（12ゲージから放たれるスラッグショットに近似）となり殺傷範囲は350mであった。ただしマスケットの威力は薬量次第で大きく変わるものであり命中精度の保証も100mあたりが限度であった。フリントロック式ピストルの口径は平均16.5mmあたりで、200mが殺傷範囲であった。もっとも狙ったところに命中するのは最大でも50mが精一杯であった。

2）ライフルドマスケットの時代

　マスケットに替わってライフルドマスケットが登場すると鉛の球は先端が丸い尖頭アーチ形のラウンドノーズスタイルになり、口径はやや小さくなって17.9mmになった。《スナイピングsniping》という行為は狙ったところに弾を命中させることができる銃があってこそ生まれるものだ。

　アメリカ独立戦争の際、反乱軍（植民地軍）がその命中精度でイギリス軍をきりきり舞いさせたライフルドマスケット、通称《ペンシルヴァニアライフル》は殺傷力と銃創の程度という点ではマスケットと変わらなかった

が命中精度は2倍以上も向上し250mまでの《狙撃》を可能にした。マスケットの時代、密集隊形という《マス：mass：一塊》目掛けてとにかく斉射をおこない運が良ければ何発かが命中し、隊列が崩れたところをバヨネットで突撃するという戦闘形態が一般的であった。しかしライフルマスケットの登場により特定のターゲット（隊列を指揮する司令官や将校）、特定の部位（腹部や頭部、胸部など致命部位）を狙って撃つという戦術が確立した。

3）ミニエーボール登場

　ライフルドボアとベストマッチとなるミニエーボールは1848年、フランス軍のクロード・エティネン・ミニエー大尉（1804-1879）によって考案された。ミニエーボールの登場によって殺傷距離が延び、命中精度は格段に向上した。殺傷範囲は500mに達し360m地点における命中精度はマスケットが4.5%であったのに対してミニエーボールは10倍以上の53%にも改善した。

　いうまでもなく殺傷力も向上した————。ミニエーボールはブレット（弾丸）とスカート、スカートを拡張させるキャップで構成されており人体に衝突侵入するとこれらがバラバラになり、複雑な銃創を負わせることができた。

　ミニエーボールはクリミア戦争（1854-1856）で大々的に実戦投入され、敵も味方もその効果に目を見張った。初期のミニエーボールは口径が18.5mmであったためボールが重く、その分リコイルが大きくなったので体格の良い熟練シューターのみがこの恩恵を享受できた。事実、一般の兵士は強烈なリコイルを嫌い、装薬量を抑え気味にしていたのでせっかくの殺傷力と命中精度が発揮できなかった。

■ミニエーボール（南北戦争の際、南軍が使用したもの）
ミニエーボールの銃創はボールの分解によってもたらせられる。スカートにグリースを塗り込めるためのグルーブ（溝）が見える。

　初期のミニエーボールに使用されていた鉛はかなり軟らかかったため、

この時代(1870〜1880年代)のどの弾丸よりも重かった。軟らかく重いミニエーボールは人体での変形が著しいことから銃創の程度が酷かった。こうしたことからクリミア戦争や南北戦争では四肢への銃創治療としてアンピュテーションがルーティン作業のようにおこなわれていた(鉛とアンチモンを混ぜた硬い鉛であれば、感染症さえ起こさなければ、アンピュテーションを回避できる可能性があった)。腹部、胸部、頭部銃撃からの生還はまさにミラクル(奇跡)であった。

4) ブリティッシュミニエー

　イギリス軍はパテントホールダーであるフランスのミニエー大尉に2万ポンドを支払ってミニエーボールを採用したが、これとは別に独自の弾丸を開発していた。このブレットは《プリシェットブレット》と名づけられ、1853年に制式採用となったパーカッションロック式マスケット《エンフィールドM1853》用に使われた。口径は.577(14.65mm)で構造はミニエーボールとほぼ同じだが、唯一の違いはグルーブがなく装填の際、ボールを鯨油や獣脂であらかじめ湿らせた《油紙》に包んでからおこなわれた。

ミニエーライフル　小口径化の促進

　ミニエーボールとそれに類する弾丸(ブレット)がヨーロッパの軍隊の間で本格的に普及しはじめたのはライフルドマスケットの小口径化にあった。むしろミニエーボールの成功が小口径化に拍車をかけたといってよい。ミニエーボール仕様の小口径ライフルドマスケットは《ミニエーライフル》と呼ばれ、フランス軍のミニエーライフルP1851、イギリス軍のエンフィールドM1851(口径.577)、オーストリア軍のローレンツライフル(口径.54)、ドイツ(プロイセン)軍のM1857(口径.54)、アメリカでは南北戦争におけるメインウェポンとなったスプリングフィールドM1861(口径.56)などがある。

　ヨーロッパの軍隊における小口径化は.568(14.4mm)から.54(13.7mm)にまで及んだ。口径を小さくしたお陰でボールの軽量化が進みリコイルが緩和されることになり、一部の偉丈夫向けであったミニエーボールが万民向けのものとなった。ボール重量の軽減によって懸念された殺傷力の低下は高速化とリコイル軽減で補って余りあるものであった。オーストリアやプロイセンでは13.7mmまで小口径化が進み重さ17gの弾丸一発で人馬を行動

192

不能に陥らせることができた。

　スイス軍は1863年以来、ライフルの口径を10.4mmとし重量16.6gのブレットの有効射程は1000mに達していた。1869年、スイスで開発されたヴェテーリライフルM1870は薬量を若干軽減しより重いブレット（20.4g）を発射するよう設計されていた。発射速度は435m/secに達し1000m地点の25mm厚のモミ板を３〜４枚貫通することができたがリコイルは相当なものであった。

　当時のソフトレッド（軟鉛）製のブレットは四肢に命中すると骨折を伴う重い銃創を負わせた。前述のようにイギリスは .577（14.65mm）であったが、それよりも小口径化が進んだドイツやオーストリアのブレット（13.9mm）は軽い分速度が上がったため、イギリスのそれよりもさらに酷い銃創を負わせることができた。

口径(mm)	重量(g)	速度(m/sec)
5.56mmNATO	3.5〜4	850〜930
7.62mmNATO	9〜10	835
11〜12.17	20〜25	420〜465

■現代のライフルブレットと19世紀ブレットの比較

センターファイヤーメタリックカートリッジの完成

　1864年、アメリカでベルダンプライマーが、その２年後にイギリスでボクサープライマーが開発され現在では当たり前のようになったセンターファイヤーメタリックカートリッジが1860年代の終盤に完成する。1880年代に入り1883年、スイス軍がフルメタルジャケットを考案し1884年にはフランスで無煙火薬が開発された。この２つの出来事がフランス軍の８mm、ドイツ軍の7.92mm、スウェーデン軍の6.5mmなどライフルの小口径化に一気に拍車をつけた。

１）意外な評価

　小口径ブレットのフルメタルジャケット化とスモークレスパウダー（無煙火薬）の採用により最大飛距離は2000mに達していた。速度も増し、さぞや高い殺傷力を有していると思うであろうが意外にもこの点については満足の行くものではなった。

たとえばイギリス軍―――。19世紀、西欧の列強はこぞって帝国主義に傾倒しており植民地政策に力を入れていた。ナポレオン戦争（1803-1815)に勝利して以来、ヨーロッパの覇者的立場にあったイギリス軍は当時、1889年に制式採用となった.303ブリティッシュ（7.7mm×56mmR)を使用するリー・メトフォードライフルを使っていた（同年イギリス軍はひも状の無煙火薬、コルダイトを完成させた）。.303ブリティッシュと聞くと先端が尖ったスピッツァーブレットをイメージするが、これは1910年に登場したマークⅦブレットであり、初期のものは頭が丸いラウンドノーズ（マークⅠ、マークⅡブレット）であった。

　植民地に赴任したイギリス軍兵士は強烈なリコイルに辟易していたがこれまでに使っていたスナイダーエンフィールドやマルティーニヘンリーライフルの大口径ブレット.577（11.43mm×60mmR)の殺傷力を懐かしがった。

2）ラウンドノーズブレットの銃創

　ラウンドノーズであるマークⅡブレットの銃創はサーベルの刺創に近かった。頭部や脊柱、大動脈を貫通すればよいが、そこを外した場合、殺傷効果が低かった。ここでいう殺傷効果とは敵兵を即、行動不能に陥らせる力、負傷兵の前線への復帰を不可能にさせる力のことだ。これは特に植民地に派遣された兵士にとっては切迫した問題であった。彼らが相手にする原住民ウォリアーは呪術的なファクターを背景にもともと戦闘意欲が高く、さらに戦闘に際しては興奮剤や無痛薬（ドラッグ）を投与していたことから複数銃撃をものともせず、中途半端な銃創は却って相手の戦意を高揚させるだけであった。こういったファナティック（狂信的）な相手には小口径ラウンドノーズブレットはあまりに非力であった。そこで考案されたのがマークⅡブレットに続くマークⅢ、Ⅳ、Ⅴと呼ばれたダムダムブレットである。

ダムダムブレットとは

　第一次世界大戦時、ダムダム（dumdum）ブレットは、捕虜がこれをもっていた場合、その場で処刑しても構わないとまでいわしめた殺傷力の高いブレットとして知られていた。1890年代、イギリス軍が運営するインドのカルカッタにあったダムダム造兵廠であつらえられたハローポイントブレ

ットで、ダムダムの名称はこのロケーションに由来する。このブレットはライフルカートリッジ用として通常のフルメタルジャケットカートリッジとは別に1897年《.303マークⅢ》として採用が決まった。ハーグ陸戦条約成立直前の1898年にはリボルバー用も開発され、通称《マンストッパー》と呼ばれた。このリボルバーブレットは着弾後の変形著しい、まさにオール軟鉛製のハローポイントであった。

　一方、ライフルカートリッジである.303ブリティッシュ（7.7mm×56mmR）に施された加工はフルメタルジャケットの.303ブレットの先端に孔を穿ち、着弾の衝撃でブレットがマッシュルーミ

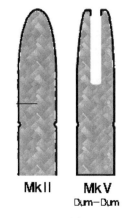

■ラウンドノーズブレットＭｋⅡとＭｋⅤダムダムブレット

ングする現代で言うところソフトノーズ・ハローポイントブレットであった。1899年にハーグ陸戦条約が施行され戦場での使用が厳罰の対象となったが第一次世界大戦中もイギリス軍はこれを使い続けた。

スピッツァーブレット

　1900年代を迎えるまでアメリカ軍兵士のメインウェポンは２つあった。まずは1894年に採用したアメリカ軍初の無煙火薬仕様カートリッジ.30－40クラグ（7.62mm×59mm）を使用する《クラグ・ユルゲンセンM1892》と、もうひとつは黒色火薬仕様の.45－70（11.5mm×53mm）を使うシングルショットライフル、《スプリングフィールドM1873》であった。この２つの銃をあてがわれ米西戦争（1898）、翌年の米比戦争（1899－1913）に従軍した兵士から軍本部へ囂々（ごうごう）たる非難の声が寄せられた―――。

１）米西戦争と米比戦争

　アメリカもヨーロッパ列強に遅れをとりながらも植民地政策に傾倒していった。その代表的な戦闘が米西戦争と米比戦争であった。最終的にはアメリカ軍の勝利となるわけだが緒戦は劣勢を強いられた。米西戦争において敵軍となったスペイン軍は《スパニッシュ・マウザー》ことマウザー

M1893を軍用ライフルとして採用していた。このライフルの特徴は小口径化（7mm×57mm）と多弾発（シングルコラムマガジンからダブルコラムマガジン）にあった。この戦争で英雄となり後に第26代大統領となるセオドア・ルーズベルト（1858‒1919）はスペイン兵が放つ7mmブレットの飛距離、殺傷力を前に《敵の姿が見えない》と驚愕した。

　続く米比戦争は別名フィリピン大反乱としても知られている。米西戦争直後、スペインから移譲されたフィリピンの統治に向かったアメリカ軍は原住民モロ族の仕掛けるゲリラ戦で多数の犠牲者を出した。この戦争ではライフルのみならずサイドアームズの脆弱さも浮き彫りになった。採用したての .38コルトのダブルアクションリボルバーが早くも殺傷力不足を露呈し.45ロングコルトのシングルアクションアーミーの復活を促し、連射ができないトラップドアと装填が煩雑なクラグ・ユルゲンセンに至っては制式採用をキャンセルせざるを得なくなるほどであった。この戦いで唯一満足行く成果を挙げたのが〇〇バックショットを放つウィンチェスターM1897ライオットショットガンだけであった。

2）スピッツアーブレット誕生

　アメリカ軍は前掲の2つの戦争でスピッツアーブレットの恩恵に与れなかった。理由は単純。時代が早すぎたからだ。一説には1898年にフランス軍がスピッツアーブレット（ボールD）に先鞭をつけたとされるが、これは《先尖弾》という意匠だけの話であった。最初からダムダムブレットの代替として設計されたのは1903年、ドイツの弾道研究家アルトゥール・グライニッヒ（生没年不明）の手によるもので、これこそがオリジナル・スピッツアーである。スピッツアーブレットは頭文字を取って《Sブレット》または《潜在的ダムダムブレット：latent dum-dum》と呼ばれた。Spitzerはシュピッツァーとも発音する。ドイツ語で鉛筆削りの意味。《鉛筆削りで仕上げたほど先が尖っている》ということであろう。

　スピッツアーブレットは完成から2年後の1905年にこれまでのM88ラウンドノーズブレットに替わりドイツ軍での制式採用が決まった。空気抵抗の少ないスタイルにシェイプアップされたことでブレット重量はM88の14.7gから9.8gまで軽量化した。これによって速度はこれまでの630m/secから900m/secにまで上がり、無煙火薬の効果と相まって当時の軍用ライフル、ゲベーア98よりも銃身が14cm短いカラビナ98kであっても

890m/sec台を維持した。ドイツの成功に他国の軍隊も追随した。1906年、アメリカ軍は.30‐03のラウンドノーズブレットをこれに挿げ替え.30‐06（7.62mm×63mm）を開発し、1908年、帝政ロシア軍が自国の7.62mm×54mmRに採用した。

3）《潜在的ダムダム弾》の威力

グライニッヒは発射直後のブレットの挙動を見ようと高速度写真で撮影したところスピッツアーブレットの先端が45°上向きであることを確認した。ブレットは銃口を飛び出した瞬間に偏揺（ブレ）が始まっていた。ところが100m先のグルーピングはM88ブレットのそれとほとんど変わらなかった。300‐400m先であっても同様でM88との相違は速度にしか見つけることができず、この違いはむしろ喜ぶべきものであった。M88では630m/secであったものが900m/secまで向上していたのだ。

近距離における銃創は、ブレットの偏揺が大きいことと高速が生み出すバキューム効果から重度のものとなり柔軟性に乏しい肝臓や脳ではダムダムブレットに勝るとも劣らない《爆発効果》を見せつけた。また速度がハンドガンブレット並みの360m/secあたりまで減速しても銃撃効果はさほど変わらず内容物を満たした胃や膀胱は腹腔内で《爆発》してしまった。

グライニッヒをはじめとする各国の弾道研究家たちは、殺傷力とはブレットの重量や速度これによって導かれるキネティックエネルギーではなく、ブレットのデザインと《どこに命中したか》にかかっていることを痛感した。

4）イギリス軍の試み

スピッツアーブレットの特徴は先が尖った流線形スタイルのほかに重心（center of gravity）がベース寄りにあることだ。これこそが《肝》であり、体内に侵入したブレットをタンブリング（回転）させダムダムブレットよりも重い銃創を負わせることに成功したのだ。

1904年に採用となったマークⅥブレットは形状こそマークⅡのようなラウンドノーズであったがジャケットを薄くすることでダムダム効果を生み出そうとしていた。前述の通り1906年にアメリカ軍が（.30‐06：7.62mm×63mm）、1908年には帝政ロシア軍がこれに倣った。イギリス軍は第一次世界大戦直前の1914年に.303ブリティッシュにこれを採用した。MkⅦと呼ばれたスピッツアーブレットは前身にあたるMkⅥと違い内部は2分割構造となりコアには重い鉛を、ブレット先端部には軽量のアルミニ

ウムや1909年に出回ったフェノプラスターというプラスティック素材が充填された。

　つまりヘッドを軽くすることで、体内で容易にタンブリングするよう工夫を凝らしたというわけだ。当時のイギリス軍はこれを使い分けたという。アルミニウムヘッドは同じ人種の白人敵兵に、タンブリング著しいベークライトやフェノプラスターヘッドは植民地軍が相手にする有色人種の蛮族に対して使用された。

　皮肉なことにダムダムブレットの使用をハーグ陸戦条約で禁止したことによって、かえって殺傷力の高いブレットが誕生してしまったのだ（飛距離、命中精度も同じく）。いずれにせよボルトアクションライフルならばまだしも、第一次世界大戦以後はオートローディングライフルが導入されることになるので戦場における先端に孔が穿たれ構造的に脆いハローポイントブレットは自ずと廃れてゆく運命にあった。

Filler

S-bullet　　MkⅦ-bullet

■ドイツのSブレットとイギリスのMkⅦブレット
ダムダムブレットの以上の効果を得るべくMkⅦには工夫が施された。

戦争法
国家的な殺し合いにおけるルールづくり

　殺し合いにも最低限のルールが必要である――――。戦争法（the rules of war）は人道的な立場から戦闘行為に規範（norm）を設けるとともに、捕虜となった場合の待遇など兵士（正規兵）の権利を擁護するためテロリストや略奪者、無法者との違いを明確に定義するものである。
　戦争法の起源は中世ヨーロッパの騎士道精神に見出すことができる。封建時代の騎士（knight）らは騎士道（chivalry）を遵奉していた。正義と公正を旨とし戦場において弱い立場にある者、女、子供、老人は護るべき対象

であるという理念はここから生まれたといってもよい。

　ローマカトリック教会の教えも騎士道の在り様に影響を与えた。宗教観に基づき《戦（いくさ）》を正当なものと不当なものとに分け、習得しやすく殺傷力の高いクロスボウの使用を《神への冒涜》とすることで、戦闘行為に制約を加えるなど現代の戦争法に通ずる特定の武器の使用を禁止していた。

　正直なところ戦争法については有名無実の観は否めない。戦争法の厳格な適用は、敵国の利益に通ずるものであるが、実は自国の利益として還元されるのだ。

　国家的な殺し合いのルールとはどのようなものなのかを探ってみる。

■戦争法は戦時国際法とも呼ばれ、戦時における国際間の法規の総称である。交戦法規と中立法規の２つに分けられる。

＊　＊　＊　＊　＊　＊

戦争法の法典化と国際的普及

　理念のみが先歩きをしていたルールズ・オブ・ウォーの法典化は19世紀から始まった。南北戦争がすでに始まっていた1862年、エイブラハム・リンカーン（1809-1865）はアメリカ政治学の開祖と目されるフランシス・リーバー（1800-1872）に戦争のルールづくり、戦争法の法典化を命じた。草案は一年後に提示され、General Orders No.1としてアメリカ陸軍の規範、《アメリカ陸戦訓令》となった。このいわゆるリーバー法は軍隊の存在意義とその必要性を説き、捕虜、非軍人、密偵の権利や、毒物や過剰な暴力の是非についても触れ、第一次世界大戦が始まった1914年に《陸戦に関する法規（the Law of Land Warfare)》が施行されるまでの51年間、アメリカ軍で運用され続けた。

■1625年、30年戦争（1618-1648）の惨状を目の当たりにしたオランダの法律家ヒューゴ・グロティウス（1583-1645）は戦争に制約を設ける法の存在の必要性を訴えるため、《戦争と平和の法》を刊行した。グロティウスは《国際法の父》とも呼ばれている。

　1864年、アンリー・デュナン（1828-1910）の提唱した中立的救援体制の確立に賛同したヨーロッパの識者らによって結成された赤十字国際委員会

（ICRC）の働き掛けによりスイスのジュネーブで《傷病者の状態改善に関する条約（the Amelioration of the Condition of the Wounded in Armies in the Field）》がヨーロッパの12ケ国の間で締結された。この条約は《第一回赤十字条約》とも呼ばれ、捕虜の扱いを含む戦争犠牲者の保護に重点を置いた《ジュネーブ条約（Geneva Conventions）》の基となった。

■ジュネーブ条約はその後4回改訂されている。第2回は1906年、第3回が1929年、第4回が1949年となる。

1899年にはオランダのハーグにて《陸戦の法規と慣例に関する条約（Convention respecting the Laws and Customs of War on Land）》がヨーロッパ勢とアメリカ、メキシコ、日本、ペルシャなどの32ケ国の間で締結された。これが、毒物や不必要な苦痛を与える非人道的兵器の使用を制限した《ハーグ陸戦条約（Hague Conventions）》である。ジュネーブ条約とハーグ陸戦条約はワンパッケージで《国際人道法（international humanitarian law）》と呼ばれている。

■敵の裏をかく行為————ここでは騎士道精神に背くような行為はハーグ陸戦条約の中で禁止されている。たとえば赤十字を装った軍事行動、遭難信号の偽装などがこれにあたる。

戦争犯罪とは

20世紀の戦争を代表する第一次世界大戦（1914‒1918）、第二次世界大戦（1939‒1945）、朝鮮戦争（1950‒1953）、ベトナム戦争（1961‒1975）を通じて陸海空すべての戦闘に関する戦争法は不完全な部分を補いつつ適宜その効力が増強されていった。《戦争犯罪：War Crime》というコンセプトもそのひとつで、平和や人道に対する犯罪行為への処罰が戦争法の中に組み込まれていった。

ジュネーブ条約に反する行為は原則、《戦争犯罪》とみなされる。そのうち平和に対する犯罪とは侵略戦争や国際条約に抵触する戦争に加担したことで成立するもので、戦争行為の計画も処罰の対象となる。人道に対する犯罪は、戦時中の政治的、人種的、宗教的背景に基づいた文民（一般市民）に対する移送、奴隷化、迫害、組織的な民族浄化を指す。特筆すべき

は戦争犯罪に関する戦争法は軍人のみならず政治家、実業家などの一般市民も処罰の対象となる点だ。

■1945年11月に審理が始まった第二次世界大戦中のナチスドイツの戦争犯罪を裁くニュルンベルク裁判ではナチ党幹部ら24名の被告が戦争犯罪人として裁かれた(19名が有罪、3名が無罪となった)。極東軍事裁判(東京裁判)は日本軍の戦争犯罪を裁くためのものであった。

捕虜とは

兵士(国家の軍事組織に属する正規兵)が自ら投降または敵軍に捕縛または拘束された場合、《戦争捕虜:POW:Prisoner of War》となる。捕虜の扱いに関する戦争法は第3回目の1929年に締結したジュネーブ条約の中に盛り込まれ、1949年になり捕虜に関する認定範囲がさらに拡大された(第4回ジュネーブ条約)。

1)捕虜に非ず　テロリズムと内乱

捕虜の扱いに関する戦争法は、国家に対するすべての敵対行為に適用されるわけではない。まずは敵対する国家が互いに戦争開始を宣言することが大前提として求められるが、宣言なしに戦争が始まった場合、捕虜に関する戦争法の適用は曖昧なものになる。

テロリズムは戦争行為とはみなされず、当然テロリストは捕虜の扱いに関する戦争法の適用外となる。テロリズムは現地の法執行機関が対処するべき《犯罪行為》とみなされるのが普通だ。

政府転覆を狙った内乱(治安、平静、秩序を乱す行為)も戦争法の範疇外の出来事となる。これらは通常、暴動(riot)や謀反・反逆(rebellion)とみなされ、この状態が長引くと《内戦:civil war》と呼ばれる。実のところ治安、平静、秩序を乱す行為については明確な定義づけがない。一般的に文民が戦闘行為を行い捕縛・拘束された場合は、捕虜ではなく刑法犯として扱われる。

2)捕虜の拡大解釈

明確な戦争状態にあったとしても捕虜に関する戦争法はすべての戦闘員(combatant)に適用されるものではない。いうまでもなく国家が運営す

る陸海空の軍隊に所属する兵士（正規兵）が戦争法の適用に与れる。しかし正規兵と対極に位置する民兵、義勇軍などの非正規兵の処遇は微妙だった。彼らが捕虜として認定されるようになったのは1949年の第4回ジュネーブ条約以降のことで、1）上官となる者の指揮系統の下で、2）武器を手にし、3）階級や所属を示す標章の付いた制服を着用するという条件付きの下で初めて戦争法が適用され、捕虜として扱われるようになった。

　戦争法の捕虜に関する解釈の拡大は、戦闘員と非戦闘員を区別するだけではなく、正規兵と通常の軍事行動では得られない自己の目的を達成するため軍隊の慣習の裏をかく《傭兵（暗殺者やスパイなども含む）》との違いをも明確にしている。現在、傭兵は経済的利益を目的に雇用され戦闘行為を行う第三国人、及びその集団、紛争当事国の軍隊の構成員とならない者、と定義づけられている。傭兵は戦争法とは無縁であり、捕虜の資格が認められていない。同じく捕虜に関する戦争法を出し抜くため市民を装ったり（普段着の着用）、敵国の制服を着用したりすることも犯罪行為とみなされる。

■民兵とは外敵の侵略を防ぐため民間で編成した軍隊、義勇軍とは有事に際し有志が自ら組織編制した戦闘部隊のことである。

■ベトナム戦争が終結したのち、恒常化するであろうとゲリラ戦を念頭に入れ1977年にこれまでの正規兵、非正規兵といった分類を廃し、《すべての組織された軍隊、集団および団体》を紛争当事国の軍隊とみなし、これらの戦闘員が捕縛、拘束された場合も《捕虜》とすることになった。

3）捕虜の権利

　戦争捕虜には人道的な待遇が保証されている。彼らはジュネーブ条約や国際法に則り敵国側に捕獲されても人道的に取り扱われる権利を有している。尋問に際して答える質問は1）名前、2）所属と階級、認識番号、3）生年月日といった最小限の情報だけでよいことになっている。また法的な手続きを踏まない限り戦争捕虜に対して捕獲者はいかなる処罰を与えることができず、情報を聞き出すための拷問も当然禁止されている。

　戦争法の庇護のもと、抑留中の戦争捕虜には衣服、食料が与えられ衛生面においても通常生活と同じクオリティーが与えられる。もちろん傷病兵には医療行為が施される。

捕獲者は捕虜となった者の指名等の情報を敵国側に通知しなければならない。抑留中の戦争捕虜は労働を強いられる場合がある。ただし捕獲者側の軍事活動に貢献するようなものであってはならず、捕虜には階級に応じた労働対価が支払われる。

　当然のことながら、特に戦闘が激化した場合などには捕虜への虐待や拷問がおこなわれ、殺害されることもありうる。しかし《目には目を、歯には歯を》の教えの通り同害報復を恐れ、当然、敵側も自国の捕虜に対して同じことをするであろうという思いが捕虜虐待の抑止力になっている。また両者にとって利益のある《捕虜の交換》も捕虜虐待を禁じた戦争法遵守の精神にプラスとして働いている。

4）捕虜と敵性戦闘員

　犯罪者（無法者）はともかく、戦争捕虜と敵性戦闘員の区別は一筋縄ではゆかない。犯罪者とは、その犯罪が行われた国の法律に則り、法執行機関が身柄を拘束し、起訴、処罰する対象にある者を指す。敵性戦闘員（enemy combatant）とは何か————？敵性戦闘員とは国際法やヘイビアス・コーパス（Habeas Crops）に代表される各種の権利章典など一切の権利が認められないまま他国の地において身柄を拘束された者のことだ。敵性戦闘員という分類は第二次世界大戦時に考え出されたもので、定義そのものが曖昧なことから特定の人物をテロリスト（その嫌疑のある者も含め）と認定し拘束や尋問をおこなうにあたり、まさにうってつけなのだ。アルカイダとの繋がりがあるとみなされた者を尋問のためアメリカ政府が強制的に収容したケースはこの好例である。

■ヘイビアス・コーパスとは不当に拘禁されている者を救出する手段であり、自由が奪われている身柄を裁判所に提出することを求める令状のこと。人身保護令状または身柄提出令状とも呼ばれている。

兵士と市民

　戦争中はその期間に関係なく、戦闘員、非戦闘員の区別なく敵味方の双方で多くの血が流されるものだ。兵士と市民、両者の違いはなんであろうか————。市民（civilian）とは民間人、または文民とも呼ばれ軍人や警官、聖職者に対する一般市民を指す別称である。これらは一括りに《非戦

闘員（noncombatant)》とも呼ばれる。一方、兵士(戦闘員)には必ず、与えられた兵器を取り扱うための訓練が施されており、彼らの使命は敵軍を壊滅させることで敵国を降伏させることが最終目的である。相手の戦力を消耗させる、または全滅させてしまうなど、戦況や戦術に応じて攻撃手段と程度が変化する。

市民は兵士と違い武装や訓練と無縁で、しかも攻撃に対して無防備である。しかし市民にも敵兵殺害の権利がある。ただし自己防衛の目的以外での殺傷は処罰の対象になる。市民には養うべき家族がおり、家賃を払い、給料を稼がなければならない。これらは戦時中であるからと言って免除されるものではない。だからこそ(建前であっても)戦争法は戦争で蒙る不利益から市民を切り離そうとしているのだ。

同じように戦争中という理由で兵士によるレイプや略奪といった行為が免責になることは断じてない。たとえ上官からの命令であったとしてもだ（これは人道に対する罪にあたる)。当然虐殺を含む人種、宗教、民族の違いからおこなわれた市民への暴力は《戦争犯罪(War crimes)》として裁かれる。

■パルチザン(partisan)は労働者や農民で組織された非正規軍。

市民は戦争捕虜と同じく、自国の政府や軍隊により強要された行為により処罰されることはなく、はどのような状況下でも人質として利用されてはならない――――。とはいうものの市民の権利が敵国兵士によって蹂躙または侵害される可能性は十分にありえる。特に反乱分子やゲリラは市井の間に紛れ込もうとする。こうした場合敵国兵士は市民に対して尋問や家宅捜査、外出禁止令といった方法でゲリラらを燻り出そうとする。この間に市民の権利が一時的に剥奪されることになる。

市民の武装は一般には歓迎されず、武器類は没収の対象となる。市民の生活の場が、ゲリラの拠点であることが判明し村や町全体が包囲制圧の対象となった場合、住民に退避を促すための事前通知がおこなわれる。軍隊によっては敵の拠点から子供や老人、妊婦に限っての流出を認める場合もある。この逆に外部からの医療従事者や宗教要員の流入に制限を設けないこともある。

軍による占領とは

　敵の軍隊の包囲制圧が完了した状態を《占領：occupation》という。これ以後、占領軍が事実上の統治者とみなされる。と同時に市民に対して食料物資の供給や医療活動を保証する義務が発生する。

　敵国領土を武力によって自国の支配下に置いた占領軍は自らのルールで被占領国を統治することができる。これが《軍事占領：military occupation》である。厳密に言えば講和条約などが締結した後でなければ立法、行政、司法の完全な主権者にはなれない。占領軍は被占領国の憲法や法律を無視することができるが、軍事上の必要性がない限り勝手にそれを改変することはできない。占領軍による戒厳令下、市民が占領軍に対して忠誠を誓う義務はない。

■戒厳とは戦時、事変に際して、立法、行政、司法の全部または一部が軍の機関に委ねられること。

　占領軍の占領による軍事的なアドバンテージは非常に高く、敵側残党の封じ込めと現地での物資獲得が可能になる。占領軍は、被占領国政府の所有する財産（建物や敷地）を軍事上必要とみなした場合、接収（強制的な所有）することができる。ただし公共財産は勝手に処分（売却など）することはできない。役所や公共機関、慈善施設、学究機関も接収の対象から外れる。

　司法関係者を含む公務員の地位は保証されるが、戦時中の不正行為が発覚した役人を罷免することができる。一般に非占領国の従前の教育制度は存続される。占領中、税金は地方からも徴収されるが、基本的な租税制度は被占領国政府のシステムが引き継がれる。軍事上必要とみなされない限り、占領軍による市民の私的財産の破壊は認められていない。没収する場合は、それに見合った補償がおこなわれる。

兵器の制限

　ツール（道具）としての武器の本質は人を《殺傷する》ことにある。その武器が軍隊に採用されると、それは《兵器：weapon》と呼ばれる。陸海空を問わず兵器には一定のルールが課せられていることから、人体内にフラグメントを残留させるような非人道的な武器または必要以上の苦痛を与える

ような武器は兵器の条件から外れる。

　よく知られていることだが国際連合では、戦闘員、非戦闘員の区別なく無差別に殺傷しうると同時に、必要以上の苦痛を与える非人道的な兵器として、核兵器の使用を非難の対象としている。また毒ガスに代表される化学兵器や疫病を蔓延させる細菌兵器の使用も禁止されている。

■アメリカ軍はベトナム戦争（1961−1975）において、焼夷弾ナパームと枯葉剤エージェントオレンジ（通称オレンジ剤）の２つの化学兵器を採用した。後者の採用についてはジャングルに潜む敵をあぶり出すという目的があったが、後年にまで周囲の環境や生態系に影響を及ぼしているとの報告がある。

ルールズ・オブ・ウォーの運用

　そもそも戦争とは欺瞞や混沌そのものであり法規や条約という概念はそぐわない。戦争法（ルールズ・オブ・ウォー）は不完全かつ矛盾に満ちている。なぜならば戦争の本質が理性を越えた行為である以上、戦争法に抵触しない清廉潔白な軍隊など存在し得ないからである。

　戦争法は大いなる矛盾のもとに存在する。人類は日々、効率的に大量の人間を殺傷できる武器の開発にいそしんできた。と同時に《歯止めが利かなくなる殺し合い》の中でも、人間が本来持つ善性や道徳感に根差した最低限のルールを確立しようとしてきた。

　陸海空のそれぞれの戦闘には次のような制約が求められている。

１）陸戦法

　陸戦における攻撃目標は１）敵の戦闘員と２）敵の軍事施設に他ならない。１）では衛生兵や降伏者、傷病兵は攻撃対象から外れる。２）には軍事物資の貯蔵場所も含まれる。鉄道、港湾や発電所などの一般産業用設備や施設は間接的ながら敵軍の維持に貢献していることから、軍事力を削ぐという目的が明確であれば攻撃が認められる。

　陸戦における３つのルールは――――
・市民（文民）を巻き添えとした無差別攻撃の禁止
・市民への被害は最小限に抑えなければならない
・攻撃目標が複数ある場合、市民の被害が最も少ないものを最優先させる

攻撃してはいけない対象として市民のほか宗教要員や医療従事者が挙げられ、同様の趣旨から病院、医療用車両や航空機、宗教施設への攻撃が禁止されている。遺跡や寺院など歴史的建造物、食品工場、堤防や原子力発電所も非攻撃対象とされている。

2）空戦法

陸戦法と同じく市民への無差別爆撃は禁じられており、この攻撃は戦争犯罪とみなされる。禁止攻撃対象としては、敵の軍事行動とは無縁の構造物、たとえば民家、公共施設、病院や慈善活動に供する施設、学校などの教育施設、歴史的建造物が該当する。しかし敵の移動や通信の阻止、兵力、軍事施設の弱体化、兵器工場や軍事物資工場への爆撃に伴う偶発的な損壊または《付随的損害：collateral damage》は許容されている。ただしあきらかに市民にも被害が及ぶことが予測される場合や攻撃目標の重要度が低かったり、敵の主要施設であることの確証が得られなかったりした場合はこの限りではない。

空戦法では軍用機と民間機の判別のため機体に国旗等のマーキングを施すことを求めている。故障した（もしくは攻撃を受けた）航空機からパラシュートで脱出する乗員への攻撃は、その乗員がパラトルーパーや偵察斥候員でない限り禁じられている。ただしその見極めは攻撃する側に一任されている。

■1945年、世界で初めて原子爆弾を使ったアメリカ軍は、ベトナム戦争ではベトコンをあぶり出すために森林地帯に大量の枯葉剤を散布し、北ベトナム市街地に対して絨毯爆撃をおこなった。こうした攻撃は戦争法、特に後者は無差別爆撃そのものであり明らかに空戦法に抵触している。しかし空戦法は条約ではなくあくまでも《規則》であり、と同時に原爆投下や絨毯爆撃といった戦術は規則が成立した当時（1923年）の想定を超えていたことからアメリカ軍は非難のそしりを免れている。

3）海戦法

海戦法は当事者の思慮に任されているケースが多い。当然ながら潜水艦を含む敵国の艦船と遭遇した場合、これを攻撃、撃沈させることができる。ただし敵国の商用船については停留指示と立ち入り検査を拒んだ場合に限

ってのみ攻撃が許されている。しかし敵国の商用船はこれらの命令に従う義務はなく、逃走もしくは何らかの自衛手段に訴えることができる。

　軍用艦艇はそのまま撃沈しても構わないが商用船の場合、国際法に従い船自体や貨物の所有者の権利を尊重し一旦港まで曳航しなければならない。この場合敵国艦船の乗組員は《戦争捕虜》として扱われる。また難船遭難者は戦争法に則り、救助しなければならないことになっている。

検証　第二次世界大戦

　第一次世界大戦（1914‐1918）の終結から約20年後、人類は再び世界的規模の大戦を経験することになった。第一次世界大戦後の1920年代、イギリスを筆頭に連合軍を構成していたヨーロッパの国々は戦後の痛手から立ち直れずにいた。財政の逼迫、国力の低下にあえぐヨーロッパをしり目に唯一気を吐いていたのがアメリカであった。アメリカは戦後空前の好景気を謳歌していた。

　20世紀初頭、世界は３つのレジームに分かれていた。大きな潮流は２つ。まずイギリス、アメリカ、フランス、オランダなどの民主主義国家体制、もうひとつは独裁者が国家を支配するナチスドイツ、イタリア、スペインなどの独裁国家体制（ファシズム）であった。国家主義（ナショナリズム）を唱えた日本、一党独裁の東ヨーロッパ諸国も後者にカテゴライズすることができる。

　３つ目の潮流はロシア革命後に誕生したソビエト連邦に代表される共産主義国家体制である。1721年から196年間も続いたロシア帝国は第一次世界大戦中の革命により世界で初めて労働者が支配権を有する共産主義国家となり《ソビエト連邦》として再スタートを切った。

　このような３つのイデオロギーを背景に、新たに領土問題や権益確保の争いが各地で発生し、これらが第二次世界大戦の勃発につながった。

■ソビエト連邦はヨシフ・スターリン（1897−1953）による独裁国家のようなものであった。
■当時のドイツ、イタリア、日本、ソ連は個人を民族・国家に組み入れる《全体主義国家》ともいわれる。

第二次世界大戦を俯瞰する

第一次世界大戦終結後の1919年に締結されたベルサイユ条約によりドイツ帝国は《ワイマール共和国》として再編成され、連合軍側に対する巨額の賠償金の支払い、国土の割譲、再軍備の禁止という厳しい条件を突き付けられた。民族の自尊心を著しく傷つけられたドイツ国民は1920年に設立したアドルフ・ヒトラー（1889-1945）率いるナチス（国家社会主義ドイツ労働者党）の打出す政策に傾倒していった。国民の支持を得たナチスは禁を破り、再軍備を着々と進めていった。戦後、自国の立て直しに忙殺されたイギリスやフランスはこうした兆しを見逃していた。

ロシア革命により第一次世界大戦から途中で脱落した旧ロシア帝国も孤立していた。1922年、ロシアは社会主義国家《ソビエト連邦》として再生するとドイツ（ワイマール共和国）と秘密協定（通称ラバロ条約）を締結。これが、ベルサイユ条約が禁じたドイツ再軍備の後ろ盾となった。

1）ファシズムの台頭

戦後の好況に湧いていたアメリカであったが、好景気は1929年を境に一気に暗転し、これが世界大恐慌の端緒となった。イギリス、フランスはこれを回避するため、同盟関係国や植民地間の互恵のみ優先する排他的な経済体制、《ブロック経済》を推し進めた。この経済圏から外れた中小諸国の中に、イタリアとドイツ、日本が含まれていた。イタリアとドイツでは経済の悪化と政情不安を背景に過激な政治団体が国民の支持を得ていた。イタリアは1922年、ファシスト党のベニート・ムッソリーニ（1883-1945）が権力を掌握しエチオピアに侵攻、ドイツでは1934年、ナチ党のアドルフ・ヒトラー（1889-1945）が総統に就任し一方的にベルサイユ条約を破棄し再軍備を宣言し、ベルサイユ体制は崩壊する。

2）日独伊三国同盟

日本は第一次世界大戦時、連合軍として参戦した。しかし戦勝国としての待遇（領土問題）に納得がいかず不満を募らせていた。当時の日本政府は1920年代に入ると帝国主義路線をさらに推し進めアジアを束ねた一大帝国の樹立を画策していた。大恐慌後の1931年、イタリア、ドイツと同様にブ

ロック経済圏から外れていた日本は満州に侵攻を開始し、事態は日中戦争
（1938－1945)へと発展した。
　ドイツと日本は、国際的には孤立した立場であることと全体主義国家を
標榜することから境遇が似通っており1936年に《日独防共協定》を締結した。
1940年にはイタリアがこの協定への参加を表明し三国の間で《日独伊三国
同盟》が結成された。

3) 第二次世界大戦の経緯

　第二次世界大戦は連合国（イギリス、フランス、アメリカ、ソ連、中国
など）と枢軸国（ドイツ、日本、イタリア）との間でおこなわれた。戦争勃
発から終戦までを時系列順に観てみる――――。

1936年　日独防共協定
1938年　日中戦争始まる
1939年　ナチスドイツとソ連で独ソ不可侵条約を締結
　　　　　ナチスドイツのポーランド侵攻
　　　　　イギリスとフランスがナチスドイツに宣戦布告⇒第二次世界大戦
1940年　ナチスドイツによるパリ陥落（フランスの降伏）
1941年　独ソ不可侵条約の一方的破棄⇒ナチスドイツのソ連侵攻が始まる
　　　　　日本、日中戦争の際中東南アジアへも進出を図る
　　　　　真珠湾攻撃⇒太平洋戦争
　　　　　日独伊三国同盟に則りドイツ、イタリアがアメリカへ宣戦布告⇒連
　　　　　合国対枢軸国の図式で戦争が激化する
1942年　ソ連を舞台としたスターリングラードの戦いでナチスドイツ敗北
　　　　　太平洋戦争での日本の敗色強まる
1943年　イタリア降伏、大戦から離脱
　　　　　日本、太平洋諸島での敗北相次ぐ、中国では抗日勢力に劣勢を強い
　　　　　られる
1944年　連合国軍のオーバーロード作戦が始まる
1945年　戦後処理を巡り連合国首脳がヤルタ会談を開く⇒首脳間の対立が表
　　　　　面化
　　　　　ナチスドイツの降伏
　　　　　日本の無条件降伏（ポツダム宣言を受諾）⇒第二次世界大戦終結

4）太平洋戦争とは

太平洋戦争(1941-1945)は第二次世界大戦(1939-1945)の中に組み込まれている。太平洋戦争とは、太平洋を主戦場としたアメリカ、イギリスを中心とする連合国軍と日本軍との戦闘で、日本では大東亜戦争と呼んでいた。

アメリカは当初、第一次世界大戦の時と同じくニュートラルな立場をとっていた。しかしアジアや太平洋において日本のプレゼンスが急速に増すことを危惧したアメリカは日本政府に対して三国同盟の解消などを条件とした石油の禁輸措置に踏み切った。

1941年12月のアメリカ海軍基地への奇襲攻撃(真珠湾攻撃)をきっかけに太平洋戦争が始まった。日本は翌年のミッドウェー海戦、ガダルカナル島、サイパンでの戦いを経ながら敗色が濃くなり1945年、広島、長崎への原子爆弾投下を機に国体護持を条件に無条件降伏に応じた。

5）機械化する歩兵

第二次世界大戦で使われた歩兵の兵器は、第一次世界大戦末期に登場したサブマシンガンの大量投入を除き第一次世界大戦のそれと基本的に変わっていない。第二次世界大戦と第一次世界大戦との違いを《戦術》という観点から探ってみると、戦場の流動化と活発化が際立っていた。

第一次世界大戦を読み解くキーワードは塹壕戦(trench warfare)であった。お互いの火力、戦力が拮抗したことから、長距離からの間接砲撃、マシンガンの絶え間ない銃撃により敵味方が塹壕越しに無人地帯を挟んで睨み合う膠着状態が長く続いた。

本格的な装甲車(armored vehicle)の歴史は1902年、イギリスが南アフリカの領有権を争ったボーア戦争(1899-1902)の時代から始まっていた。塹壕戦のクリンチ(膠着)を打破し、歩兵を戦略的に速やかに移動させるには装甲を施した車両を使う以外に選択肢はなかった。しかし大量の砲弾の着弾によって耕されてしまった無人地帯の地盤が極度に軟弱化し、特に降雨の後はぬかるみが酷く車両による走行は不可能であった。そこで白羽の矢が立ったのがアメリカのホルト社が農耕車両用に開発した無限軌道(履帯)であった。足回りを履帯で固めた《戦車(tank)》の歴史は1916年イギリス軍が《ソンムの戦い》で先鞭をつけた新兵器マークⅠから始まる。57mm砲とマシンガンを装備したマークⅠであったが十分なフィールドトライアルもおこなわれず実戦投入されたことと装甲の厚みが8-12mmしかなか

ったことから敵の攻撃には脆弱であった。翌年フランス軍が世界初の砲塔を装備し、16－22mmの装甲厚を誇るルノーFT17でこれに続き、戦車として、あるべき姿を提示した。

　第二次世界大戦では戦闘が局所的におこなわれ、戦場が分散化した。この背景には徒歩や馬に替わる装甲車両や戦車による歩兵の輸送運搬があった。こうした変化は《歩兵の機械化（mechanization）》と呼ばれ、陸上だけではなく空にも及んだ。空挺（airborne）の利点は国境などの地理的、地形的制約とは無関係であることだ。確かに第一次世界大戦時において航空機が歩兵の輸送手段に使われたが、本格的な空挺の時代を迎えるのは輸送機の発達が著しい第二次世界大戦になってからのことだ。

　第二次世界大戦で一般市民を巻き込むなど戦禍が広範に及んだことは歩兵に機動力が付与されたことも原因の1つといえよう。

■戦車部隊を中軸に据えた機甲部隊を効果的に用いた戦術を《電撃戦術（Blitzkrieg）》という。

第二次世界大戦の死傷者数

　第二次世界大戦の民間人を含む戦死者数は以下のようになる————

	連合国軍	枢軸軍
戦死者	16,000,000	8,000,000
市民	45,000,000	4,000,000
合計死者	61,000,000	12,000,000

*数字は諸説あり

　過去の戦争でも軍創で命を落とす者の数よりも病死者の方が多いという状況が多々あった。民間人も同様であり、疫病の流行（第一次世界大戦であればスペイン風邪）や、民間医療施設への攻撃により適切な処置が受けられなかったことで病死が相当数の割合を占めた。アメリカ軍兵士の場合、南北戦争（1861－1865）では北軍戦死者304,369名の3/4が病死している（受創後の感染症も含め）。参戦が最も遅れた第一次世界大戦では戦場で死亡した兵士の数は53,402名であったが、病死を含むその他の死者数はこれを上回る63,114名となっている。第二次世界大戦ではこの関係が逆転する。

113,842名の兵士が病死を含むその他の原因で命を落とし、交戦中の死者数は291,557名であった。

増える民間人の犠牲者

　戦線の拡大と戦闘の長期化を背景に第一次世界大戦では1500万名と見積もられる戦死者数のうち600万名以上が民間人であった。第二次世界大戦では歩兵の機械化、戦場の流動化は結果的に民間人（非戦闘員）の死者数を増大させることになった。戦闘員の戦死者が2000万名であったのに対して非戦闘員は（広島、長崎の原爆犠牲者20万名とホロコーストのユダヤ人犠牲者600万名を含め）少なく見積もって4500万名となった。

　第二次世界大戦時、歩兵の兵器開発に際立った進歩が見られなかったように軍創（銃創）の程度も先の大戦とさほど変わりがなかった。しかし戦場が流動化したことで戦闘とは無縁であるはずの市民（非戦闘員）が巻き込まれる頻度が格段に高くなった————。市街戦や空爆がその好例である。

　そもそも軍創とは戦場で戦闘員が蒙る創傷のことであるが、第二次世界大戦では市街戦に巻き込まれ軍用ライフルで撃たれたり（銃創）、空襲により火傷や爆創を負ったり、と一般市民が軍創を負うようになったのだ。空襲を例に挙げると、1940年から約1年間、ロンドンをはじめとするイギリスの主要都市はナチスドイツ軍から夜間爆撃に曝され、6万名以上の市民が犠牲となった。日本では1945年3月10日の東京大空襲により市民10万名が死亡したことから、1回の空襲では最も多い死者数を数えた。

1）戦場と一般社会

　戦場（戦闘地域）と一般社会（非戦闘地域）、この2つのシチュエーションに生じる《違い》は何であろうか。まずは負傷者（傷病兵）を取り巻く環境が不衛生か衛生的か、である。この違いは受傷した後に際立ってくる。戦場とは基本的に不衛生である。戦場で受ける創（傷）である軍創は程度の差はあれ泥、砂、土、糞便などによって100％汚染されるものである。そして、この汚染（contamination）が《感染症（infection）》へと繋がるのだ。

《違い》はもうひとつある。手当てを受けるまでに要する《時間》だ。ここでいう手当てとは診察も含め、設備や衛生的環境が整った病院での医療行為を指す。

　救急車やパラメディックなどの患者搬送システムが充実し、最新の医療

設備が整っている一般社会においては一時間以内にクオリティーの高い医療処置を受けることが可能だ。ところが戦場では数時間以上、下手をすれば２、３日経過してからやっと手当てを受けるといった状況がざらである。確かに前線には衛生兵が随行し、負傷者搬送用のヘリや車両が用意され、後方には野戦病院が開設されている。しかしサニテイション（衛生面：sanitation）という点では、一般社会のそれとは比べものにならない。もとより衛生面云々を論ずる以前に、戦況によっては戦場から負傷者を運び出すことすらままならないだろう。

２）軍創の致死率

当然のことながら手当てが遅れれば生存率が下がる。とりわけ重傷者にとっては一刻の猶予も許されない。軍創は創傷の数が数か所に及ぶことがほとんどである。特にマシンガンの登場以後、銃創であれば撃たれた箇所がひとつという方が稀で、多くの場合で２発以上撃たれている。爆創も同様だ。砲弾が近くで爆発すれば爆風のみならず無数の弾殻フラグメントによって必ず複数の創傷を負うことになる。

銃創の致死率は頭部、頸部、胸部、腹部、四肢の順番で低くなってゆく。なかでも四肢銃撃の致死率は大腿部や肩付近の静・動脈への損傷がなければ、死に至る可能性はかなり低くなる。しかし手当てを受けるまでの時間が丸一日または数日まで経過すると四肢銃撃であっても楽観視はできなくなる。戦場での生死の分かれ目は創傷の程度ではなく医療処置を受けるまでの時間によって決まるといってもいいだろう。

軍創の死亡率は以下の条件で変わってくる――――
・どのような環境下で銃撃されたか（市街地、ジャングル、砂漠）
・医療処置を受けるまでにどれだけ時間が経過したか（搬送時間）
・どのようなクオリティーの処置を受けたか（野戦病院、救急病院）
・予後はどうであったか（安定、悪化）

検証　第二次世界大戦の軍創

1918年の第一次世界大戦休戦締結から20年後、人類は二度目の世界大戦を経験した。ナチスドイツがポーランドに侵攻した1939年から日本がポツダム宣言を受諾した1945年までを《第二次世界大戦》でくくることができる。

このうち東南アジア、太平洋諸島が舞台となった日本軍とアメリカ、イギリス、オランダ、中国の連合軍との戦争を《太平洋戦争(1941-1945：別名：大東亜戦争)》と呼ぶ。この戦闘は市街戦を含む平坦なヨーロッパの戦地と違い複雑な地勢とジャングル地帯でおこなわれ近接戦やゲリラ戦がメインとなった。

1）戦闘形態

塹壕戦に象徴されるネガティブな戦術に終始した第一次世界大戦と違い、第二次世界大戦では戦車、装甲車両、航空機による兵員の流動化が進み戦場が活発化した。これにより積極的に相手の懐に入り込むポジティブな戦術が一般化し、勝敗を決する鍵は機動力の有無にかかっていた。

第一次世界大戦に登場した榴弾やマシンガンなどの大量殺戮兵器はさらに洗練され、機動力の要となる戦車(電撃作戦)や戦闘機、爆撃機(空爆)が本格的に導入されたことによって一度の攻撃で大量の死傷者を数えるようになった。戦場の活発化(流動化)は戦闘地域の拡大を意味し、民間人の犠牲者が激増した。

2）軍創の特徴

軍創の程度は先の大戦の時とさほど大きな違いは見られない。というのは第一次世界大戦時に、すでに砲弾は榴弾(High Explosive)が当たり前になり軍用ライフルにはスピッツァーブレットが導入されていたからだ。この間、医療も格段の進歩を遂げ負傷者の生存率も向上していた。医療現場ではジョセフ・リスター(1843-1910)らが1860年代後半から提唱した殺菌、消毒があまねく励行されるようになり、四肢銃撃、即アンピューテーションといったステレオタイプも改善されるようになっていた。第二次世界大戦と第一次世界大戦との違いは手当てのクオリティーではなく手当てを要する負傷者の数であった。

アメリカ軍の医療体制

第二次世界大戦は、アメリカがこれまでに関与した戦争の中で最も規模の大きな戦闘となった。アメリカ軍は不安を抱えていた。それは先の大戦、第一次世界大戦への参戦が遅れたことによる軍創治療の経験不足に起因していた。それゆえに盤石の態勢で臨もうとしていた————。

当時のアメリカ陸軍の医療を統括していたのは軍医総監ノーマン・トーマス・カーク（1888－1960）であった。太平洋戦争が始まるとすぐに数千名の外科医が、軍創治療経験がないまま軍医に任命された。初期縫合後に感染症を発症させるなど経験不足は1941年の真珠湾攻撃で、すでに露呈していた。こうした状況を踏まえ1943年、整形外科分野の専門医としては初めて陸軍軍医総監に任命されたカークは、第一次世界大戦中、軍医として従軍した際の経験を活かし、最新の治療法を都度採用し盤石の医療体制を築こうとしていた。

　1943年から1947年の任期中、カークの配下には535,000名の衛生兵、57,000名の看護婦、47,000名の外科医、15,000名の歯科医が控えていた。このうち衛生兵は通常、一中隊につき２名があてがわれ、隊の中から負傷兵が出ると衛生兵がまず救急処置を施し、必要とあれば大隊救護所（battalion aid station）への搬送を指示した。さらに治療が必要な場合、後方の軍医療施設へ送られそこでトリアージを受け外科手術がおこなわれる。重篤な傷病兵は戦地外の医療施設もしくは本国の軍病院に搬送された。

■アメリカ本国に788ヶ所の医療施設が、700ヶ所にも及ぶ病院施設が戦地に設けられ、戦時中、負傷兵60万名が治療を受けた。

アンピュテーションを回避する新しい治療法

　陸軍軍医総監ノーマン・トーマス・カークはもともと整形外科を専門としていた。カークはなかんずくアンピュテーションに長けており、第一次世界大戦中、アンピュテーションを受けた兵士のおよそ1/3は彼が直接執刀にあたっていた。また1924年に彼の監修のもと刊行された《アンピュテーション：実践的施術法》はこの分野の教科書になっていた。

　かつては開放性の創傷で、しかも骨折を伴っているような軍創では、アンピュテーション以外の治療方法は事実上、無かった。しかし1895年のヴァイルヘルム・レントゲン（1845－1923）のX線の発見を機に骨折治療は劇的に変化した。

１）創外固定法

　創外固定法（external fixation）もX線によって導かれた治療法のひとつで、ピンとシャフトの連結によって外部から折れた骨を固定するこの方法

は1930年代には民間医療として外科医の間で認知されていた。アメリカ軍も早速採用したものの早い時期におこなった25件の症例のうち4件で感染症を発症したことと、症例の1/5で固定具の不具合が確認されたことを理由に創外固定法の軍創治療法としての採用を見送り、これまでの牽引固定法にこだわった。これは朝鮮戦争（1950‐1953）、続くベトナム戦争（1961‐1975）でも同じであった。

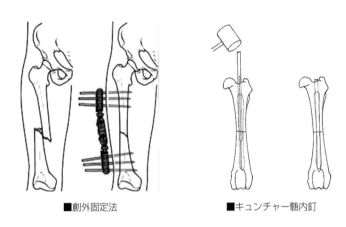

■創外固定法　　　　　　　　　　■キュンチャー髄内釘

2）内固定法

　創外固定法に対して、折れた骨を内側から固定する内固定法（internal fixation）の中で最も有名なのがドイツの外科医ゲアハルト・キュンチャー（1900‐1972）が1939年に考案したキュンチャーネイル固定法である。ネイル（釘）の断面はクローバーの葉のような形になっており、骨に対して垂直に髄内へ打ち込まれ骨折部位はしっかりと固定される。

　1939年といえば第二次世界大戦が勃発した年でありキュンチャー固定法は門外不出の治療法になってしまった。ナチスドイツ軍は当初、キュンチャー固定法の軍創治療への導入を見送ったが、1942年オフィシャルに採用した。上肢骨折の場合、この治療を受けた負傷兵は2，3週間で戦線に復帰することができた。キュンチャー固定法が世界的に広く知られるようになったのは終戦を迎えキュンチャーネイルを埋め込んだ戦争捕虜が故郷に戻って来てからのことだ。

■従来の牽引固定法にこだわったアメリカ軍も朝鮮戦争時になるとキュンチャー固定法を軍創治療法として採用した。1960−1970年代、民間医療の場でもあまねく知れ渡り、1990年代にはインプラント技術の発達とともにより洗練されていった。

新兵器　原子爆弾のこと

　爆薬を地面の上において爆破させるとクレーター（漏斗孔）が形成される。これは爆発により発生したエネルギーがクレーターの形成に消費されたということだ。しかし地面と接していない部分のエネルギーは空中に放出され無駄になったというわけだ。橋や下水道、地下ケーブルなどの社会インフラに対するサボタージュ（破壊工作）を実行するにあたり、仕掛けた爆薬の上に重量物を積んだり、あらかじめ穿孔したところに爆薬を充填したりするのは、発生するすべてのエネルギーを無駄なく破壊に費やそうとしているためだ。同じ理屈が砲弾の中に炸薬を仕込み、この爆発によって弾殻をフラグメント化させ人員を殺傷する榴弾にもあてはまる。

　爆弾を空中（オープン）で反応させるということは、ほとんど破壊に貢献しない。ただしエネルギーが甚大である場合はこの限りではない――――。1945年８月、日本において兵器史上初めて原子爆弾（２発）が使われた。爆弾といっても爆薬のエネルギーではなく、ウランやプルトニウムなどの原子核分裂に伴って生み出される巨大なエネルギーを転用したものだ。

　世界で最初に実戦投入された高濃縮ウランを使用した原子爆弾のエネルギーはTNT爆薬換算で20キロトンに相当する。この原子爆弾には搭載されたウラン50kgのうち約１kgが反応したことになっており、それでも１kgのウランの核分裂によって生じるエネルギーはTNT爆薬２万トン分に相当する。榴弾では爆弾の本体が粉々になることで殺傷力の源になるが、原子爆弾の場合、本体はもはや容器に過ぎないのだ。

■ＴＮＴ換算とは爆発によって生じるエネルギーをＴＮＴ爆薬の質量１ｔ分のエネルギーを基準とし、算出した。

　空中で爆弾を反応させる――――これは原子爆弾のような甚大なエネルギーを有した《特殊爆弾》にのみあてはまる話だ。原子爆弾の殺傷力は熱線（35％）、衝撃波、爆風（50％）によってもたらされ、副産物である残留放

射能(15%)が後年にわたり人体や環境を蝕む(括弧内の数字は発生したエネルギーの内訳)。

　日本に投下された原子爆弾第一号は地上約600m地点で反応した。前述のとおり爆薬であれば空気中に放散されたエネルギーは無駄になるが、原子力爆弾ではその逆の現象が起きる。つまり地上で反応させるよりも、十二分にその効果が発揮されるということだ。

　爆心地点の温度は6000℃の高温となり(鉄の溶解温度は1500℃)、最大直径280mもの火球を形成、強烈な熱線を3秒間放出し爆心地点から1km圏内にいた犠牲者は蒸発もしくは第Ⅲ度熱傷を超え真っ黒に炭化した(第Ⅳ、Ⅴ度熱傷とも)。また爆発の瞬間に生じた高温(火球の中心部は100万℃に達する)により爆心地点のピークオーバープレッシャー(最大気圧)は数十万気圧に達し、音速340m/secを超える爆風を生じさせた。爆心地点の爆風圧は300万パスカルと推定され、1平方mあたり30tもの力が加わったことにより　半径1km圏内にあった非鉄筋コンクリート構造物は全壊した。

　原子爆弾のエネルギーは一度吹いた爆風を《吹き戻す》ほど巨大である──────爆心地点から外側に向かって生じた爆風により中心部の空気が希薄になることから周囲の圧力は急激に低下する。これが負圧を生み今度は爆心地点に向かって逆方向に《吹き戻し》が発生するのだ。衝撃波の威力も爆薬の比ではない。空中で発生した衝撃波は入射波として放射状に拡がり、地面に反射し反射波となる。反射波は後続の衝撃波を何倍にも増幅し《マッハステム：Mach stem》を垂直方向に生じさせる。この現象は《マッハ反射》と呼ばれ、戸外よりも屋内、壁などに面して立っている犠牲者の致死率が高かったということの裏付けになっている。マッハ反射は地面のような硬い面に限らず水面や空気でもおき得る現象だ。

　原子爆弾による創傷は《爆創》に分類される。原子爆弾投下時の広島の人口はおよそ42万名。このうち1945年12月末までに12万名(行方不明者含む)が死亡した。一方長崎では24万名の人口のうち7万4千名が死亡または行方不明となった。爆創別で観る犠牲者の最大の特徴は、死亡原因となる爆創の種類が通常の爆弾や爆発物を使ったテロによるものとは逆になるところである。熱傷による第Ⅳ爆創や爆風による構造物倒壊等に関連する第Ⅲ爆創が最も多く、続いて吹き飛んだガラスや破片による第Ⅱ爆創、衝撃波による内臓破壊に代表される第Ⅰ爆創となる。

■広島に投下された原子爆弾、通称リトルボーイはウランを、長崎のそれ

はファットマンと呼ばれプルトニウムが使われた。little、fatは爆弾の形状を表現したものだが、前者はガンバレル（gun barrel）型といって爆薬の爆轟でシリンダー内のウランを衝突させる機構のためスリムな形状になった（胴回り75cm）。爆薬を配した球形ドームの中心に収めたプルトニウムを爆轟によって圧縮するインプロージョン（爆縮：implosion）型を採用した後者は胴回り152cmのずんぐりとした形状となった。

感染症とのたたかい

　1847年、ハンガリーの産科医イグナーツ・ゼンメルバイス（1818－1865）は出産後の妊婦の高い死亡率の原因が《医者の汚れた手》であることを突き止め（接触感染）、消石灰と塩素の溶液を使った手洗いを励行させた。1867年、フェノールの殺菌効果を世に知らしめたイギリスの外科医ジョセフ・リスター（1843－1910）は、手洗いによる消毒の重要性を説いたゼンメルバイスと同じアプローチで化膿の原因は何らかの微生物の仕業であることを見出した。

　彼らと同時代に活躍していた細菌学者にドイツのロベルト・コッホとフランスのルイ・パスツールがいた。ロベルト・コッホ（1843－1910）は当時多くの人命を奪った伝染病の原因は微生物（病原菌）であることを解明し、感染症の末期症状である敗血症の研究にも取り組んだ。《細菌学の父》と称されるルイ・パスツール（1822－1895）は食品の発酵を促す微生物（細菌）が人間や動物にも感染することを発見すると、1865年以降、創傷の腐敗と感染症の相関を明らかにした。

　こうした偉大な先達の業績の集大成が感染症特効薬、《抗生物質》の誕生へと繋がるのだが、第一次世界大戦の頃には結実せず、第二次世界大戦末期まで待たねばならなかった————。

＊　＊　＊　＊　＊　＊

感染治療　当時の常識

　19世紀後半になって細菌の存在が明らかになるまで医療従事者の間では受傷した（もしくはその影響が及んだと思しき）部位はすべて削り取るとい

う考え方が一般的であった。これは傷口だけではなく腫れた患部も含まれていた。当時の医学レベルを慮ればやむなしといったところだが、人体に侵入した異物は何が何でも取り除かなくてはならないというのは間違いで、特に患部の腫れは膿の自然排出というプラス面のほうが大きいこともある。

　1914年、第一次世界大戦が始まる頃には汚泥、大気中の塵芥や衣類に付着した細菌が傷口から侵入することで、患部周辺の感染症が始まるという考え方が知れ渡っていた。その後、細菌が付着した汚染部位は本格的な感染症に進む前に除去すれば生命を失う危険性は低くなるばかりか術後の経過も良いことが判ってきた。この施術がデブリードマン（創面切除：debridement）であり、感染症対策の有効手段として現在でも実践されている。第二次世界大戦が始まった頃には創傷の重篤な感染症状は12時間以内に発症するという考えが定着し始め、特にβ溶血性レンサ球菌（1つ1つの球菌が規則的に、直鎖状に配列して増殖してゆく細菌）による感染は6時間以内に発現するという目安が立てられていた。

1）受傷後の致死率上昇の原因

　受傷後の致死率上昇の背景には1）創傷の汚染と2）手当ての遅れがある。前述したように軍創は汚染されているものだ。汚染源には必ず細菌が存在し、それが感染症を引き起こす。

　感染症には1）外因性感染と2）内因性感染のふたつがある。外因性感染は、外来菌による汚染のことで経皮感染、経気感染などがある。一方、鼻腔、皮膚表面や腸などの消化管内に常在する細菌が宿主の抵抗力が落ちた時に暴走し、感染症を誘発することを内因性感染という。当然のことながら戦場ではどちらも命取りになる。

　抗生物質の投与（1943年以降）と同じくデブリードマン、いわゆる《創面切除（壊死組織を切除し他の組織への影響を防ぐ外科手術）》が医療行為として定着するまで、軍創は放置

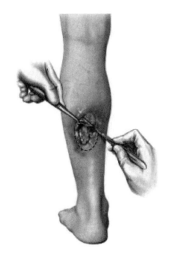

■デブリードマン

しておけばクロストリジウム属細菌などの感染症によってガス壊疽を起こし《腐ってゆく》のが普通であった。

　細菌感染という言葉が定着したとはいえ、第一次世界大戦前後の時代の医療従事者の間では、腐り始めた四肢は即、アンピュテーション(切断)という考え方が根強く、義肢業者は大もうけをしていた(当時の記録を見ると野戦病院の焼却炉の前には毎朝切り取った四肢が山と積まれていた)。もちろん術後も感染症の恐怖につきまとわれ、ある者はそのまま回復し、またある者は感染症を発症しベッドの上で死んでいった。

2) ガス壊疽(えそ)

　ガス壊疽(gas gangrene)は、銃器の黎明期といわれる16世紀から銃創とは切っても切れない関係にあった。もちろん当時感染症という概念もなく、細菌の存在すらわからなかった。

　ガス壊疽とは、土壌や動物の腸管、糞便に生息するクロストリジウム属細菌による壊疽のことだ(内因性感染であれば大腸菌など)。激痛を伴い患部から二酸化炭素や悪臭のあるガス(メタン)を発生するためこの名前がついた。赤く腫れていた皮膚の色は次第に緑色、黒へと変色してゆく。

　ガス壊疽の進行は次のようになる————。開放性の創傷が生じ、汚染を介してクロストリジウム属の細菌が創から侵入する(感染)。皮下で壊死した組織内(コロニー)で酸素を嫌う(嫌気性)菌が増殖し、毒素を産出する。感染が深部に進行すると浮腫やガスポケットが生じ、これらが血行を妨げ組織への酸素供給が滞り壊死がさらに促進し、毒素の排出量が増える。壊疽の進行は筋肉にまでおよび、菌の毒素は患部のみならず中

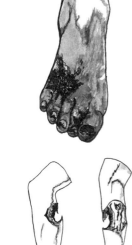

■ガス壊疽に冒された下肢

222

枢神経も冒してゆく。

　通常傷口は縫合せずしばらく開放状態にしてオキシドールで洗浄される。縫合を遅らせるのはこの菌が空気に弱い嫌気性細菌だからだ。壊死した部位は当然デブリードマンを要する。ガス壊疽の致死率は15〜30%で抗生物質ペニシリンが特効薬だ。また嫌気性という特徴を利用し、高圧酸素療法も有効である。

■当時の社会は傷痍軍人(ただし四肢欠損者)に対して奇異の目を向けることは無く、むしろ軍人の《誉れ》ととらえる風潮が少なからずあった。

細菌の数と感染症

　感染症は寄生者であるバクテリア(細菌)とホスト(宿主)の均衡が崩れた時にも発症する。これが内因性感染であり、細菌は宿主の免疫力が落ちた時に勢いを増す。同じことが外因性感染にもあてはまる。傷口の汚染がすべて感染症に繋がるわけではなく、宿主の抵抗力さえあれば何事も無く自然治癒することもある。宿主の抵抗力は１)重度の外傷、２)栄養失調、３)糖尿病など持病の悪化などが原因で低下する。

　免疫力、抵抗力とは別に感染症になるか否かは傷口に存在する細菌の数によっても決まる。細菌学者の間では細菌一種10万〜100万単位が感染症発症の一つの基準になっており、たとえばブドウ球菌は100万単位に増殖すると膿疱を生じさせるといった具合だ。いいかえれば酷い外傷を負ってもサンプル組織１g中の細菌数が10万単位以下ならば感染症は発症しないということになる。山羊を使った実験で、前出のガス壊疽菌や破傷風菌、ボツリヌス菌に代表されるクロストリジウム属細菌は１ml中に100万単位までに増殖すると致死的な感染症を引き起こすことが判っている。

■ベトナム戦争からの報告では、負傷兵の傷口の細菌数が1000単位以下であれば感染症にはならないとされている。一般社会では縫合時の傷口の組織１g中の細菌数が10万単位以下ならば問題は無いとされている。ただし重度の火傷を負い、敗血症(全身に及ぶ細菌感染症)を起こしているような場合、傷口に巣食った細菌の数が少なくとも予断を許さない状態になる。

受傷から感染症発症まで

　速度が音速を超えるライフルブレットで撃たれると弾丸が命中した部位から離れた組織にまでダメージが及び、遠方の血管も破壊されてしまう。血管が破壊されるということは血流がストップするということだ。血栓症や血腫により新鮮な血液の供給が妨げられた組織（細胞）は壊死しこれが細菌のコロニー（培養地）になる。破壊された組織を切除するデブリードマン（創面切除）の主たる目的は感染症防止のためだ。毛細血管や微小血管系のダメージも考慮するとデブリードマンは実際の創傷部位よりも広範囲にわたるのが普通だ。

銃撃⇒組織の破壊⇒血流遮断⇒汚染⇒細菌繁殖⇒感染発症⇒細胞・組織の壊死
⇒毒素の体内循環⇒敗血症⇒死亡

　ライフルブレットと骨がヒットした場合、粉砕骨折は免れず骨膜の剥離、骨内部の血栓、血流障害により健康な部分にもダメージが及ぶ。破壊された骨組織は筋肉組織と同じく細菌のコロニーと化し慢性骨髄炎の原因となる。腹部を撃たれた場合、常在菌が繁殖している内臓が大きく損傷するため内因性感染は不可避だ。会陰部や大腿部の銃創も同様で腸内細菌、糞便による汚染は免れない。

輸血と感染症

　輸血も感染症の蔓延の原因となっていた。特に傷病兵間同士の対人輸血は忌避すべき行為であった。血液バンクという輸血体制が第一次世界大戦中にフランスで確立されていたにもかかわらず第二次世界大戦勃発時、枕元輸血（対人輸血）に固執する軍医も少なからずいた。しかしこうした状態もアメリカ赤十字社の呼びかけで国際的な輸血バンク体制が整うと、対人輸血は徐々に廃れていった。

　輸血バンクの発想はもともとアメリカ人医師オズワルド・ロバートソン（1886 - 1966）によるものであったが、意外なことにアメリカ軍内部での整備はかなり遅れていた。採血量も100 - 150mlと第一次世界大戦時の500mlに比べるとかなり少なかった。1914年、アメリカ軍の参戦が決まると事態は一変する。1943年から陸軍軍医総監ノーマン・トーマス・カーク（1888 - 1960）の肝いりで輸血体制が一気に整備さると本国から新鮮な血

液が大量に調達され、終戦間近には1日につき2000ユニットが空輸された。

意外な汚染源

　榴弾が地面に着弾。衝撃で吹き飛ばされた体が泥地の中に突っ込む。しばらくすると激痛で意識を取り戻した。痛む足に目をやると軍服のふくらはぎの部分が榴弾の破片でバックリと裂けていた。出血が少ないように見えたのは傷口にビッシリと泥が詰まっていたからだ・・・・・

　戦場における軍創はすべて汚染されていると見るべきだ。腹部を受傷すれば洩れた糞便が傷口を汚染する。汚染は受傷後の不衛生な環境だけではなく飛翔体(弾丸、弾殻フラグメント)そのものが運ぶ異物や微生物(細菌、原生動物、酵母、ウィルス、藻類)によっても引き起こされる。意外な汚染源として衣類、軍服の繊維が挙げられる。傷口に触れる衣類や着弾時に人体に吸い込まれた繊維の屑は細菌の絶好のコロニー(培養地)と化す。

1) 細菌のコロニー

　衣類は細菌の温床ととらえることができる。軍服と普段着のテクスチャー(生地)を比較した場合、前者の方があきらかに分厚い。この分厚さが問題なのだ。また《服の汚れ》という点でも一般社会よりも戦場のほうが遥かに酷いということは説明するまでも無いだろう。
　衣類の繊維による汚染は2通りある。ハンドガンの弾丸のような低速飛翔体の軍創では受傷後、傷口と直接触れた衣類から汚染が始まる。一方、高速飛翔体であるライフルブレットや榴弾の弾殻フラグメントによる軍創では、ブレットが命中した際に千切れた衣類の繊維がバキューム効果により射入口から人体内へ吸引される。これが皮下、筋肉まで送り込まれ細菌の巣と化す。それでなくとも瞬間空洞(弾丸の挙動により人体組織内に瞬時に発生する空間)でズタズタに破壊された筋肉組織は細菌にとって格好の繁殖地なのだ。傷口にはブレットや繊維を介在して10万単位の細菌が侵入することになるので感染症は免れない。

2) 衣類による違い

　四足動物、特に羊は毛の中に嫌気性細菌を宿している。驚いたことにウール織物の90%にクロストリジウム属細菌の芽胞が存在している。細菌の

芽胞、特にクロストリジウム属は飛び抜けて丈夫で長期間、宿主(ホスト)無しの状態であっても死滅することはない。

　第一次世界大戦の軍服はもっぱらウール(羊毛)で作られていた。つまり当時の兵士ははじめから菌の培養地をまとっていたということだ。南アフリカを舞台にイギリスが関与したボーア戦争(1880 – 1881,1899 – 1902)ではガス壊疽を発症する負傷兵が少なかった。この時の軍服はコットン(木綿)で織られており、くわえて砂漠地帯の乾燥気候が細菌の繁殖を抑えていたのだ。

■細菌の種類は気候など環境に大きく左右される。朝鮮戦争(1950－1953)では冬期にグラム陰性菌(大腸菌、淋菌など)が、夏期にはグラム陽性菌(黄色ブドウ球菌、レンサ球菌など)による感染症が目立った。意外にも密林が生い茂るボルネオやマレー半島での負傷者がクロストリジウム属細菌に感染するのは稀であった。湾岸戦争(1990)では嫌気性細菌よりも好気性細菌による感染報告が寄せられている。

戦場の福音　抗生物質の誕生

　第二次世界大戦を通じて人類は偉大な発明と発見を成し遂げる————。破壊神《原子爆弾》の発明と救世主《抗生物質ペニシリン》の発見である。抗生物質は極秘扱いで軍創治療に特化して開発が進められていた。

　抗生物質の登場により、紀元前の太古から傷病兵と医療従事者を苦しめてきた病苦(感染症)からいよいよ解放される時が来たのだ。アンピュテーションはよほど重篤な創傷を負った者にしか施されなくなり町の義肢業者は早々に店をたたんでいった。軍創治療薬とはいえ一般市民もこの恩恵に与れたことは言うまでもない。

　抗生物質の大量生産とその普及は戦略的にも影響が大きかった。軍創治療は飛躍的に進歩し、その後の空路を使った救急体制の確立により兵士の致死率は著しく低下してゆく。

　軍創治療の大変革に言及するこのセクションが、本書においても大きな区切りとなる————。

* * * * * *

戦場の細菌学　抗生物質とは

　汚染した患部が感染症に至るのを防ぐのが《抗生物質（antibiotic）》の役目だ。抗生物質という名称は《抗：生物：物質》から派生しており《微生物によって創り出す、他の微生物の増殖を阻害する物質》の総称である。抗生物質は生体の細胞に影響を与えることなく細菌のみを制圧する。ちなみにアルコールやボビンヨード、オキシドールは抗生物質ではなく患部洗浄用の殺菌、消毒剤である。これらは殺菌と同時に危険な活性酸素を生み出すというデメリットがある。

■Antibioticという用語を始めて使ったのは1889年のことでルイ・パスツールの門下生ポール・ヴィルミン（生没年不明）が、生物が生物を破壊する過程の Antibiosisから引用したといわれている。

　先にも述べたように抗生物質の利点は、細胞は傷つけず細菌だけを攻撃するところだ。細菌の細胞は人のそれとは違い細胞壁というものをもっている。ペニシリンやセフェム系抗生物質はこの細胞壁を破壊し、細菌を死滅させる。このほかに細菌が増殖に必要な代謝を阻害するタイプのものもある。また細菌は細胞と同じくタンパク質を合成している。テトラサイクリン系抗生物質はこの合成を阻害する目的で開発されたものだ。

抗生物質の誕生

　医学界とりわけ外科における大きな進歩は1840年代の《麻酔》と《滅菌消毒》の確立、そして1928年の《抗生物質》の発見といわれている。抗生物質のそもそもの定義は《ある微生物によってつくられ、別の微生物の発育を阻止する物質》である。これまで数多の抗生物質が考案されたが、なかでもイギリスの細菌学者アレクサンダー・フレミング（1881－1955）が1928年に発見したペニシリン（penicillin）はあまりに有名だ。人類が初めて手にしたこの抗生物質はアオカビから偶発的に培養抽出されたものだ。

■アレクサンダー・フレミングと1940年代に工業生産にこぎつけたペニシリン第一号

　スコットランド生まれのフレミングは13歳でロンドンに移り住み医学を志す。第一次世界大戦に従軍し帰還後、セントメリー病院で予防接種の研究をおこなっていた。感染症によって多くの軍人が命を落とした第一次世界大戦以後、イギリスの医学者の間では軍創と細菌学の研究が盛んにおこなわれていた。ペニシリンを発見したフレミングもそのひとりで、彼自身も大戦中に勤務したフランスの戦場病院で感染症の恐ろしさを目のあたりにしていた。

　軍創と関連のある細菌は3つに分けられる――――。

・土中や糞便に含まれるクロストリジウム属細菌
・体内に寄生する大腸菌、黄色ブドウ球菌、そのほかの腸内細菌（いわゆる常在菌）
・β溶血性レンサ球菌に代表される膿化菌

　フレミングは、ドレッシングステーション（前線の応急手当所）に運ばれた負傷者の90%が破傷風を引き起こすクロストリジウム属細菌に侵され、加えて15%は黄色ブドウ球菌、レンサ球菌が増殖を始めていることに気がついた。フレミングは感染症の経過を3段階に分けた――――
・受傷1週間以内
　患部が赤く腫れ上がり、やがてジクジクと濡れたようになり糞便様の悪臭を放つ
・受傷2〜3週間後
　膿化菌が猛威をふるいコロニーを形成する

228

・以後

 患部周辺は緑色に変色し傷口が徐々に塞がってゆく。嫌気性細菌にかわって好気性膿化菌が活躍し始める

 最後の段階で確認できる好気性細菌の繁殖はある意味、好機と見なすことができる。ただし多くの負傷者がこの状態に至る前に血液やリンパ管中を通じて全身に細菌の毒素がまわる敗血症を発症し死に至った。

 未処置のまま6時間を経過した軍創は90％の確率で感染症を引き起こす。壊疽は傷口からはじまり周囲の組織に広がってゆく。抗生物質が発見されるまでは、汚染患部は6時間以内に除去すれば感染症を回避することが出来ると考えられていた。つまり負傷部位の迅速な切除だ。これは通称《6時間ルール》といわれ19世紀に提唱されたものだ。

 汚染した傷口でも6時間以内に切除し、縫合すれば感染防止に繋がるというわけだが、負傷者の搬送システムが今ほど充実していなかった第一次世界大戦では負傷者が24時間以内に何の医療処置も受けられなかったというのが実状であった。当然、そのような状況下でも患部の切除と縫合はおこなわれていた。感染部位は即、アンピュテーション（切断：amputation）————抗生物質が存在しなかった第二次世界大戦以前の戦場ではこれが唯一確実な救命処置であった。

 ■フレミングは、感染症対策としてホウ酸水、石炭酸水、過酸化水素水を使った患部の洗浄（デーキン法）は初期には有効であるが、長期にわたる場合、むしろ治癒を遅延させる恐れがあるため施術後は皮膚洗浄に限定するべきであると指摘した。

抗生物質ペニシリンの登場

 軍創は多かれ少なかれ汚染されるものだ。さらに一般社会と違い戦場では医療処置を受けるまでに相当の時間を要する。不衛生ゆえに小さな創も感染症に繋がり、第一次世界大戦では6時間以内の創傷部位の切除が施されなかった場合、四肢切断が当たり前のようにおこなわれた。

 第二次世界大戦（といっても末期であるが）では感染症で命を落とす負傷者の数が激減した。ペニシリンの登場によって状況が一変したのだ。軽い創傷ならば受傷直後にこれを投与すれば最大で3日間は感染症が防げた。

傷が筋肉に達するような重い創傷であってもペニシリンを投与することでガス壊疽をある程度回避できるようになったのだ。

　ペニシリンは感染症だけに限らず肺炎、敗血症、淋病などの細菌性疾患の特効薬として多くの人命を救い人類の寿命更新にも一役買った。その後、ペニシリンの後継薬が次々と開発されたが、オリジナルペニシリンは第二次世界大戦に続き朝鮮戦争（1195－1953）、ベトナム戦争（1961－1975）でも頻繁に使用された。抗生物質は戦場の常備薬として認知され1990年の湾岸戦争では受傷者全員が6時間以内に、56％が1時間以内に投与されていた。

■ペニシリン投与は受傷後1時間以内が望ましい――――。これについて受傷後1～2時間以内がベストというのならば戦闘前に投与してはどうだ、との意見があるが、兵士の士気に影響を与えるばかりか、抗生物質の濫用にも繋がり、こうした予防的投与はかえってマイナスに働くというのが軍医の間で常識となっている。

抗生物質投与のガイドライン

　抗生物質の濫用は弊害を伴う。戦場での投与に際してのガイドラインを幾つか紹介する――――。

A：受傷から6時間を経過した負傷者には直ちにペニシリンを投与されなければクロストリジウム属菌によるガス壊疽を発症する。主要血管、骨、内臓などがダメージを受けない《軽度の創傷》は多少治療が遅れても四肢を切断したり命を落としたりすることはなく、通常ペニシリン（ベンジルペニシリン）が6時間ごとに1メガユニット（600mg）投与される。抗生物質は経口ではなく静脈注射（皮膚ではなく筋肉の深い部分に届くようなイメージ）でなくてはならない。ダメージが骨にまで達する《重度の創傷》では少しの汚染でも看過できない。特にライフルブレットのような高いエネルギーを持った飛翔体は骨と筋肉、血管を徹底的に損傷させる。血管の損傷は細菌の繁殖を大いに促すことになるので投与は受傷後1時間以内でなくてはならない。同じく腹部の創傷は腸内細菌、糞便による汚染が避けられず、損傷部位の保護と広域スペクトル抗生物質の投与が欠かせない。

B：新種の抗生物質としてクロラムフェニコールやクリンダマイシン、抗グラム陽性菌剤エリトロマイシンなどがあるが効果の点も含めペニシリンと比べ副作用の危険性が高いのであまり使われていない。トリコモナスの治療に使われるメトロニザドールはグラム陰性菌には強いが陽性菌にはほとんど効果が無い。ペニシリンは発疹、下痢が副作用として確認されているが、重度のアレルギーのような過敏症を発現するのは10万人につき3〜5人程度で、ガス壊疽にかかるリスクを天秤にかけるまでもなく積極的に投与すべきだ。

C：四肢銃撃で粉砕骨折を伴う場合、受傷後48時間は継続して抗生物質の投与をおこなう。ライフルブレットでは骨と同じく血管も損傷しているため黄色ブドウ球菌による感染が必至で、慢性骨髄炎を起こす恐れがあることから抗黄色ブドウ球菌抗生物質の早期投与のほかにゲンタマイシンやトブラマイシンを直接患部に埋め込む方法が採られる。

D：血管が損傷し血流がストップすると新鮮な酸素が受け取れず細胞は死滅し（壊死）、そこに細菌（特に嫌気性細菌）がコロニーを形成する。やがて周囲の組織は壊疽を起こしながら腐ってゆく。損傷した血管は自生するのを待つのに越したことは無い。しかし軍創は単一ではなく複数であることの方が多い。さらに負傷者の数は増え続け一人の患者に割ける時間は限られてくる。四肢を撃たれた兵士は抗生物質を投与しても効果が確認されなければ切断（アンピュテーション）を余儀なくされる。感染防止は血流の再開がカギだ。近年では黄色ブドウ球菌に強い抗生物質リファンピシンの投与とダクロンに代表されるポリ四フツ化エチレン製人工血管による血管縫合がおこなわれている。

E：手術後の感染症にも留意しなくてはならない。術後、たとえば傷口の縫合後も感染症が続くような場合、別の感染源を探さねばならない。SSI感染（手術部位感染:surgical site infection）は黄色ブドウ球菌などグラム陽性菌によるものが多く、セフェム系抗生物質を投与しなくてはならない。ただし術後の抗生物質の濫用は耐性菌を生み出す結果になりかねないので症状を見極めるなどの慎重を要する。

ペニシリン　発見から普及までの軌跡

　ペニシリンはまさに偶然の産物であった。ペニシリン発見以前、腐敗と化膿の原因がバクテリアによるものであることを証明したフランスの細菌学者ルイ・パスツール（1822–1895）はバクテリアを使って別のバクテリアで死滅させることを思いつき、研究に没頭した。

■1890年代にドイツのルドルフ・エメッリッチとオスカー・ロー（ともに生没年不明）が最初の抗生物質治療をおこなったが、その効果は低かったとされる。

1）偶発的な発見

　1928年、第一次世界大戦から帰還したイギリスの細菌学者アレクサンダー・フレミング（1881–1955）は細菌の突然変異を研究するため敗血症の原因となる黄色ブドウ球菌の平面培養をおこなっていた。フレミングはある日、乱雑を極めた研究室を片付けようと放置していたシャーレに手を伸ばすと、その中にアオカビが発生し周囲の菌が溶解していたのに気がついた（実際は菌の増殖が阻止されていた）。彼はその後アオカビ（ペニシリウム・ノタトーム）から溶菌作用のある物質が滲出していることを突き止め、この物質をペニシリンと名づけ1929年、実験医学の専門誌に論文を発表した。

　ペニシリンは800倍に希釈しても溶菌効果が低下しなかった。フレミングはペニシリンの純粋抽出を試みようとするが、もともと化学者ではない彼にとって容易なことではなかった。論文発表から約10年後の1939年、イギリスの最高教育機関オックスフォード大学に在籍のオーストラリア人化学者（病理学教授）のハワード・フローリー（1898–1968）とドイツ系ユダヤ人の化学者エルンスト・ボリス・チェイン（1906–1979）がペンディングになっていたフレミングの研究を引き継いだ。これを契機にペニシリンの殺菌効果が証明され粉状のペニシリン抽出（ベンジルペニシリンGプロカイン）にも成功し、これが《抗生物質第１号》となった。

■抗菌消毒目的に傷口に粉末サルファ（硫黄）剤を振り掛ける処置が奨励され、衛生兵や兵士に支給されたが、適切なデブリードマンと洗浄が前提条件の上の処置であることから1944年以降、廃止された。

2）大量生産にむけて

　1940年、抗生物質第一号は、切創から感染を起こし敗血症を患っていた
アルバート・アレクサンダーと名乗る治安官に投与された。投与後、容態
は良くなるが結果的に患者は5日後に死亡する。理由は用意した抗生物質
が底をついたからである。当時のペニシリンの抽出量は非常に限られ患者
の尿に残るペニシリンの残渣さへも再利用されたほどであった。ペニシリ
ンはその色から《イエローマジック》と呼ばれ珍重に値する代物であり、大
量生産にこぎつけるにはまだ解決するべき課題が山ほどあった。

　最初のペニシリン治療がおこなわれた1940年という年は、ナチスドイツ
によってパリが陥落した時期であり、その後ヨーロッパの戦局は激しさを
増す一方であった。中国では日本軍が傀儡政府を樹立しアジアの支配を画
策していた。1941年7月、イギリス政府の特使としてアメリカに出向いた
フローリーと彼の門下生ノーマン・ヒートレイ（1911－2004）はペニシリン
大量抽出の共同プロジェクトチームを発足させた。

　連合軍側にとってレーダー、原子爆弾そしてペニシリンの開発は緊急を
要する研究課題であった。いうまでもなくペニシリンの存在はトップシー
クレット扱いで、その適用は軍創治療に限定されていた（ペニシリンの民
間利用は終戦を迎えてからである）。フローリーとヒートレイのオックス
フォードチームはアメリカに渡ると、微生物学者アンドリュー・モーヤー
（1899－1959）に協力を仰いだ。

　試行錯誤の末ペニシリンは10倍にまで増産が可能となった（この頃にア
メリカ、イギリス、中国、オランダは対日制裁、通称ABCD包囲網を実施
した）。ペニシリン増産が緒に就いた約1ヵ月後、ハワイのアメリカ海軍
に対する日本軍の奇襲攻撃、《真珠湾攻撃》によりヨーロッパと東南アジア
の戦争にアメリカ軍が連合軍として正式に参戦。これにより名実共に2度
目の世界大戦、第二次世界大戦がはじまる。

3）戦場の福音

　アメリカでペニシリンの工業生産が始まったのは終戦間近の1943年のこ
とで、敵国である日本は翌年にこの快挙を知る。連合国側は年間700万人
分に相当するペニシリンを備蓄し、1944年6月、《史上最大の作戦》と呼ば
れるノルマンディー上陸作戦が敢行された。連合軍側の死傷者は1万名あ
まりを数えたが多くの負傷兵がワンダードラッグ、ペニシリンの恩恵を受
けた。大量生産が可能になったことで庶民もこの例外ではなかった。時の

イギリス首相ウィンストン・チャーチル(1874 – 1965)もペニシリンの恩恵に与った1人で、肺炎を患うもののペニシリン投与で1日にして快方に向かった。

　価格は1940年当時のプライスレス(希少価値により)から1943年には20ドル、1946年には0.5ドルにまで下落した。1944年、フレミングは先駆者としての功績が認められナイトの称号を贈られ、1945年にはフレミング、フローリー、チェインの3名が揃ってノーベル生理学、医学賞を受賞した。

■ペニシリンは、アメリカ農務省主導で最初の生産が始まりメルク、ブリストルマイヤーズ・スクイブ、ファイザー、アボットといった大手製薬会社が増産計画を後押しした。

■ありがとう、ペニシリン・・・・・・彼は(無事)故郷へ帰るだろう

細菌 vs. 抗生物質

　ペニシリンの効果は目覚しく、深刻な外傷を負っても最大で9時間以内に投与すればガス壊疽とは無縁になった。ただしブドウ球菌の場合、2時間以内に投与しないとあまり効果が無いことが判明し、こういったケースでは抗菌剤スルホンアミド(サルファ剤)と併用されている。

　抗生物質の使用を巡って厄介な問題が浮上した―――。ペニシリンによってクロストリジウム属細菌やレンサ球菌による感染が減った一方、ブドウ球菌がペニシリンに対して耐性を発揮し始めたのだ。実のところレン

234

サ球菌については第二次世界大戦時すでに深刻な感染症とは見なされていなかった。しかし黄色ブドウ球菌に対してはペニシリンの普及に合わせ、投与が遅れた場合、ほとんど効果が見られなくなった―――これがペニシリン耐性黄色ブドウ球菌の誕生である。ペニシリン耐性菌が産出する分解酵素ペニシリナーゼがペニシリンを不活性化してしまうのだ。

　黄色ブドウ球菌はさらにペニシリンが1943年に本格的に導入された翌年に耐性を発揮した。朝鮮戦争ではペニシリンの代替としてセルマン・ワクスマン（1888 – 1973）らによって発見されたストレプトマイシンが使われるようになりベトナム戦争ではペニシリンは黄色ブドウ球菌には無効というのが常識になっていた。

　こうした予想していなかった展開はペニシリンの濫用によってもたらされた。事実、ベトナム戦争では感染症予防と称して軽い創傷でもすぐに抗生物質が投与されていた。予防的投与によって多くの命が助かったことは確かだが同時に細菌が耐性を勝ち得てしまったのだ。

冷戦時代の到来

　1945年、枢軸国軍の敗戦が決まり第二次世界大戦は一応終結をみることになった。しかし大戦の余波を受け各地では国家の独立を目指す新しい戦争が始まっていた。

　戦後の国際秩序はかつてのヨーロッパが衰退し、これに代わり戦勝国であるアメリカとソ連の二大国が主導するようになった。政治、経済の体系を異にする両国はことあるごとに対立し、世界の体制もアメリカの推す資本主義か、ソ連の共産主義か、といった2つのイデオロギーを巡り二極分化を加速させていった。

　アメリカとソ連の両国は軍事力が拮抗するだけではなく一旦使用したら人類を滅亡させてしまう核兵器を互いが保有していたことから、これを切り札に当事国同士では戦わず、それぞれの主義を標榜する他の国家の支援にまわり代理戦争を繰り広げた。

　このセクションでは代理戦争とも位置付けられる朝鮮戦争とベトナム戦争を取り上げると同時に、戦後を代表する新しい歩兵の銃、アサルトライフルについて触れる。

＊　＊　＊　＊　＊　＊

戦後の新しい秩序を巡って

　1941年、太平洋戦争が始まる直前、アメリカ大統領フランクリン・ルーズベルト（1882 – 1945）はイギリス首相ウィンストン・チャーチル（1874 – 1965）とともに第二次世界大戦終結後の新秩序に関する構想、《大西洋憲章》を表明した。アメリカの参戦で枢軸国の劣勢が確実なものになると連合国の三巨頭ルーズベルト、チャーチル、ソ連（ソビエト社会主義共和国連邦）のヨシフ・スターリン（1878 – 1953）らは1943年のテヘラン会談、1945年のヤルタ会談、そして中国を交えたポツダム会談を経て本格的な戦後処理のルール造りに乗り出していた。

　1945年8月、原子爆弾投下から数日後、日本はアメリカ、イギリス、中国が受諾を迫ったポツダム宣言を受け入れイタリア、ナチスドイツに続き連合国軍に無条件降伏をした。

　戦勝国となったイギリス、アメリカ、ソ連、中国のうち、イギリスは自国の再建に汲々とし（ナチスドイツによる空襲の痛手よりも戦費が嵩み経済的に疲弊）、中国では日本軍撤退後の主導権争い（国共内戦）が激化していた。

　アメリカとソ連は枢軸国軍の戦後処理や領土分割を巡って両者の思惑違いが鮮明となり、将来に禍根を残すようなかたちとなった。特にソ連は進駐した東欧の共産主義への宗旨替えを成功させており、これと並行してアメリカの原子爆弾に触発され核兵器の開発にも邁進した。共産主義国家ソ連、資本主義国家アメリカはイデオロギーの違いをバックグラウンドに次第に疑心暗鬼になっていった――――。これが冷戦時代の幕開けである。

降ろされた《鉄のカーテン》

　冷戦（The cold war）は、資源の確保と領土拡大を最終目的とした帝国主義に基づくこれまでの戦争形態と違い、世界を《どちらのカラー（思想主義）》に染め上げるかが戦果であった。自由主義国家を標榜するアメリカを中心とするイギリス、フランス、ベルギー、西ドイツなどの西側陣営、社会主義を推進するソ連主導の東欧諸国から構成される東側陣営は核兵器という最終兵器を互いにちらつかせながらパワーゲームに明け暮れた。

■戦後のドイツはアメリカを盟主とする西側陣営の管轄する西ドイツ（ド
イツ連邦共和国）とソ連占領下に置かれた東ドイツ（ドイツ民主共和国）
とに分割された。

1）アメリカとソ連の動き

　終戦直後からアメリカとソ連による二極分化が進んでいた————。第
二次世界大戦後、国際社会におけるアメリカのプレゼンスは一気に高まり、
終戦から2ヵ月後、アメリカの旗振りのもと国際連合（United Nations）が
創設されるなど一躍外交舞台の主役となった。

　一方のソ連は、ブルガリア、ルーマニア、ハンガリーに軍を進駐させ、
それぞれを共産主義国家へと転向させた。ポーランドやチェコスロヴァキ
アも最終的にはソ連側国家に取り込まれていった。スターリンの推し進め
る共産主義はフランスやイタリアでも美化され、イギリスでさえも共産化
運動が興り、自由主義国政府にとっては非常な脅威と見なされた。こうし
た動きに危機感を募らせたアメリカ政府は1946年に議会で反共産主義政策
を国是と定め翌年CIA（Central Intelligence Agency：中央情報局）を設立
した。

2）NATOとワルシャワ条約機構

　1946年、当時政権交代で首相職から離れたイギリスのウィンストン・チ
ャーチルは渡米先で西側陣営と東側陣営の障壁を《鉄のカーテン》に見立て
冷戦時代の到来は不可避であるとの演説をぶった。事実、共産化の波はヨ
ーロッパのあちこちで萌芽し始めており、弱体化したイギリスには最早、
これに対抗しうるほどのスタミナは残っていなかった。

　1947年、終戦を目前に急逝したフランクリン・ルーズベルトに替わり副
大統領職から大統領に昇格したハリー・トルーマン（1884-1972）は疲弊し
たイギリスに代わって共産ゲリラと内戦中であったギリシャの軍事援助を
申し出るとともに、自由主義諸国の共産主義化に徹底抗戦することを表明。
この決意表明は《トルーマンドクトリン》と呼ばれた。

　この数ヵ月後国務長官ジョージ・マーシャル（1880-1959）が《ヨーロッ
パ復興計画（通称マーシャルプラン）》を発表した。マーシャルプランとは
イギリスのみならず疲弊したヨーロッパ諸国に対する資金援助であり、こ
れによってアメリカに対して大きな借りを作られた格好になった。当初

はソ連寄りの東欧諸国にも資金援助の資格が与えられたものの、ソ連の圧力によりこの権利は放棄せざるをえなくなった。援助を申し出た国はイギリス、フランス、イタリア、西ドイツ、オランダで援助総額はプランが打ち切られる1950年代前半までに130億ドルに達した。アメリカは寛大な処置を施すことで事実上、西ヨーロッパを傘下に納めるたかたちとなった。

　マーシャルプランによって西欧諸国は復興を遂げるわけだが、この恩恵に与れなかった東欧との分断に一層の拍車をかけることになった。マーシャルプランには自由主義国家間の軍事的な連携を強化する意図があった――。1949年、アメリカ主導の下、自由主義国の共産主義化に対する砦となる《NATO（北大西洋条約機構）》結成がその成果であった。

　1955年、西ドイツがこれまで禁じられていた再軍備を承認されNATOへ加盟したことを契機に、東側陣営も更なる連携強化の必要性を痛感し、NATO結成から6年後の1955年、東側陣営の盟主国ソ連の下、ブルガリア、ルーマニア、東ドイツ（ドイツ民主共和国）、ハンガリー、ポーランド、チェコスロヴァキア、アルバニアとの間で締結されたワルシャワ条約の発効を機に《ワルシャワ条約機構》を結成した。

■ワルシャワ条約機構は1991年に条約が失効すると消滅した。その後にソ連が崩壊する。

代理戦争という構図

　世界は、その国の根幹をなす主義、政治方針、経済体制などから《第一世界》、《第二世界》、《第三世界》の3つの趨勢に分割される。分類の定義や解釈はさまざまであるがかつては1950年代以降の世界情勢を鑑み、NATO、ワルシャワ条約機構のどちらに帰属するかといったカテゴライズが一般的で、西側陣営は第一世界、東側陣営は第二世界と呼ばれた。そして二極分類に属さない主にアジア、アフリカ、中南米の発展途上にある非同盟や中立国が第三世界に分類された。

　結論から言えば冷戦構造は1989年から1990年の東欧諸国の民主化を契機にソ連崩壊を経て、民主的に選出された非共産党指導者による新制ロシアの誕生によって終結する。冷戦時代、核兵器開発競争にしのぎを削ったアメリカとソ連であったが、1962年の《キューバミサイル危機》に代表されるような一触即発の危機をすんでのところで回避するなど両国が直接戦火を

交えたことは無かった。

■アメリカの目と鼻の先に位置するキューバは1898年の米西戦争後、スペインに代わりアメリカの属国のような状態にあった。1953年、当時の親米独裁体制の打倒を掲げたキューバ革命が勃発し、1959年に社会主義国家キューバが誕生する。これ以降、キューバはソ連と緊密な関係を構築し始める。そのキューバが自国領土内に、アメリカを射程におさめたソ連のミサイル基地建設を容認したことで、全世界に第三次世界大戦勃発の緊張が走った。

　代理戦争(proxy war)とは、戦争や内乱に際して、紛争当事国や大国の衛星国が大国からの援助を受けて戦闘に従事し、あたかも大国の代理として戦争を遂行しているかのような状況を指す。冷戦時代、アメリカはソ連を後見とする共産主義国家の躍進にことのほか警戒し、両国の間で《社会主義、自由主義のどちらのカラーで染め上げるか》を巡って大規模な代理戦争をおこなった――――。朝鮮戦争(1950－1953)、ベトナム戦争(1961－1975)がその好例である。

朝鮮戦争とは

　日本の占領統治が終わったばかりの朝鮮半島を、北緯38度線を境にアメリカとソ連が南北(南：韓国、北：北朝鮮)に分割したことを契機に始まった朝鮮戦争(1950－1953)は、国際法の見地からすれば休戦状態にあり、厳密には今でも南北両国は戦闘状態にある。朝鮮半島を舞台とした戦争は、もともとの元凶である冷戦構造が崩壊した後も続いているのだ。

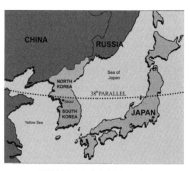

■北緯38度線と周辺アジア

1) 韓国と北朝鮮の建国

　1945年、朝鮮半島を統治支配していた日本は無条件降伏を前提とするポ

ツダム宣言の受諾後、半島におけるすべての権利を放棄した。その頃すでにソ連は朝鮮半島に侵攻中であり、半島の共産化を危惧したアメリカは北緯38度線（38th parallel north）を境界とした分割占領をソ連に対して提案した。以後、北部をソ連が所管、南部をアメリカが統治するかたちになった。しかしこれはあくまでも暫定的な取り決めだった。

　同年、アメリカ、ソ連、イギリスは三国間で締結したモスクワ協定の中で、朝鮮半島は自立不能な《後見人が必要な未成熟な国家》と見なし中国を加えた4ケ国による5年間の信託統治下に治めた。当然のように即時独立を求める南北の朝鮮民の間では反信託統治運動が起きた。

　この頃から代理戦争の序章となる動きが南北で見られるようになる―――――。北部では信託に前向きな親ソ連派の北朝鮮共産党の金日成（1912－1994）をソ連が重用し、南部では信託統治に反対の立場ではあるものの親米、反共産主義を掲げる李承晩（1875－1965）の支援にアメリカがまわった。早くも南北でイデオロギーの違いが顕在化したところへ、さらに1947年、トルーマンが徹底した反共産主義路線を貫徹すると宣言（トルーマンドクトリン）したことで、南北の分断は決定的となった。

　1948年、南部に親米派の李の擁する大韓民国（韓国）が樹立すると、北部にソ連の支援を受けた金日成が朝鮮民主主義人民共和国（北朝鮮）を建国した。これを機に単なる境界線であった北緯38度線は国境を示す軍事境界線へとその目的を変えた。

2）朝鮮戦争勃発

　建国したばかりの韓国では、思想を異にする民衆への激しい弾圧や李政権に対する暴動が頻発していた。一方、北朝鮮では金日成を求心力とする盤石の態勢が整いつつあった。1950年、アメリカは戦略防衛構想の観点から朝鮮半島への関心が薄いことを公式に表明した。このことが金日成にとってまたとない祖国統一のチャンスとなった。

　金日成は交渉の末、スターリンから韓国侵攻の許可と軍事援助を、国共内戦（1946－1949）にケリをつけ1949年に建国したばかりの中華人民共和国の毛沢東（1893－1976）から派兵の約束を引き出した。

■日本軍撤退後、かつて抗日戦の同士であった蒋介石（1887－1975）率いる国民党と毛沢東の中国共産党が熾烈な主導権争いをおこなった。土地改革を掲げ農村の支持を集めた中国共産党の人民解放軍が国民政府軍

（国民党）を掃討し、1949年、毛沢東は中華人民共和国の建国を宣言した。敗退した蒋介石は台湾へ逃亡し、独立政府を樹立した。

1950年、38度線を越えた北朝鮮の韓国への電撃的な侵攻が始まった。物量、兵力、火力、士気のすべてに勝る北朝鮮軍は緒戦から韓国軍を抑え込み、瞬く間に首都ソウルを陥落し南端に近い慶州まで南進した。

寝耳に水のアメリカ軍も押っ取り刀で、先遣隊を朝鮮半島に送り込み北朝鮮軍への空爆をおこなった。国連の安全保障理事会は北朝鮮の南進を侵略行為と非難し、アメリカ軍を中核とする国連軍を派遣すると形勢は一気に逆転。韓国軍が単独で38度線を越境し北進すると、国連軍もこれに続き北朝鮮の首都平壌を制圧し北進は中国国境付近にまで及んだ。

国家存亡の危機が迫った金日成はソ連と中国に更なる加勢を求めた。戦局不利を悟ったソ連であったが、アメリカとの直接対決を回避するため中国へ金日成との約束を履行するよう迫った。

毛沢東は中国人民解放軍を《義勇軍》と称し派兵。圧倒的な動員数と、それを活かした人海戦術で国連軍は38度線まで押し戻されてしまった。勢いづく北朝鮮軍と義勇軍は平壌の奪回に成功し再度ソウルを制圧した。その後、軍備体制を整えた国連軍の再度の巻き返しによりソウルから北朝鮮軍と義勇軍を掃討するものの、以後両軍は一進一退を繰り返した————。

1953年、ソ連ではスターリンがこの世を去り、アメリカではトルーマンに代わりドワイト・アイゼンハワー（1890-1969）が大統領に就任するなど両国の状況が一変した。こうした中、国連主導のもと、ソ連に対する説得工作などの紆余曲折を経て北朝鮮軍と中国人民解放軍と国連軍との間で休戦協定が結ばれたが、肝心の韓国が調印を拒んだままであることから現在に至るまで韓国と北朝鮮は、国際法上戦闘状態にある。

3）朝鮮戦争の犠牲者

朝鮮戦争では、第二次世界大戦終戦中にさらに改良を加えられた戦車や、ジェット戦闘機など当代の最新兵器が両軍で投入された。攻守攻防の差が著しく、その都度南北の一般市民が犠牲となった（国内での粛清、虐殺を含め）。北朝鮮では国連軍の空爆犠牲も含め兵士、民間人を合わせた行方不明者を含む死傷者は300万名を超え、韓国側の戦争犠牲者数は130万名となった。南北それぞれの陣営を加勢した国連軍では15万名が、中国義勇軍は92万名が死傷もしくは行方不明となった。

ベトナム戦争とは

　ベトナム戦争(1961−1975)は自由主義路線を目指す南ベトナム政府と共産主義を標榜する北ベトナム政府との間でおこなわれた戦争である(1954年にベトナムは北緯17度線を境に分断されていた)。

　ベトナム戦争は冷戦時代に象徴されるアメリカvs.ソ連の代理戦争と位置づけられている。ソ連の後ろ盾を得た北ベトナム政府は南ベトナムを拠点とする南ベトナム民族解放戦線(通称ベトコン)を取り込みながら社会主義国家としての南北統一を目論んでいた。一方南ベトナム政府は共産圏国家の拡大を阻止しようとするアメリカの支援のもと、自由主義国家として南北をまとめあげようとしていた。

　抜き差しならぬ戦局を表現する言葉に《泥沼の様相》という喩えがあるが、この表現はまさに戦争に深入りして行く1960年代中盤以降のアメリカ軍の姿から導かれたものだ。

《ベトナム戦争》という名称はあくまでもアメリカを主観としたもので開戦次期についても諸説あり軍事援助司令部(MACV：Military Assistance Command, Vietnam)が創設された1961年からとすることが多い。

■アメリカ政府が、南ベトナム政府へ軍事を含める直接援助を始めた1950年から1973年に完全撤退するまでとする場合もある。

　ベトナム国民の目線にたてば1946年に始まった駐留フランス軍との第一次インドシナ戦争から1976年のベトナム社会主義共和国成立までの戦闘を指すようだ。アメリカのいうところのベトナム戦争は彼らにとってしてみれば第二次インドシナ戦争なのだ。

ゲリラ戦とは

　第一次世界大戦のキーワードが塹壕戦であったように、ゲリラ戦がベトナム戦争のそれにあたる。占領された国側に属する民間人が武装し、攻撃を仕掛けることをゲリラ戦と呼ぶ。この場合、武装民間人は非正規兵、非正規戦闘員(つまりゲリラ)と定義される。ゲリラは正規兵ではないため、戦争法の恩恵を受けることができない。ただし彼らが戦争法に則り攻撃をしかけている限り捕虜になった場合でも正規兵として人道的な取り扱いを受ける権利を有する(実際は捕まれば即刻殺害されていることの方が多い

が）。

　ゲリラは物量面、攻撃力の点で正規軍には到底かなわないことから、ヒット＆ランスタイルの戦法に頼らざるを得ない。したがって真正面から攻撃を挑むのではなく、その攻撃スタイルは待ち伏せ（アンブッシュ）や敵を欺くといった小規模かつ断続的なものになる。自分たちの住む土地の特徴を熟知し、地元からのシンパシーを得ていることから、ひとつひとつの戦果は乏しいが敵側を徐々に弱体化させることができる。ベトナム戦争でアメリカ軍は裏方として南ベトナム政府の軍事顧問として加担していたが、直接ベトコンと北ベトナム軍との戦闘にかかわるようになっていった。ハード面でアメリカ軍と真正面から戦った場合の勝算は無いことを悟ったベトコンらは宣伝活動（プロパガンダ）、地域への貢献といったソフト面（時には洗脳、テロリズムまで）を用いてアメリカ軍との軍事力のギャップを埋めていった。

■ゲリラ（guerilla）の語源は、ナポレオン戦争時代である1808年のイベリア半島出兵の際のスペイン農民らの執拗な抵抗（多くは待ち伏せや局所かつ突発的な攻撃）に由来する。

アサルトライフルの誕生

　冷戦時代を象徴する兵器といえば核兵器だが、歩兵の銃も冷戦の到来を機に新しいトレンドにシフトしていった。

　アサルトライフル（assault rifle）とはかつての軍用ライフル、ライトマシンガン、サブマシンガンのギャップを埋める位置に存在する。機動力を旨とする兵士の《機械化》により戦場の有様は第一次世界大戦、第二次世界大戦を通じて活発化、流動化していった。この変化に対して特に、兵士の携行する兵器は大きな影響を受けた。終戦間近のナチスドイツで、マガジンは交換を容易にするため脱着式とし、肩に付けた状態のフルオート射撃の制御を可能にした新しいファイヤーアームズ、アサルトライフル（突撃銃：strumgewehr）が考案され、ベトナム戦争以降世界中の軍隊、法執行機関の耳目を集め、装備の刷新が進んだ。

　アサルトライフルの普及は軍医や兵士にとっては新しい試練の到来とな

243

った。アサルトライフル用に開発されたミディアムパワーカートリッジに供される小口径ブレット特有の銃創形成プロセスと、フルオート射撃が制御可能となったことで一度に複数の銃創を負うことになったからである。

　このセクションでは第二次世界大戦以降の新しい戦場のニーズから生み出されたアサルトライフルについてカートリッジ(弾薬)の開発とともに詳細する————。

＊　＊　＊　＊　＊　＊

アサルトライフル開発以前のこと

　朝鮮戦争(1950-1953)では北朝鮮軍、韓国軍、国連軍、義勇軍ともに第二次世界大戦時に使用した軍用ライフル、マシンガン、ライトマシンガン、サブマシンガン、ハンドガンがそのまま引き継がれていった。当時の銃器のカートリッジ(弾薬)はハンドガンやサブマシンガンに使われる威力の低い《ローパワーカートリッジ》とライフルやマシンガンに用いられる高威力の《ハイパワーカートリッジ》とに分けられる。パワーによる分類は速度を付与された銃弾の運動エネルギー(J：ジュール)の数値を基準とする(運動エネルギーについては次セクションにて詳細する)。

　ローパワーカートリッジといえば————。

　9 mm×19mm(ヨーロッパ：9 mmパラベラム)⇒643J

7.62mm×25mm(ソ連)⇒760J

.45ACP(11.5mm×23mm：アメリカ)⇒644J

　————が主流で銃弾の運動エネルギーは650Jあたりで、人間を殺傷することができる距離は50m以内であった(ちなみに9 mm×19mmの最初の9 mmが口径を、19mmはカートリッジのケース長を表している)。

　一方、ハイパワーカートリッジは————。

7.92mm×57mm(ドイツ)⇒3620J

7.62mm×54mmr(ロシア)⇒3670J

7.7mm×56mmr(イギリス)⇒3120J

7.62mm×63mm(アメリカ)⇒3450J

　————でエネルギーは3000-3700Jで殺傷距離は700-1000mであった。

　両者の数値を見比べるとエネルギー、殺傷距離ともに相当の開きがあることが一目瞭然であろう。

244

■アメリカ軍は1941年に運動エネルギーが1278Jとハイパワーとローパ
　ワーの中間に位置するカートリッジ、.30カービンを誂える。.30カービ
　ンは後述のミディアムパワーカートリッジとは違う唯一の独立したカテ
　ゴリーに属する。

サブマシンガンの登場

　サブマシンガンとは、ハンドガンのカートリッジを使用し、単発(セミ
オート)と連発(フルオート)の切り替え機能(連発のみもある)を有した銃
器のことである。サブマシンガンを世界の軍隊に先駆けて戦場に持ち込ん
だのは第一次世界大戦時のドイツ軍である。

　確かにサブマシンガンの前身としてライトマシンガンが存在するが、ラ
イフルと同じハイパワーカートリッジを使用するため殺傷力の点では申し
分ないが銃自体が重く嵩張ることから機動力、軽快さに欠けていた。さら
にフルオートで撃った際に生じる強いリコイル(反動)によってコントロー
ルが難しく命中率が悪かった。

1)交戦距離の短縮

　第一次世界大戦(1914-1918)における平均的な交戦距離は500-800mあ
たりであったが、第二次世界大戦時になると兵士の機械化が進んだことか
ら300m以内が標準的な交戦距離となった。

　また第一次世界大戦の休戦間近にドイツ軍が投入したハンドガンと同じ
カートリッジを使うサブマシンガン(ベルグマンMP18I)の登場で、敵の脆
弱箇所を突破し徐々に中心へと攻撃を進める浸透戦術が編み出されると塹
壕内における交戦距離は50-100m以内にまで短縮された。前掲の比較か
らもわかるようにローパワーカートリッジを使うサブマシンガンの唯一の
短所は殺傷力不足にあった。これは機動性、軽快さ(撃ちやすさ)を優先し
たため仕方がないことであった。

2)兵士の機械化

　1916年、塹壕戦の膠着状態を打開するべくイギリス軍によって戦車が持
ち込まれたのを契機に兵士の自動車化・機械化(Mechanized infantry)が
進み、その後の戦術に大きな影響を与えた。第二次世界大戦時(1939-

1945)にはこの傾向に拍車がかかり、一定の場所で攻防を繰り返す塹壕戦はもはや通用しなくなり、《移動⇒攻撃⇒移動》を繰り返す積極的かつ散発的な戦闘が各所で繰り広げられた(平均的な交戦距離は300m以内)。

　敵との交戦機会が増えると交戦距離はさらに短くなり、サブマシンが重宝がられた。また軍用ライフルと比較してコンパクトなサブマシンガンは突撃に最適であり、航空機、装甲車、戦車で移動する際にも限られたスペースを有効に使うことができた。このような優位性を考慮すると殺傷力不足というサブマシンガンの短所を補って余りあるものであった。

ミディアムパワーカートリッジと突撃銃

　第二次世界大戦時、戦争が長引くにつれ連合国軍も枢軸国軍も敵と対峙する距離が短くなったこと(300m以内)に気付くようになる。サブマシンガンの優位性は認知されたものの殺傷力不足には目をつむらざるを得なかった。

　戦時中にすでに理想の軍用銃とは、サブマシンガンの軽快さとハイパワーカートリッジの殺傷力を組み合わせたものであることは誰でも気が付いていた。しかしこれを実現するには全く新しいコンセプトのカートリッジを開発しなければならなくなった。これが、ローパワーカートリッジとハイパワーカートリッジの中間(ミディアム)に位置する《ミディアムパワーカートリッジ》であった。満たすべき条件は１)300m地点で殺傷力を維持する、２)フルオート射撃でコントロールが可能なこと、であった。

　これと並行したミディアムパワーカートリッジ専用の銃器の開発もおこなわれた。こちらに求められたことは１)現行のライフルよりもコンパクトであること、２)セミフル射撃の切り替えが可能であること、３)外部弾倉(マガジン)を使用すること、であった。

■理想のフルオート射撃とは腰だめでのそれではなく、肩につけ照準を合わせた姿勢でのフルオート射撃である。

　ミディアムカートリッジ第１号は1941年にナチスドイツが完成させた7.92mm×33mmKurzであった。軍用ライフル用の7.92mm×57mmにくらべケース長が24mm分短くなったことで運動エネルギーは約半分になってしまったものの(3620Jから1930Jへ)、フルオート射撃の扱いやすさには目

を見張るものがあった。それは1944年に前掲の３つの条件をクリアし完成した専用銃(MP44)で証明された。ライフル(殺傷力)とサブマシンガン(機動性)を融合させた新しい銃は当初《自動銃：Machinekarabiner》として開発がすすめられたが、完成した銃を目にしたアドルフ・ヒトラー(1889－1945)が自ら《突撃銃：Strumgewehr》と名付け、StG44として制式採用となった。

　以後、ミディアムパワーカートリッジを使用する銃器は世界的にアサルトライフル(突撃銃：assault rifle)に分類されるようになる。

■歴史にifは禁物だが、StG44がもう少し早い時期に戦場に投入されていたら戦局は変わっていたかもしれないといわれている。交戦中、相手がサブマシンガン、こちらがアサルトライフルであれば、どちらが優勢であるかは言うまでもないであろう。事実、StG44を支給された兵士はこれ一挺あればライフル(K98k)もマシンガン(MG42)、サブマシンガン(MP40)はもう必要ないといったとされている。

アサルトライフルの二大潮流

　StG44と専用カートリッジ7.92mm×33mmKを源流とする、その後のアサルトライフルの二大潮流といえばロシア(旧ソ連)のAK47とアメリカのM16(AR15)である。

　AK47(AK系統)といえば人類が最も多く製造した兵器と認知されている。ロシア純正、ライセンス、非ライセンスをあわせ１億挺以上が存在し、デザイナーの意図に反し正規軍以外の紛争地帯の武装勢力やテロリストらの手にも渡り《小火器による災いを意味する《スモールアームズ禍》の元凶としても有名である。一方のM16(AR15系統)は1967年、ベトナム戦争で制式採用となって以来、都度のアルターネーション(改良)を加えられ現在に至るまで制式の座はゆるぎない。AR15系統と専用カートリッジである5.56mm×45mmはアメリカのみならず世界中の軍隊、法執行機関によって採用され続けている。

１）AK47とカラシニコフ

　第二次世界大戦末期、ナチスドイツ軍はStG44の前身であるMkb42限定的に実戦投入した。旧ソビエト連邦軍の小火器を代表するアサルトライフ

ル、AK47は、ソ連労農赤軍兵士によって鹵獲(ろかく)されたMkb42がベースになっている。まずMkb42の専用カートリッジ7.92mm×33mmKを旧ロシア帝国から引き継ぎソ連労農赤軍の伝統である口径7.62㎜にあわせるため改良が進められ1943年に《7.62mm×39mm》が完成した。このカートリッジはミディアムパワーカートリッジに分類され、スペックはブレット重量7.9g、速度710m/sec、エネルギー2010Jとなる。

　専用銃の開発はトライアル形式でおこなわれ、1944年、当時25歳のミハエル・ティモシェヴィッチ・カラシニコフ(1919 - 2013)がデザインしたオートマティックライフルが2年後に実施された次期メインウェポンのトライアルで勝ち残り《AK47》の名称を冠された。

■AKのAはAVTOMAT(アブトマット)で自動を意味し、Kは開発者
カラシニコフの名に由来する。

　第二次世界大戦終結の翌年にあたる1946年、ソ連労農赤軍は名称をソビエト連邦軍と改称。丁度、ポツダム会談での不協和音からスターリンも冷戦時代の到来は不可避と判断し、西側陣営(特にアメリカ)の脅威に対抗するべく核軍備に力を入れ始めた時期である。1949年、AK47の制式採用が決定し、デザイナーであるカラシニコフにはスターリン勲章が授与された。

2) M16開発前史

　ミディアムパワーカートリッジ、5.56mm×45mmと、M16、いわゆるAR15系統のアサルトライフルは開発国であるアメリカ軍のみならず世界中の軍隊や法執行機関によって採用されている。意外なことにアメリカ軍においてM16とその専用カートリッジ5.56mm×45mmが制式採用となったのはAK47の制式採用から遅れること約20年後の1967年のことである。アメリカが南ベトナム政府を軍事的に支援するため軍事顧問団を立ち上げ、ベトナム戦争に本格的に関与し始めた1961年から6年後のことである。

1949年にNATOが結成された後、アメリカの主導でNATO共通のカートリッジの選定が始まり、1953年に7.62mm×51mmがNATOスタンダードとして選ばれた。このカートリッジはブレット重量が9.4ｇ、速度は853m/sec、エネルギーは3540Jあり、第二次世界大戦中のハイパワーカートリッジと変わらないスペックを有していた。

　アメリカのベトナムへの関与は1950年から始まっており、ベトナム国から社会主義国家ベトナム民主共和国（北ベトナム）が独立したことに警戒し、最初の軍事顧問団（MAAG：Military Assistance Advisory Group）を現地に派遣し、朝鮮戦争に次ぐ対共産主義戦争の足固めを始めようとしていた。
　アメリカ軍は前年に選抜トライアルをおこない翌年の1957年にこのカートリッジを使用する軍用ライフル、M14ライフルを制式採用としベトナムの地へ送り込んだ。M14はセミフル切り替え機能を持っていたが、案の定、前線の兵士からフルオート時のコントロールの制御が不能とのクレームが殺到した。そもそもジャングル戦の交戦距離は300－500m以下であり、7.62mm×51mmカートリッジはすべてがオーバースペックであった。

■ベトナムの前線兵士からカートリッジを含むM14ライフルの欠点として、まず銃のデザインとサイズ（重い、長い）、反動（リコイル）が大きい、カートリッジ１発の重量が重く（25g）予備弾倉が嵩張りすぎる、などが本国に寄せられた。M14とそのカートリッジは朝鮮戦争時のような開けた地形を想定したものであったことから、ベトナムの戦場のようなジャングル戦には全く不向きであった。

　おおよそ銃器の開発にあたり最も優先させるべき条件は《命中すること》ではないか――――。アメリカ軍における《命中確率（ヒットプロバビリティー：hit probability）》を向上させる研究は1950年代から始まっていた。第一次世界大戦、第二次世界大戦、朝鮮戦争を通じて集めた300万件に及ぶ戦場からの報告を数年がかりで検証したところ、歩兵の自動車化、機械化が進んだ結果、敵との遭遇の頻度が著しく増し圧倒的な火力を有した方が絶対的に有利であることが判明した。ヒットプロバビリティーは弾薬の消費量に比例することから、兵士に大量消費を促すにはフルオート銃を支給するのが望ましいとの結論に至った。
　M14ライフルに替わる新型銃の開発はまさに急務であった。特別プロジ

ェクトチームが立ちあげられフレシェット（小型矢弾）やタンデムブレット（複数弾頭の弾薬）なども候補に挙がったがどれも満足のゆく結果は得られなかった。

３）M16と5.56mm×45mm

　結論から言えばこのプロジェクトはめぼしい成果が出せぬまま頓挫する。唯一、実現可能なオプションとして残ったのは弾丸の《小口径化》であった。新型の小口径カートリッジとその専用銃の開発にあたって、アーマライト社のデザイナー、ユージン・モリソン・ストーナー（1922−1997）に白羽の矢が立った。

　1958年、新型カートリッジ、5.56mm×45mm（.223レミントン）が誂えられると同時に専用銃も完成した。カートリッジは1950年に小中型動物の狩猟用に売り出されていたものを改良したもので、口径は従来のものよりも2.06mm分小さく弾丸の重量４ｇとなりこれも５ｇほど軽くなった。一方の専用銃は、1956年のトライアルの際にM14ライフルと制式の座を争ったアーマライト社のAR10ライフルにダウンサイジングを施した。このライフルはAR15ライフルと呼ばれた。

■5.56mm×45mmの平均的なスペックは速度が930m/sec、エネルギーは1730Jとなる。

　1960年、ベトコンが結成され戦況は一段と激しさを増していた。1961年、アメリカ軍は本格的なテコ入れをするべく軍事援助司令部（MACV：Military Assistance Command, Vietnam）を南ベトナムに創設した。この頃より社会主義国ソ連を後ろ盾とする北ベトナム政府とアメリカの援助を受けた南ベトナム政府の代理戦争というよりも《アメリカの戦争》といった印象が強くなってゆく。

　AR15は1961年にM16ライフルとして空軍限定に導入され、MACVの創設と同時期にまずは小柄な南ベトナム兵士に供与された。1963年には陸軍がXM16E1として導入し（Xは試験運用の意味）、1967年にM16A1としてアメリカ軍での制式採用が決定した。

■M16

　M16A1は従来の木ではなくプラスティックを多用した未来風なデザインからイメージが先行してしまいいつの間にかメンテナンスフリーの銃といったふれこみが浸透してしまい、深刻な作動不良を起こすなど生死にかかわる重大クレームが発生した。しかしメンテナンスの励行が徹底されるとこうしたクレームは一切聞かれなくなった。

　5.56mm×45mmとM16A1の組み合わせでヒットプロバビリティーは改善したのだろうか————。敵一人を倒すのに必要な弾数は第二次世界大戦で25000発／人、朝鮮戦争で100000発／人、皮肉にもアサルトライフルが当たり前になったベトナム戦争では200000発／人になってしまった。

■左から FN社P90用に開発された5.7×28mm FN SS109（PDWという新しいコンセプトの銃器用にあつらえられた）。 ここからミディアムパワーカートリッジとなる————1974年AK47の後継として開発されたAK74の5.45mm×39.5mm、となりは同タイプのハローポイント仕様5.45mm×39.5mm、M16に用いられる5.56mm×45mm、いわゆる

5.56mmNATO、ナチスドイツが開発した突撃銃StG44の7.92mm×33mmKurz、AK47に用いられる7.62mm×39mm。以下はハイパワーカートリッジ————NATOスタンダード第一号となった7.62mm×51mm（.308ウィンチェスター）、第二次世界大戦事のナチスドイツの軍用ライフルに用いられた7.92mm×57mm、イギリス軍の伝統的なカートリッジである.303British、第一次世界大戦、第二次世界大戦のアメリカ軍の軍用ライフルカートリッジである.30-06Springfieldとなる。

現代銃創学ガイダンス

　　海外の銃創専門医の間では次のような名言がある————

"銃ではなく創（傷）を診ろ"

　つまり、どんな銃で撃たれたかは問題ではなく、自分の目で銃創の具合を見極め、触って、開いて、探ってから治療に臨めということだ。この金科玉条は一度でも銃創治療の経験がある者を前提とした話であって、銃創治療の経験の無い者にとってはまさに何をか言わんやである。
　弾丸一発のストッピングパワー（人間を銃弾一発で行動不能に陥らせる力）は、速度等の数値と人体を模したとされるバリスティックゼラチンを使ったテスト結果から導かれてきた。確かに理論上は、速度、運動エネルギーともに数値が大きい方が威力はある。しかしこれらは数値に過ぎず、鵜呑みにすることは危険極まりない（威力＝殺傷力ではない）。ゼラチンテストについても人体組織を模したとはいえ皮膚の張力、脂肪、筋肉の厚さ、骨などの密度の高い組織は再現されておらず、さらに試験方法が、素っ裸の人間を正面から撃っているようなもので衣類の厚さや斜めからの銃撃は考慮されていない。このほか実際にあった銃撃事例のデータを収集し、それをパーセンテージで論じる専門家がいるが、データ不足や根拠が薄弱との指摘が多い。同じことは銃創についてもあてはまる。確かに数値やゼラチンに残った軌跡の長さは目安になり得るが、実際の銃撃結果は予測と大きく違っていることの方が多い。

銃創は何によって決まるのか————このセクションでは戦場で最も使われているアサルトライフルの小口径ライフルブレットを引き合いにしながら銃創形成のプロセスを検証し、さらに戦場と一般社会の死亡率の差がどこにあるのかを探ってゆく。

＊　＊　＊　＊　＊　＊

銃創と運動エネルギー

　銃口を飛び出した弾丸の有する運動エネルギー(キネティックエネルギー：KE)は威力を割り出す最も有効な数値と考えられている。
　運動エネルギーは次の公式で求めることができる————。

$$KE = 1/2mv^2$$

　エネルギーの単位はJ(ジュール)、mは重量(kg)、vは速度(m/sec)だ。公式上はmよりもvによってエネルギー量は大きく左右される。このことはハンドガンブレット(9mm×19mm)とライフルブレット(5.56mm×45mm)のエネルギーを比べれば一目瞭然だ(速度に注目)。

	重量	速度	運動エネルギー
9mm×19mm	8g	343m/sec	470J
5.56mm×45mm	3.6g	920m/sec	1692J

　ある専門家は言う。vは公式上、運動エネルギーを決定する有効なファクターであるが実際の銃創形成から観ればvはワンオブゼムに過ぎないと。その証拠にマスケットボールは低速ながらもその大きさ(重さ)で負傷者に四肢切断を余儀なくさせたではないか、と続ける。なるほど的外れな指摘ではないが、これはむしろ当時の医療レベルに負うところのものが大きかったかもしれない。
　運動エネルギーが銃創形成のメインファクターであるとする説は1930年代にすでに確立していた。しかし銃創の程度がエネルギーのみで決まるとするのは安直過ぎる。これは1873年にアメリカ陸軍が採用していた .45-07口径ブレットと現行の5.56mmブレットを比較してみても判る————。

ブレット種類	ブレット重量 (g)	ブレット速度 (m/sec)	運動エネルギー (J)
5.56mm×45mm	3.6	920	1692
.45-70	26.24	385.55	1950

■ .45-70はオール鉛製の弾丸で5.56mmはいわずと知れたフルメタルジャケット

上の表からエネルギーは.45-70の方が約250Jも高いことが判るが、しかし治療という点では5.56mm×45mmの方がはるかに厄介だ。これは重い鉛ブレットに比べ現代の小口径軽量フルメタルライフルブレットは体内に進入すると変形（deformation）、偏揺（yawing）、破砕（rupture）が著しいからだ————これが数値のみで判断してはいけないという所以だ。

■ゼラチンから回収された5.56mmフルメタルジャケット
ブレットの底からコアの搾出が確認できる

銃創は以下5つのファクター————

1・運動エネルギー（あくまでも数値）
2・ブレットを構成するマテリアルと形状（重量、フルメタルジャケットかハローポイントか）
3・命中後のブレットの挙動（偏揺、タンブリング、骨とのコンタクトの有無）
4・ターゲットとなった組織の構造（組織の密度、弾力性）
5・体内でのブレットの軌跡（永久空洞、瞬間空洞）
————で決まる。

銃創の程度の軽重だけが死亡率を決定するものではない。戦場というシチュエーションでは、さらに衣類の繊維、周囲の環境（土壌や埃）などを温床とする細菌による汚染（感染症）が加わる。これが看過できないのだ。戦場で負う創傷、いわゆる《軍創》の致死率は脳や心臓といったクリティカルな部位を除くと、感染症の罹患の有無で決定されるといっても過言ではな

い。

永久空洞と瞬間空洞

　銃創治療にあたる外科医は銃の種類、ブレットの速度や運動エネルギーの値といったカタログ的な知識ではなく、エネルギーが人体でどれだけ消費されたかに目を向けるべきだ。エネルギー消費量————これを《エネルギー伝導》という。

　弾丸が人体を通過した後に生じる軌跡は永久空洞（permanent cavity）と瞬間空洞（temporal cavity）に分類され、エネルギー伝導の目安のひとつになる。まず弾丸（ブレット）とコンタクトした組織は擦られ、潰され、死滅する。このコンタクトによって残された軌跡が《永久空洞》となり、さらにエネルギーが大きければ軌跡に沿って放射状の創が生じ《瞬間空洞》が生じる。

1）永久空洞

　弾丸が人体組織を通過した後に残る軌跡はそのまま永久空洞となって残る。永久空洞はブレットとコンタクトしたことで生じる創傷で、ブレットの径にほぼ等しいのが特徴。ちなみにブレットが人体を貫通しなければペネトレーション（盲管銃創：penetration）、貫通すればパーフォレーション（貫通銃創：perforation）となる。パーフォレーションは、エネルギーが体内でほとんど伝導されなかった（組織の破壊に費やされなかった）証ととれるが、ライフルブレットでは《体内でさんざん暴れた挙句、有り余るエネルギーで抜けた》というケースが多いので、一概にエネルギー伝導が少なかったとは言えない。

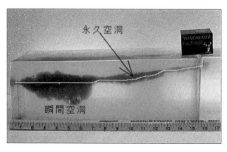

■永久空洞はブレット直径とほぼ同じだが瞬間空洞は3～4倍になる

255

2）瞬間空洞

瞬間空洞はブレットの軌跡の側面に放射状（弾丸の先端には生じない）に拡散する組織の圧縮（移動）のことをいう。軌跡として残るのではなく文字通り瞬時（5〜10milisecond）に収束するのが特徴。弾性に富む骨格筋、血管、皮膚は瞬間空洞の力に耐えられるが、密度が高い組織、骨や肝臓、脾臓は元に戻ることができず崩壊してしまう（脳もしかり）。速度の遅いハンドガンの弾丸ではほとんどその効果が得られないとするのが専門家らの一致した見解となっている。

ハンドガンブレットと瞬間空洞

瞬間空洞が最大値に達するまでに要する時間は2〜3ms（1/1000秒）。瞬間空洞は永久空洞と違い波打ち、瞬時に収束する。瞬間空洞はハンドガンの銃弾では生じないというのが専門家の間では定説になっており、仮に生じたとしても組織を壊滅させるほどのものではないようだ。それゆえにメーカーは少しでも組織破壊に貢献させようと弾丸のデザインに工夫を凝らす。ハローポイントの禍々しいまでの変形はオーバーペネトレーション対策でもあるが、本当のところは高エネルギー伝導と失血の促進、痛覚の増大が目的だ。

高速度カメラで捉えたゼラチン内のブレットによって生み出される瞬間的な膨張を見るにつけ《これ（瞬間空洞）こそがストッピングパワーの源だ！》と思い込みがちだ。しかし瞬間空洞は単なる組織のストレッチに過ぎないという説もある。特に非力なハンドガンブレットの場合、骨格筋、血管、肺、小腸は弾性があるので、瞬間空洞（エネルギー）は伸展によって回避されてしまう。瞬間空洞が発生し組織を外側に押しやる際の速度は飛翔速度の1/10にも満たず、これは弾性組織の限界内であるといわれている。瞬間空洞でダメージを被るのは非弾性組織の肝臓や脳だ（銃で撃たれなくともこれらの臓器は致命傷になりやすい）。ハンドガンブレットに限っては、瞬間空洞はあくまでも《組織の瞬間的な移動》という程度に捉えるべきかもしれない。

エネルギー伝導

　銃創は前掲の５つのファクターで決まるが、肝要なのはエネルギーの伝わる量が大きいか、小さいか、である。前述のように、かつて銃創やストッピングパワーの評価は数値やゼラチンテストの結果から推定されていたが、現在はエネルギー伝導説によって判定するのがもっとも精度が高いと見られている。

　エネルギー伝導の量は弾丸（ブレット）の挙動と人体組織との抵抗、摩擦により変化する。それぞれの特徴は次のようになる————。

１）低エネルギー伝導

　永久空洞のみを形成し、体内でのブレットの挙動は穏やかである。筋肉や肺といった弾性のある組織とコンタクトした場合に生じる。伝導はブレットの軌跡周辺に限られ銃創の程度はシンプルなカッティングとクラッシュが特徴。ライフルの遠射銃創、ハンドガンブレットによる銃創がこれにあたる。

２）高エネルギー伝導

　ライフルブレットによる銃創や弾殻フラグメントによる爆創を指す。銃創の程度は例外なく深刻。永久空洞に瞬間空洞が伴い、ブレットの体内における挙動は激しい。伝達量は密度の高い臓器とのコンタクトで顕著。骨と衝突すると粉砕骨折を生じ、銃創の程度はさらに酷くなる。場合によってはブレットが破砕し、組織のダメージは広範囲に及ぶ。さらに射入口付近でバキューム現象が起こり、衣類の繊維の切れ端などを吸引し感染症を引き起こす。

組織とエネルギー伝導

　弾丸が与えるダメージは命中した部位の組織の構造や密度によっても大きく違ってくる。肝臓のように弾性が乏しく密度が高ければブレットとの抵抗（摩擦）は大きく、運動エネルギーは高エネルギー伝導に変換される。

　低密度で弾性のある臓器、肺は弾丸との抵抗が小さいためエネルギー伝導が小さく、銃創の程度は比較的軽いものとなる。断っておくがここでいうところの《軽傷》や《軽い》といった言い回しは戦場という特殊なシチュエーションでおこなわれるトリアージを想定してのことだ。肺（比重0.3－

257

0.5)は肺そのものへの銃創よりも、胸部を保護する骨（肋骨や胸骨）と衝突することで生じるリコシェ（跳弾）や第2ブレットによる二次的なダメージを受けやすい。

一方組織が均一で弾性に乏しい肝臓はエネルギー伝達が高く、大きな創傷が生じやすいため致死率が高い。筋肉（比重1.02-1.04）は高密度組織であるが伸縮に富むため創傷の程度は予測が難しいが、おおむね軽傷で済むことが多い。たとえばこのような事例がある————開いた口から飛び込んだライフルブレットで頬を貫通された兵士はエネルギー伝達が低かったため軽傷で済んだ。腓腔（ふくらはぎ）も同じことがいえる。

高密度組織といえば骨（比重1.11）だ。骨はブレットとの抵抗が大きく高エネルギー伝導になるためライフルで撃たれた場合、粉砕骨折は免れない。場所に関わらず骨片は第2ブレットとなり銃創の程度を増大させる。

軌跡（永久空洞）のサイズ、長さはエネルギー伝導で大きな役割を果たす。前掲の事例のようにライフルブレットは非常に薄い組織を（頬肉）を貫通するとエネルギー伝達はほとんどおこなわれない。しかし軌跡が短いからといって軽傷で済むとは限らず、骨と衝突すれば高エネルギー伝導になる。この好例が戦場での四肢銃撃だ。撃たれた脛や上腕が爆ぜたようになるのは————骨と衝突したことでブレットが破砕し、骨が粉砕された————まさに高エネルギー伝導の証拠だ。

偏揺とタンブリング　ライフルブレットの挙動

銃創形成のファクターである偏揺とタンブリングについて詳細する————。

1）偏揺

人体に命中したアサルトライフルの小口径ライフルブレット（フルメタルジャケット）は偏揺（yawing）と破片化（fragmentation）、破裂（rupture）で人体にダメージをあたえる。こうした現象は弾丸が高速、軽量化したことで重心がボトム側へ移ったことと大いに関係がある。

18世紀以降、ライフルは銃身に施されたライフリングのおかげで従来のスムーズボアに比べ弾道が格段に安定したことにより命中精度、飛距離ともに向上した。しかし厳密に言えばライフルブレットにもほんのわずかなブレ（尻振り）が生じている。ブレは小さいものの、理論上は直線であるべ

き弾道から外れるのだから、これも偏揺と解釈できる。

　偏揺のブレ角度は２〜６度と小さい。通常は銃口から出た直後が大きく、その後飛距離が伸びるに従って修正される。そして人体のような柔らかな組織に突入する際、弾道が大きく乱れそれが偏揺を生み高エネルギー伝導に繋がる。われわれは銃撃というと弾丸がターゲットに対して垂直にあたる状態をイメージしがちだが、実際は傾いた状態または弾丸の側面から命中することのほうが多い。このような場合偏揺はさらに大きなものになる。

２）タンブリング

　体内を突き進む距離（永久空洞）が長いと、ブレットは偏揺からさらにタンブリング（tumbling）を起こす。この現象はハイパワーカートリッジに嵌合された堅牢かつ重い弾丸で顕著となる。タンブリングは組織との間に大きな抵抗を生じさせ、さらなるエネルギー伝導に繋がる。タンブリングは90度になった時がマキシマムだ。偏揺とタンブリングはブレット自身にも大きな負荷をかけジャケットの剥離やコアの搾出（戦場で使われるブレットは原則フルメタルジャケットだがボトムは例外。よって衝撃で底から鉛が搾り出されることがある）が見られる。

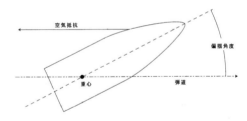

■ブレットの高速、小口径、軽量化は偏揺を促進させる

　偏揺、タンブリング、ブレットの変形は至近距離銃撃で顕著だ。たとえば30cmほど離れた距離からAK47のようなライフルで後頭部を銃撃すれば（近射）、顔面の半分が《爆発する》というよりも、内側から引き剥がされるようになるのはこのためだ。

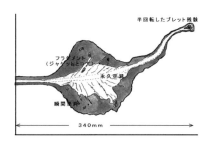

■典型的な5.56mm（4g）ライフルブレットの挙動
5.56mmは高速ゆえに衝突時のインパクトに耐え切れずラプチャ（破砕）する

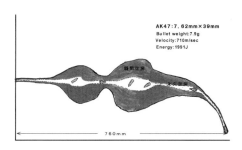

■7.62mm（重量8−9g）の挙動
堅牢ゆえにラプチャーせず360度タンブリングすることも

各種ブレットにみる偏揺とタンブリング

1）ハンドガンブレット

　結論から言えば――――ライフルブレットと比較して速度が遅いハンドガンブレットは偏揺やラプチャーとは無縁である。またエネルギー伝導が低いので銃創は永久空洞によって形成される。

　ブレットの変形は骨との衝突によって生じるが、ジャケットやコア（鉛）が飛び散る状態のフラグメントには至らない。ハンドガン用のフルメタルジャケットのサンプルとして9mm×19mmを引き合いにすると、ブレット重量は8g、速度は音速を少し超えるぐらいだ。この重量と速度では偏揺やタンブリング、ましてやラプチャーなど起ころうはずもなく、

ブレットは体の軟らかいとこ
ろを目指し進んでゆくだけだ。
ハローポインブレットもつま
るところ偏揺やラプチャーと
は無縁で、《重い》、《遅い》とい
うハンディキャップをマッシ
ュルーミング（茸のかさ状の
様な変形）やエキスパンショ
ン（拡張変形）で克服しようと
している。

■ハンドガンブレットの変形

2）ライフルブレット

　同じライフルブレットでも軍用と狩猟用では用途、目的が違う。周知の
通り軍用ブレットは、ハーグ陸戦条約遵守の観点からフルメタルジャケッ
トでなくてはならない。AK47に使われる7.62mmブレットは重く堅牢であ
るが故に、ポイントブランクや近射でないかぎり偏揺やタンブリングを来
たす以前に人体を貫通しやすい。骨との衝突がなければ貫通銃創（perfo-
ration）だ。一方、M16に用いられる5.56mmブレットは運動エネルギーで
は7.62mmブレットよりも劣るものの軽量、高速（900m/sec以上）であるが
ために偏揺に至るまでの時間が短いためブレットの変形（ジャケット剥
離・コア搾出）が早い時点で始まる。結果これが高エネルギー伝導に結び
ついているのだ。

　戦争法の理念に則り人道的配慮から戦場ではフルメタルジャケットであ
ることが求められているが、これを逆手にとって《軽傷では済まぬような
工夫》が凝らされているのだ（永
世中立国スイス製の5.56mmブ
レットは変形対策が施されてお
り流石と言わざるを得ない）。

　一方、ハンティングブレット
に求められる条件は1）獲物を
一発で仕留める、2）無用な苦
痛を与えない、の2つに集約さ
れる。1）は特に重要で、レク
リエーションならまだしもサバ

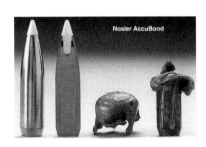

■ライフルブレットのマッシュルーミング
ちなみに捕鯨用の銛には爆薬が仕込まれてお
り遅延信管で爆発しエネルギーを伝導させる

イバルというシチュエーションにおいて食糧確保は深刻な問題だ。いずれにせよこの2条件を満たすには高エネルギー伝導が必須なのである。

　ターゲットは人間と構造の異なる四足動物で、彼らの皮膚は丈夫でさらに全身が剛毛で覆われている。また臓器、特に主要臓器である心臓は前足で隠されている。このような相手を1発で行動不能に陥らせるには小口径軽量ブレットがお得意とする偏揺やタンブリングはまったく通用しない。大口径、重量級ハンティングブレットの最大特徴は《奇怪なほどの変形》にあるが、これは発生するエネルギーのすべてを伝導させるためのものだ。

■命中確率を上げるため1950年代にアメリカ軍が研究開発に取り組んだフレシェット(矢弾)は軽量かつ尾翼のついた形状から飛距離にくわえ弾道の安定性も群を抜いていたが、木葉や雨に衝突した途端に弾道が狂うなど重大な欠点が発覚した。また命中時に偏揺がないためエネルギー伝導がすこぶる悪く、遠射では径の小さい創傷を残すだけということも判明した(心臓や動脈系の損傷からの生存報告もある)。

銃撃部位の状態

　銃創の程度を決定付ける条件はエネルギー伝導と瞬間空洞であるが、対象となる組織や臓器の特性も考慮しなければならない。一般に肺のように弾性に富み比重の軽い組織は比較的創傷の程度が軽い。一方、高密度で弾性に乏しい脳や脾臓、肝臓は少ないエネルギー伝導でも忽ちのうちに破壊される傾向にある。

1)柔組織

　皮膚、脂肪、随意筋(筋肉)を指す。弾丸が骨と衝突せず体内を直進すればペネトレーション(盲管銃創)、パーフォレーション(貫通銃創)のいずれかになる。ペネトレーションでは永久空洞が凝固した血液と潰された組織で栓塞され、汚染の可能性が高い。一方のパーフォレーションは血液循環が良好であれば汚染も少なく無く、筋肉、皮膚のテンションが回復すれば治癒は比較的早い。

2)腹部

　臓器のカテゴライズは密度や比重といった数値による分類法以外に、肝

臓、脾臓、すい臓などのソリッドオーガン（solid organ）か、《洞》を有するハローオーガン（hallow organ）か、という分類もある。ハローオーガンといえば腸、膀胱で、空気や液体を蓄えているのが最大の特徴だ。どちらもハンドガンブレットに代表される低エネルギー伝導ではナイフの刺創に似た創傷を残す。高エネルギー伝導では軌跡、その周辺にも大きなダメージが及ぶ。肝臓は永久空洞と瞬間空洞のサイズが変わらないのが特徴だ。これは弾力が乏しいので瞬間空洞が収束しないからだ。胃や肝臓は血液の循環量が多いことから失血死に繋がりやすい。腸や膀胱ではコンテンツ（糞便や尿）の有無で、創傷の様子が変わってくる。空っぽの状態が良いのはいうまでも無い。大腸が裂ければ間違いなく自分の糞便で感染症を引き起こす。

3）胸部

　ここでいう胸部は肺、心臓、大動脈、胸郭周辺の筋肉、脂肪、皮膚までを含む。低比重、低密度組織の肺は周知のとおり呼吸の際、膨張と収縮を繰り返すので弾性に富んでいる。したがって弾丸との抵抗が低いのでエネルギー伝導が上手く行かない。低エネルギー伝導の場合、比較的軽傷で済むことも。圧縮波（衝撃波ではない）が肺に影響を及ぼすとする説もあるがこれは議論の余地ありだ。胸部銃創は肋骨、胸骨、肩甲骨などに護られた胸部特有の構造によるものが大きく、リコシェ（跳弾）や第2ブレット（骨片の弾丸化）が銃創形成の主な原因となる。血液で常に満たされている心臓や大動脈が損傷すれば失血死は免れない。

4）四肢

　一般社会では軽傷と捉えられるが戦場では命取りになりかねない。ライフルブレットが飛び交う戦場ではもともと銃創の程度が重い上に、汚染と医療措置の遅れから感染症を引き起こしやすい。四肢銃撃のトリアージの際、脂肪や筋肉の損傷は比較的軽い創傷に分類され、骨まで損傷が及ぶような場合、重傷と判定される（大半が粉砕骨折を起こしている）。高密度、高比重の骨との衝突で高いエネルギー伝導がおこなわれ、ブレットのフラグメント化と骨片の第2ブレット化で動脈が損傷したり手足が切断寸前状態になったりする。

汚染と感染症

　ここから《軍創》という観点で話を進めてゆく。戦場における銃創といえばライフルブレット（ハイパワーカートリッジ）によるものがほとんどである。ライフルブレットは偏揺、タンブリングといった現象とは別に《汚染》という厄介な問題をもたらす。

　ライフルブレット銃創に多く見られる開放性創傷は、皮下組織が剥き出し状態になるゆえに埃、砂、土壌、汚水に曝され、非常に汚染されやすい。汚染は着弾と同時に始まっている。着弾時に発生する瞬間空洞は射入口を一瞬、真空状態にさせ、衣類の繊維片や大気の埃を創傷内に吸引してしまうのだ。

　汚染は九分九厘、感染症を引き起こすといってよい。吸い込まれた繊維片のような異物は細菌のコロニーと化し局所感染から血液循環を経て細菌が分泌する毒素が全身に広がってゆき、最終的に死に至る————これが敗血症だ。

　滅菌消毒の励行、そしてペニシリンに代表される抗生物質が発見される以前、死亡原因といえば負傷した事実よりも治療もしくは入院後の感染症の増悪の方が多かった。戦場において汚染は大きな意味を持つ。受傷後の感染症が生死を左右する状況は時代により程度の差はあるものの深刻な問題だ。

　戦場と違い一般社会ではハンドガンで撃たれるケースが圧倒的に多いことから汚染の度合いは低く、仮に汚染されたとしてもすぐに医療処置が受けられることから感染症対策は万全だ。銃創を語るにあたって一般社会の医者が感染症についてほとんど言及しないのは端からシチュエーションが違うからだ。救急体制が整った一般社会では銃撃から１時間以内で何らかの医療処置が完了しているのが普通だ。ところが戦場では負傷者の救出さえままならないのが現実だ。

一般医療と戦場医療

　一般社会と戦場では創傷の程度、負傷者の数、救出搬送時間、治療のクオリティーなどで差が大きい。したがってそれぞれの医療従事者の理解度もアプローチも違ったものになる。

　一般社会では————。

・負傷者数は一人か多くとも数人程度

・ハンドガンによる銃創が多い

・現場で高クオリティーな救急救命処置がおこなわれる

・病院までの搬送時間が短い

・最新の医療設備が整っている

戦場では————

・負傷者は多数

・ライフルブレット銃創もしくは爆創⇒軍創

・一人あたりの創傷数は複数箇所に及ぶ(フルオート射撃、弾殻フラグ
 メント)

・現場での救急救命処置のクオリティーは決して高いとは言えない

・救出搬送時間が長い

・充分な設備を有した施設が少ない

　朝鮮戦争(1950-1953)以後、軍創は、銃創よりもグレネード、地雷や
IED(廃棄砲弾を転用した即席爆弾)で攻撃される機会が増えてきたことか
ら爆創が増えた。一度に負う創傷箇所が多いことも爆創の特徴のひとつで、
軍創の実に80%を爆発物のフラグメントが占めている。

　湾岸戦争(1991)において、イギリス軍の医療施設に搬送された負傷者の
受傷数は平均で9箇所、多いものでは47箇所もあった。創傷は腹部、四肢
および胸部と2部位以上に渡り、だいたいが火傷や打撲をともなっていた。
このほかに抗弾ヘルメット、抗弾ベストの性能と着用率が上がったことで
腹部や胸部、頭部よりも四肢への軍創が増えていることも判明した。

　戦場では医療処置を受けるまでに多くの障害がある。医療行為を受けた
のが受傷から6時間以上というのはまれなことではない。ベトナム戦争
(1961-1975)ではもっぱらヘリによる空路を活用したことで病院搬送ま
で1～2時間という驚異的な短縮がみられた(重傷者は航空機で沖縄まで
搬送された)。

　救助と搬送に費やされる時間は周囲の環境や地勢によって大きく左右さ
れる。イスラエル、パレスチナ間の武力紛争は舞台が都市部であることか
ら短時間で済んだが、アフガニスタンなどの山岳地帯では予想以上に時間
がかかっているのが現実で(湾岸戦争でも平均10.5時間であった)、負傷者
とりわけ重傷者の容態は、外科手術を受けるまでの間、つまり搬送中にお
こなわれる救命処置のクオリティーにかかっている。

昨今、戦場医療と一般医療の区別がなくなりつつある。その理由は、爆創が一般社会においても多くなってきているからだ。爆発物を使ったテロ攻撃は一度に多くの犠牲者を出し、一人が負う創傷も数箇所に及ぶのが特徴である。こうした状況では《診察は先着順》というわけにはいかない。戦場医療から考案されたトリアージ（フランス語で分類という意味：triage）により緊急を要する者が最優先され、それ以外の者は待たされたり、別の医療施設に移送されたりする。まさに今わの際にある負傷者はどうなるのか————手当てをしても助かる見込みの無い者は容赦なく切り捨てられる————これが戦場医療だ。このような戦場医療特有の手順に一般社会の医師は戸惑いを感じている。

検証　ミリタリーブレットの殺傷力

　軍隊というものはできうれば口径やカートリッジは統一したいものだ。同一のものを使えば製造にも手間やコストがかからず、管理もしやすいことからロジスティック（兵站）に混乱が生じない。旧日本軍が第二次世界大戦中ライフルカートリッジを３種類（6.5mmアリサカ、7.7mmアリサカと7.7mmアリサカSR）も用意していたことはまさに悪例だ（もちろん、必要に迫られればこの限りではないが）。

１）ミディアムパワーカートリッジ

　アサルトライフルに用いられるミディアムパワーカートリッジは数多寄せられた前線からの報告を検証した末に、交戦距離300m以内で十分な殺傷力を発揮することをひとつの条件として開発されたものだ。ハイパワーカートリッジのアドバンテージは殺傷射程（1000m以内）と運動エネルギー（3000J台）である。それではディスアドバンテージは？————リコイル（反動）である。ミディアムパワーカートリッジは条件として、フルオート時のコントロール、特に肩づけで撃った場合のそれが容易でなければならず、銃創を形成する弾丸のエネルギーを犠牲にしてもリコイル軽減の方が優先された。確かにエネルギー不足は深刻だがミディアムパワーカートリッジに嵌合された軽量小型ブレットは構成するマテリアルやデザインで十分これを補うことができるのだ。

266

2）殺傷力の秘密

　人を殺すのは銃（発射装置）ではなく弾丸（ブレット）である。人間を殺傷するエネルギーはすなわち運動エネルギー（KE：Kinetic Energy：運動エネルギー）であり公式《$KE=1/2mv^2$》から求めることができる。この公式から運動エネルギーはm（ブレット重量）よりもv（速度）の貢献が大きいことが判る。しかし実際はキネティックエネルギー＝殺傷力といった単純なものではない。エネルギー量と銃で撃たれた創傷、《銃創》もイコールではない。

　ブレットのエネルギー不足を補完するためのブレットのデザインやそれを構成するマテリアルに費やされる創意工夫はこれを補って余りあるものだ。ブレット、特に軍用ライフルにインセットされたそれの殺傷力は以下の３つに分けられる————。

・パーフォレーション、ペネトレーション
　　⇒貫通によって主要臓器、動静脈を損傷させる
・タンブリング
　　⇒体内でブレットを回転させ創傷範囲（永久空洞）を大きくする
・フラグメント、ラプチャー
　　⇒体内でブレットを破片化、破砕、破断化させることで損傷範囲を大きくする（瞬間空洞）

3）1890−1950年代の弾丸の殺傷力

　1883年にスイス軍がフルメタルジャケットを考案し、その後フランス軍と、ほぼ同時期にドイツ軍が、弾頭の先端が尖ったスピッツアーブレットを開発した。これにより空気抵抗が格段に減少し速度UP、エネルギー増大に繋がった（同時期に考案されたブレット底部のボートテイル処理はエネルギーではなく弾道の安定と射程距離に貢献するものだ）。

　小難しい説明が無くとも一目見ただけで頭の尖ったスピッツアータイプのブレットは丸い頭のラウンドノーズタイプのものにくらべ失速率が低いということが感覚的に理解できるであろう。たとえば口径7.62mmのラウンドノーズタイプの弾丸は500ヤード（450m）地点で銃口から出たばかりの速度から約1/2も失速してしまうがスピッツアータイプでは減少は1/3程度で収まる、といった具合だ。

　1899年に締結されたハーグ陸戦条約によりフルメタルジャケットの使用

が戦場における最低限のルールとなった。戦争法の制約の中で各国軍隊が弾丸一発の殺傷力UPの開発にしのぎを削ったのは言うまでもない。あるものは重心の位置を移動させたり、あるものは弾丸内部に空隙を設けたりした結果、スピッツァーブレットは人体に衝突、侵入するとただ貫通するのではなく体内で《タンブリング（転がる）》ようになった。これによって弾丸のエネルギーはすべて人体内部で消費させることが可能になった。

4）現代小口径ブレットの殺傷力

　1960年代を迎えるまでは一部の例外を除いて各国軍隊のカートリッジはハイパワーカートリッジが一般的で、そこに嵌め込まれたブレットは7.62mm×51mmに代表されるような口径が7mm以上で、弾丸の重量が8g以上であった。しかし750m/sec以上という高速で発射するためリコイルが強く、セミはまだしもフルオートでのコントロールは困難を極めた。これを解決するべくリコイル軽減対策が最優先課題となった。その回答がソ連軍の7.62mm×39mmやアメリカ軍の5.56mm×45mmであった。

　小ぶりで軽量な弾丸に殺傷力など望めるのだろうか？5.56mmブレットの銃創形成のメカニズムは以下のようになる――――。7.62mmブレットに比べ小さく軽い5.56mmブレットはタンブリング塊象がおきにくく、構造が脆弱ゆえに900m/sec以上という高速に耐え切れずタンブリングを起こす前にセルフディストラクション（自己崩壊）してしまうのだ。5.56mmブレットは体内で自らをフラグメント化しラプチャーさせることで、キネティックエネルギーを殺傷力に転換しているのだ。

　5.56mmブレットにはさらなる新規アイディアが盛り込まれることになる――――。体内での自己崩壊を加速させるためフルメタルジャケットであってもボトムだけ被服を避けコアを露出させたり、ブレット周囲にアニュラーノッチ（環状の刻み）を施したりした。

　現代の医療従事者にとってアサルトライフルによる銃創治療がいかに厄介であるかは理解できたであろう。さらなる問題は、正確なフルオート射撃が可能になったことで銃創が複数ヶ所に及ぶことだ。

検証　ロシア軍の《爆発ブレット》

　1970年代中盤以降、《ソ連軍がついに体内で爆発する弾丸を開発した》とのニュースが世界中のミリタリー関係者の話題となった。

榴弾のように爆発する爆発ブレットなど存在しない――――。1981年、映画《タクシードライバー》の主人公に感化された男が時の合衆国大統領ロナルド・レーガン（1911－2004）を銃撃した。大統領に命中した弾丸（.22口径ロングライフル）は市販されている《エクスプローシブスブレット（爆発ブレット）》であった。海外の弾薬専門家の間では爆発ブレットとは名ばかりの代物で銃創の程度としては昨今のハローポイントブレットと変わりはなく、むしろそれ以下といった評価が大半を占めており、むしろ弾丸の中に微量ながら起爆薬が仕込まれていることから銃創よりもこれを摘出する際の二次被害の方が厄介だという。

1）ソ連初の小口径カートリッジ

東側の雄、ソ連軍の新しい弾丸は体内で爆発するらしい――――。アフガニスタン侵攻（1978－1989）が始まる4年前の1970年代中盤、ソ連から新しい小口径カートリッジ開発のニュースが飛び込んできた――――カートリッジの仕様は西側陣営の5.56mmよりも小さい《5.45mm×39mm（通称7N6）》、使用する銃はAKM（プレス成型技術を用いてAK47に比べ重量を1kg軽量化した）を改修したもので、《AK74》と呼ばれていた。

旧ソ連軍では弾薬の製造、調達をスムーズにするべくピストル（トカレフTT33）から狙撃銃に至るまで口径はほぼ7.62mmで統一されており、小口径化は1910年代に限定的に採用されたフェドロフ・アブトマットM1916の6.5mm以来の出来事だった。

■旧ソ連軍の小口径化は帝政ロシアの時代、正確にはロシア革命（1917年）の前年に始まっていた。これまでモシン・ナガンM1891で使われていたに7.62mm×54mmRに代わって実験的に採用されたのが日露戦争（1904－1905）で日本軍から大量に押収した6.5mm×50mmSR（セミリムド）通称《アリサカ》で、これを基にセミフル切り替え、25発マガジンを装着したフェドロフ・アブトマットM1916が開発された。ところが第一次世界大戦中にロシア革命が起き、1922年、世界で最初の社会主義国であるソビエト連邦社会主義共和国が誕生するという激動の中、小口径化は棚上げされフルパワーカートリッジ（7.62mm×54mmR）が復権を果した。

7N6と主なミリタリーカートリッジとの比較はつぎのようになる――――

269

—

カートリッジ	ブレット重量(g)	断面密度(※)	速度(m/sec)	エネルギー(J)
5.45mm×39mm(7N6)	3.43	.156	900	1390
5.56mm×45mm(SS109)	4.00	.176	930	1730
7.62mm×39mm	7.97	.182	710	1991

※)いわゆるSD値(Sectional Density)のこと：ブレット質量を正面から見た面積(シルエット)で割ったもの。数値は高いほうが良い。

■AK74のバレル長は41.40cm、弾道安定に寄与するジャイロ運動を決めるライフルイングのピッチは1：9、つまりブレットは22.86cmで一回転するということだ。

それぞれの数値は劣るものの、7N6は350m先の5mm厚スチールプレートを貫通するエネルギーを有していた。最大のアドバンテージは、従来の7.62mm×39mmに比べ反動が半減したことで(AK74の特徴的なマズルブレーキの効果を考慮せずとも)、セミの命中精度、フルオートのコントロールのしやすさがAKMよりも40％も向上した。

■左から7.62mm×51mm、7.62mm×39mm、5.56mm×45mm、そして5.45mm×39mm

2）SS109 vs.7N6

　SS109（5.56mm×45mmのNATOでの制式名称）と比較してみる。エネルギー値が20％も劣っているのはケース長5mmの差である。薬量は実質15％減であり、エネルギー低下はケース長が同じ7.62mm×39mmと比べても明白でありネックダウンが災いしエネルギーは30％％減となっている。

　7N6（5.45mm×39mm）はこうしたハンディキャップをどう克服したのか————。銃創形成において肝要なのは速度やジュールが幾つといった数値ではなくエネルギー伝導（そのブレットがもつエネルギーをいかにして人体内で消費するか）にある。

　まずSS109よりも弾丸とケースの嵌合を浅くすることでカート長39mmという短躯にも関わらず燃焼スペースを確保し燃焼効率を向上させるとともにパウダーの配合にも留意した。ブレットの速度もSS109よりも劣るがチャンバーにかかる圧力はSS109よりも20％もダウンさせている。注目するべき点はストリームラインを強調したブレットの形状であり、SD値と大いに関連のある弾形係数（form factor）が良いことがうかがわれる。

　何はともあれアメリカをはじめとする西側諸国の関心は殺傷力であった。7N6のサンプル採取はAK74が制式採用された4年後のアフガニスタン侵攻でおこなわれたとされている。

　先のAK47、AKMで使われた7.62mm×39mmの欠点はタンブリング発生までの時間が長く充分なエネルギー伝導がなされぬ前に人体を貫通してしまうことだった。

　7N6ブレットの断面を観ると、マイルドスチールのジャケットの下に鉛のシース（鞘）があり、それが長さ15mmのスチールコアを覆っている。スチールコアの上にある3mm長の鉛プラグは別パーツではなくシースの一部だ。プラグの上には最大の特徴である高さ5mmの空洞が設けられている。

　こうした構造では必然的に弾丸の重心がボトム側に偏る。ところが一旦、体内に侵入するやいなや、重心は前方に移動し、偏揺から激しいタンブ

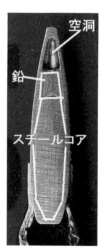

■7N6のアナトミー

空洞
鉛
スチールコア

リングを起こす。これがエネルギー伝導に繋がり、銃創が《爆発した》ように
なるのだ。

　重心の前方移動は2通り。まず空洞である弾丸先端がひしゃげ、L字に
曲がったことでタンブリングへと導く方法、つぎに鉛プラグの移動により
バランスを崩してしまう方法だ。前者のL字変形はバリスティックゼラチ
ンを使った実験では再現できない。

.303ブリティッシュとの関係

　ベトナム戦争（1961－1975）が終結した当時は、東側陣営のテクノロジー
（特に軍事技術は）に脅威を抱くという風潮があった。7N6もしかりとい
うことだろうがこのカートリッジのオリジンはイギリスの.303ブリティッ
シュMk Ⅶに見ることができる。.303ブリティッシュ（7.7mm×56mmR）と
いえば1889年から1950年代まで採用され続けたイギリス軍の伝統的な軍用
カートリッジである。1910年、軍は殺傷力を向上させるため従来のブレッ
トに改良を施した。これが重量11.3g、速度740m/secのMk Ⅶで、最大の特
徴はこれまで鉛コアが占めていた1/3のスペースにアルミやウッドパルプ
を詰め、ボトムヘビー効果を意図的に狙ったところだ。これにより人体に
ヒットすると重心の移動がはじまり偏揺とタンブリングがおきる————
第一世界大戦が始まる以前の考案だ。

検証　爆裂ブレット

　1980年代中盤、ターミナルバリスティック（終端弾道：terminal ballis-
tics）の世界的権威、マーティン・ファックラー博士はこの悪名高き《爆裂
ブレット》について動物実験による検証をおこなった。以下は1984年刊行
の《ジャーナル・オブ・トラウマ》のレポートを簡単にまとめたものだ。

1）推察

　銃撃部位の《爆裂》の正体はタンブリング（弾丸の回転）であると思われる。
これは弾丸自身の特殊構造に負うところのものが大きく、特に先端に設け
られた空洞の効果が著しい。もともとボトム寄りの重心が人体侵入時に前
方移動することでタンブリングが促進されているようだ。

2）当時の背景

　ソ連が新型カートリッジの開発に着手した1960年代後半、ソ連も含めた世界各国の弾道学の専門家の間では、ターミナルバリスティック（銃創）は偏揺とタンブリング、それに伴う瞬間空洞によって決まるという見解で一致していた。今でこそ常識だが小口径ミリタリーライフルブレットではフラグメントこそが銃創形成のメインファクターなのだ。7N6ブレットには旧ソ連研究者の浅学が汲み取れる。

3）動物実験

　実験は体重70kgの豚を使っておこなわれた。実験中、豚には麻酔が投与され続け無痛状態を維持した。ターゲットと銃口との離隔距離は３m。20分間のうち８発を発射し、ショット#1〜#3はキャリブレーションの目的も兼ねゼラチンブロックに撃ち込まれた。実験結果はつぎのようになった————。

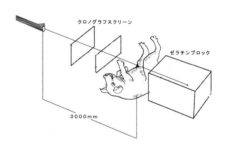

■実験はこのようにおこなわれた

ショットナンバー	銃撃部位	コメント
#1〜#3	ゼラチンブロック	最大で110mmの瞬間空洞形成
#4	下肢	タンブリング確認
#5	膝関節	フラグメント（膝蓋骨との衝突による）
#6	下腹(小腸)	タンブリング確認
#7	下腹(肝臓)	肝臓に最大120〜130mmの裂傷（瞬間空洞による）
#8	胸部	スリット状の射出孔（肋骨骨折確認）

※)#8以降オーバードースにより豚は絶命

4）考察

・#1〜#3から瞬間空洞の発生が２回（100mmと400mm）確認された。平

273

均的な人間の胴体の直径は400mmである。タンブリングについては7.62mm×39mmよりも顕著。もともと7N6はブレット自身が意図的にタンブリングを起こしやすいように設計されている。

・肝臓（#7）を除いた部位以外で《爆裂》を想起させるような銃創は確認できなかった。フラグメントについても同様（#5は骨との衝突で発生した）。肝臓で見せた銃創は肝臓という臓器特有の弾性の乏しさに負うところのものが大きい。

・瞬間空洞が果たした役割は組織の伸展、膨張でしかない。肝臓の銃創はタンブリングによるエネルギー伝導、付随する瞬間空洞よりも組織そのものの特性によるものが大きい。

・7N6ブレットは柔組織（四肢の筋肉組織）に対してフラグメントを発生しない。

結論

AK74が実戦投入された直後、これまでは楽観的であった者でさえも《ソ連はついに爆発ブレットを開発した》と大騒ぎをした。幸か不幸か専らタンブリングを起こし易いようにデザインされた7N6ブレットはフラグメントが発生しにくくなっている。銃創の程度としては凡庸であり、フラグメントに特化して設計されたSS109（5.56NATO））の方が重度である（可能性が高い）。

ベトナム戦争と軍創

ある軍事評論家がベトナムの戦場を《朝鮮戦争の起伏の激しい山岳戦と太平洋戦争の激戦地となったガダルカナル島に代表されるジャングル戦があたかも一緒になった》と表現していた。

第二次世界大戦、つづく朝鮮戦争に従軍したアメリカ軍の兵士や軍医にとっては砲弾によるフラグメント創傷が脅威とみなされていたが、ベトナム戦争ではこれに代わってアサルトライフル（AK47）やブービートラップ（仕掛け爆弾）による軍創犠牲者が増えた。特に銃創の致死率が高く、この原因はアサルトライフルの登場でフルオート射撃の精度が向上したこと

により一度に複数の銃創を負うようになったからである。

　アメリカ軍の医療体制は押っ取り刀で参戦した第一次世界大戦（1914－1917）の時代から第二次世界大戦（1939－1945）、朝鮮戦争（1950－1953）を経ながら洗練されてゆき、世界の軍隊に先駆けヘリを使った空路撤兵体制を確立させるなどベトナム戦争が中盤を迎える頃には最も進んだものとなった。

＊　　＊　　＊　　＊　　＊　　＊

ベトナム戦争の経過

　ベトナム（現在のベトナム社会主義共和国）は1887年からフランスの植民地支配を受けていた。第二次世界大戦中の1940年、ナチスドイツによるパリ陥落を受け日本軍が進駐し、1945年の日本軍の全面降伏と同時にベトナム民主共和国（後の北ベトナム政府）がフランスからの独立を宣言し、初代大統領にホー・チ・ミン（1890－1969）が就任した。その翌年、独立の流れを阻止しようとするフランス軍と第一次インドシナ戦争（1946－1954）に突入する（ベトナムに続きラオス、カンボジアでもフランスからの独立を求める武力闘争が始まった）。

■北緯17度線で南北に分断していたころのベトナム

■1945年、日本軍降伏とともに同じくインドネシアでもオランダからの独立を掲げ、独立戦争が勃発。1949年のハーグ協定に基づきインドネシア共和国として独立を果たす。

　1950年、自由主義陣営のアメリカ、イギリスがベトナム国（後の南ベトナム政府）を承認すると、共産主義陣営であるソ連と中国がホー・チ・ミンの統治するベトナム民主共和国を一国家として承認した。1954年、ソ連、

中国の支援を取り付けたベトナム民主共和国軍の攻勢によりフランス軍は撤退を余儀なくされ、停戦の条件となったジュネーブ協定によりベトナムの国土は北緯17度線を境に北（ベトナム民主共和国）と南（ベトナム国）に線引きされた。そして同年、ベトナム国はゴ・ディン・ジェム大統領（1990 - 1963）のもと、国名をベトナム共和国と改めた。以降、米ソの代理戦争が始まる————。

　アメリカのベトナムへの関与は1950年のアメリカ軍事顧問団（MAAG：Military Advisory and Assistance Group）の派遣から始まるわけだが、本格的な関わり合いは1960年、ベトナム共和国内で反政府、反アメリカを掲げ南北統一を目標とし結成された南ベトナム民族解放戦線（ベトコン）の活動が活発化し始めてからであった。以下、年を追って主な戦況を表す————。

1961年	ソ連が民族解放戦線支援決定。アメリカが軍事顧問団を増員させる
1962年	MACV（軍事援助司令部）の創設⇒本格的なベトナム戦争が始まる
	アメリカ主導で戦略村の建設始まる、枯葉剤の散布
1963年	南ベトナム共和国のゴ・ディン・ジェム政権崩壊
	ジョン・F・ケネディ暗殺
1964年	トンキン湾事件発生（アメリカの艦船が攻撃を受ける。北ベトナムへの爆撃攻撃開始の口実となる）
1965年	北爆開始
1967年	東南アジア諸国連合（ASEAN）創設
1968年	テト攻勢（旧正月に起きた北ベトナム軍とベトコンの大反撃）
1972年	ニクソン大統領中国訪問⇒米中国交回復
1973年	アメリカ軍、ベトナムから撤退
1975年	サイゴン陥落（北ベトナム軍による南ベトナム首都の制圧）
1976年	ベトナム社会主義共和国成立

ベトナム戦争戦死者について

　アメリカの内戦、南北戦争（1861 - 1865）では618,000名、第一次世界大戦（1914 - 1918）では115,000名、第二次世界大戦（1939 - 1945）では318,000名、朝鮮戦争（1950 - 1953）は34,000名のアメリカ兵が戦死した。数字でこそ朝鮮戦争を除き下回るが事実上敗戦となったベトナム戦争はアメリカに

とって深刻な後遺症をもたらした。

　非戦闘員(いわゆる一般人)を含めベトナム戦争の死傷者数に関する数字には諸説ある。これはどの戦争にも言えることだが砲撃や爆発物によって四散した者は《行方不明》に分類され正確な数字が掴めないからである。特に北ベトナム政府は戦意高揚とプロパガンダも兼ね公表を拒み続け戦争が終わった1976年以降もこの姿勢を貫いた。当時は低く見積もっても150万名が戦死したことになっていたが1995年、北ベトナム政府、つまり現在のベトナム社会主義共和国がこれについて初めて言及したデータによれば一般人を含め総死者数は500万名でこのうち非戦闘員が400万名となっている。

　アメリカ軍の戦死者数は58,193名(確定)で負傷者は30万名であった。アメリカ軍を支援したオーストラリア軍は47,000名のうち500名、ニュージーランド軍は38名の兵士を失った。アメリカ軍の年間戦死者は《北爆(ベトナム北部に対する絨毯爆撃)》が恒常化した1965年から増え始め(1,000名強)、現地アメリカ大使館が占拠された《テト攻勢》で幕を開けた1968年にピーク(14,000名)を迎えた。

死亡原因	戦死者数
敵からの銃撃	18,518
フラグメント(爆創)	8,456
ヘリ航空機ランディンミス	7,992
その他爆創	7,450
砲撃	4,914
その他アクシデント	1,371
アクシデント	1,326
窒息・溺死	1,207
車両衝突	1,187
偶発的な殺人	944
自傷	842
その他	754
ヘリ航空機の水面衝突	577
火傷	530
病死	482
自殺	382

心臓発作	273
意図的な殺人	234
マラリア	118
爆発物の破裂	52
発作	42
肝炎	22
不明・報告なし	520
総合計	58,193

■ベトナム戦争アメリカ軍戦死者の内訳

　医療行為のクオリティーの向上は死亡率や負傷兵の戦線への復帰率で推し量れる。一回の交戦で死亡する確率（人数）は第二次世界大戦で1〜3.1名、朝鮮戦争で1〜4.1名、ベトナム戦争では1〜5.6名であるものの負傷兵の死亡率は第二次世界大戦で29.3%、朝鮮戦争で26.3%、ベトナム戦争では19%になった。

　生死に関わらず負傷した者の軍創はフラグメントによるものが65%と最も多いが、上の内訳からもわかるようにベトナム戦争では銃創による戦死者は51%と約半分を占めている。銃創による死亡率が第二次世界大戦、朝鮮戦争ではあわせても32%であったことから敵との交戦頻度が増えたこととアサルトライフル（AK47）の普及が数値に反映されていることが判る。ベトナム戦争でアメリカ兵が負った銃撃部位は四肢が54%以上を占め、このためであろうか42%が戦線復帰を果たした。

ベトナム戦争の軍創

　死亡率の低下とは裏腹に現場の医療スタッフにとっては挑戦の連続であった。第二次世界大戦、朝鮮戦争の軍創は爆創、特に砲弾の弾殻フラグメントによるものが多かった。一転してベトナム戦争では銃創による負傷兵の数が増えるのだ。

　第一次世界大戦、第二次世界大戦を含む、それ以降の戦争の軍創の特徴は高速飛翔体（ライフルブレット、フラグメント）による甚大な組織の損傷で、かつての戦場では見られなかった重度の創傷ばかりであった。特にライフルブレットによる銃創は運動エネルギーの公式、KE＝$1/2mv^2$では測

れないものとなり、偏揺やタンブリングといった高速飛翔体特有の挙動が
銃創の程度を酷くしていった。

　また運動エネルギーの公式とは無関係な瞬間空洞や第2ブレット（骨と
衝突した際の骨の破片化）、ブレットの変形が銃創を形成するようになっ
ていた。ベトナム戦争など近年の軍創の大きな特徴は創傷部位が単一から
複数になったことだ。爆創であれば地雷やブービートラップ（仕掛け爆
弾）、銃創であればアサルトライフルによるフルオート銃撃の精度向上が
原因だ。

　感染症の直接原因となる創傷部位の汚染も先の大戦よりも酷くなった。
高温多湿のジャングルというシチュエーションにくわえ、高速飛翔体が人
体に侵入する際に生じるバキューム現象により傷口に吸引される戦闘服の
繊維、汚泥、粉塵の量が夥しく増えた。これらが細菌にとって絶好のコロ
ニーになることは先のセクションで説明したとおりだ。

再び増えるアンピュテーション

　血管の外科的治療を専門とする血管外科は、第二次世界大戦後の1950年
代を迎えてから格段に進歩した。朝鮮戦争における主要血管の損傷に起因
するアンピュテーションの割合は第二次世界大戦の49.6%から20.5%にまで
低下した。

　見晴らしの利く平地が主戦場の舞台となった第二次世界大戦や朝鮮戦争
に従軍した兵士にとっては砲弾が脅威であった。ところがジャングル戦ゆ
えに近距離で敵と遭遇する機会が増したベトナム戦争ではフルオート射撃
時の制御を可能としたアサルトライフルやブービートラップ（仕掛け爆
弾）による軍創が増えた。その結果、ベトナム戦争におけるアンピュテー
ションの割合は、第二次世界大戦の1.2%、朝鮮戦争の1.4%から倍以上にあ
たる3.4%にまで増加した。このうちブービートラップによるものについて
は足元に仕掛けられることが多いためフラグメントや異物が太腿や臀部の
深部に達するためアンピュテーションに踏み切らざるを得なくなっていた。

ベトナム戦争におけるAK47

　1950年にソ連と中国はホー・チ・ミン率いるベトナム民主共和国（北ベ
トナム政府）の支援を表明し、AK47やそのライセンスモデルである56式

自動歩槍、56式半自動歩槍などを供与した。1954年の南北分断後、南ベトナム政府を転覆させるため1960年に結成された南ベトナム人民解放戦線（ベトコン）もこの恩恵に与った。

　ベトナムの戦地に赴いたアメリカ兵にはM14ライフルが支給されていた。アメリカ軍にとって見通しの悪いジャングル戦でのハイパワーカートリッジ7.62mm×51mmを使用するM14ライフルの採用は致命的なミスとなった。ベトコンらはジャングル内を縦横に掘削したトンネル（通称たこつぼ）を活用しゲリラ戦を仕掛けてきた。ベトコンは実にAK47を効果的に使用した。リコイルが少なくフルオートでのコントロールが容易なミディアムパワーカートリッジは交戦距離が短いジャングル戦にまさにうってつけであった。AK47の優位性であるジャングル特有の高温多湿や汚泥などの異物侵入に左右されないタフさ、誰にでも扱える操作性（フールプルーフ）はベトナムの戦場でも実証された。

　アメリカ軍がこの後、1964年に投入するM16アサルトライフルに使われる5.56mm×45mmカートリッジのブレットは約3.5gと軽かったため、900m/secを超える高速とあいまってジャングルの木々の葉にあたると跳弾を起こしやすかった。一方AK47から放たれるブレットはこの約2倍重かったことからこのような現象は起きなかった。

1）AK47と7.62mmブレット

　1967年、M16（オリジナルAR15）がXM16E1を経て《M16A1》として実戦投入されたばかりの頃、発射ガスのカーボン残渣による腐食やメンテナンス不足からローディング、エジェクション不良が頻発した。これと比較して北ベトナム軍とベトコンの使うAK47は快調に作動した。スターリン政権の晩期に開発されたAK47はワルシャワ条約機構の同盟や中国をはじめとする共産主義国家に供与され北ベトナム軍もこの例外ではなかった。最も彼らが使っていたのは中国製の《56式自動歩槍》が多かったが、銃創に関しては銃ではなく、要は《ブレット：弾丸》である。

　ソ連製のオリジナル7.62mm×39mmカートリッジ（通称M43）から放たれるフルメタルジャケットブレットは大きなスチールコアを持ち、その周囲に鉛を介在させながらカッパープレートのジャケットで完全に覆われている。形状は飛距離と弾道安定を考慮しボートテイルシェイプになっている。

　人体を模したバリスティックゼラチンを使ったテストでも弾丸は射入口

からおよそ25cmまで直線弾道を保ち、これ以後、偏揺（yawing：尻振り現象）から著しいタンブリング（tumbling：回転）を発生する。この現象は現地ベトナムからの遠射に関する報告と一致していた。わき腹の貫通銃創ではハンドガンブレットで撃たれたような銃創を形成し、ふくらはぎへの銃撃も同様で皮膚、筋肉、腱に残されたブレットの軌跡がハンドガンブレットのそれに近似していた。つまり25cmに達する前にブレットが人体を貫通したということだ。人の体は意外に扁平で標準体型であれば腹部の幅は25cm以下である。四肢であればなおさらで、骨と衝突しなければ銃創の程度は低いことが判る。ただしこうしたケースは稀で弾丸の挙動は衣服の厚さ、身に付けた装備の有無、射入角度、銃撃距離で大きく変わる。よって実際の銃撃ではブレットの偏揺は早く始まることの方が多い。

	ブレット重量(g)	速度(m/sec)	エネルギー(J)
7.62mmブレット	8	710	1991
5.56mmブレット(M193)	4	851	1785

2）7.62mmブレットの銃創

　弾丸の挙動はデザインや構造によって変わる。同じ7.62mm×39mmカートリッジであってもブレットのデザインや構造が変わると銃創の程度に違いが生じる。たとえばテイルの処理がフラットでコアに比重が重く軟らかい鉛を採用していると偏揺がかなり早い距離（平均で9cmあたり）から始まる。しかも同じフルメタルジャケットであってもボトムが解放され

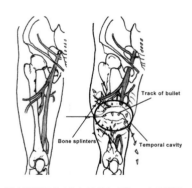

■大腿部に命中した7.62mブレットの挙動

たままであると偏揺が始まると同時に変形が起こり、ボトムから鉛が搾り出され、弾丸の挙動はより激しいものとなる。

281

偏揺前であれば射入口の位置からから弾丸の体内での軌跡（永久空洞）を推測することができる。しかし一旦偏揺したブレットは大きくカーブすると同時に回転運動を始めるので軌跡から離れた内臓にも瞬間的な影響が生じる（瞬間空洞）。瞬間空洞は多くの場合（ハンドガンブレットの場合）、組織を伸展させるほどのエネルギーしかないがライフルブレットであれば脆弱な臓器、たとえば肝臓（もともと伸縮性に乏しい）や尿が満たされた状態の膀胱は断裂する。腸など内容物が少ない状態であれば裂ける程度で済むが大腸や直腸が傷つけば糞便による感染症は必至だ。

　四肢銃撃とて侮れない。射入口と射出口が弾丸と同じ径で貫通するのは非常にまれで（ゼラチンテストのみ）、多くの場合角度のついた状態で人体に侵入するブレットはあっという間に偏揺を起こし、貫通すれば射出口側の皮膚は大きく鉤裂いたような形状になる。

ナパーム弾攻撃について

　ナパーム爆撃の成果にキルゴア中佐は実に満足そうであった。

"朝のナパーム臭はたまらない————（中略）勝利の匂いだ"
I love the smell of napalm in the morning————smelled like…victory.

映画《地獄の黙示録》より

1）ナパーム弾の威力
　ナパーム弾は化学兵器に分類され枯葉剤と並びベトナム戦争を象徴するシンボル的な兵器として記憶されている。ナパーム弾に使用されるナパーム剤は第二次世界大戦時、南洋諸島を日本軍が占領したことによりゴムの原料が入手できなくなったことから、1942年にアメリカで人工的に作り出されたゴムの代替剤から派生したものだ。

■枯葉剤の軍事目的での使用は1950年代にマレー半島で共産ゲリラ掃討のためイギリス軍が用いたのが最初である。1961年から1971年にかけてベトナム戦争で使用された枯葉剤《エージェントオレンジ》は2,4-D（2,4-ジクロロフェノキシ酢酸）、2,4,5-T（2,4,5-トリクロロフェノキシ酢酸）を混合したもので、催奇性を誘発するダイオキシンが含まれてい

た（因果関係については完全に証明されたわけではない）。ジャングルの森林はベトコンらにとって絶好の掩蔽地であり、これらを消滅させるために大量に散布された。エージェントオレンジの主成分は植物の成長を促進させる植物ホルモン、オーキシンと同類であるが、過剰になると成長が乱れたり奇形を生じたりして、最後に枯死する。なお枯葉剤と除草剤パラコートは別物である。

ナパーム弾とは増粘剤を添加しゲル化したガソリンやジェット燃料を主成分とするゲル化油脂焼夷弾のことである。衝撃波や爆風、弾殻フラグメントで人員を殺傷する榴弾（HE弾）とちがい、人為的に火災を発生させることを目的とした兵器である。反応と同時に時速110kmもの火災嵐を発生させ、周囲を火焔で包み込んでしまう。この時の燃焼温度は800－1200℃まで達する。

ナパーム剤は粘性が高いことから、肌や衣服に粘着し容易に消火することができない。火傷の程度は真皮に達する第Ⅲ度、もしくは脂肪にまで熱傷が及ぶ第Ⅳ度火傷となり、時として炭化することもある。火傷のほか大火災により一酸化炭素が発生し、周囲の酸素も消費し尽くされることで窒息死をもたらす。ナパームの大量消費により大気中の一酸化炭素濃度は20％以上高くなることが判っている。このような焼尽効果に加え火焔地獄による心理的なダメージも見逃せない。

■焼夷弾そのものの実戦投入は第二次世界大戦であった。当初は攻撃地域の焼尽に用いられたが、後に対人用途へとシフトしていった。ベトナム戦争ではダウケミカル社が開発したナパームB剤と呼ばれる焼夷剤が使われた。

第二次世界大戦での日本本土爆撃時に大量に投下され、朝鮮戦争でも引き続き使われた。ベトナム戦争では1963年から1973年にわたり実に388,000tものナパーム弾が投下された（朝鮮戦争では32,357t、第二次世界大戦時の日本には16,500tが投下された）。

2）ベトナム市民病院からの報告

ナパーム弾は、敵に対する直接攻撃というよりもジャングルの焼き払いや、たこつぼからベトコンを炙り出すために用いられた。火災嵐が広範囲

に及んだことから非戦闘員への被害が避けられなかった。1967年、ベトナムの市民病院でまとめられたナパーム火傷に関するデータを紹介する。医療スタッフらは受傷から治癒までのプロセスを4段階に分けた――――。

　　第Ⅰ段階　　3－4日
　　第Ⅱ段階　　30－40日
　　第Ⅲ段階　　40日－瘡蓋（かさぶた）ができるまで
　　第Ⅳ段階　　瘡蓋が治癒した状態（ケロイドになる）まで

　患者の60％が第Ⅲ段階で死亡し、第Ⅳ段階に移行するのは10－15％程度に過ぎない。犠牲者は即死を除き、一時間半以内に着弾地点付近で死亡したものが35％、感染症、熱傷性ショックから55％が死亡した。高度な医療処置を必要としたのは15％だ。

　一説では犠牲者の生存率は5％を下るといわれている。これはナパーム火傷以外の要因を想定してのことだ。ナパーム弾は炸裂すると高熱だけではなく、有毒物質を多量に含んだ黒煙とナパーム雲を生じさせ視神経や呼吸器系にも大きな障害を与えるからである。火焔地獄が与える精神的ダメージも計り知れない。

輸血体制の完備

　第二次世界大戦を迎えるとアメリカ軍の輸血体制は万全の備えを誇っていた。第二次世界大戦時に大量備蓄された血液の廃棄が始まった最中に朝鮮戦争（1950－1953）が勃発。アメリカ軍は再度血液の備蓄に追われ本国で採血された血液は新しいデポとなった東京を経由しベトナムの戦地に送られた。朝鮮戦争以降、万能供血といわれるO型の備蓄が優先され、ウィルスの有無など徹底したスクリーニング検査と管理がおこなわれた。記録によれば1952年の時点で50000名の負傷兵に輸血がおこなわれたが腎不全を起こしたケースはたったの4件であったという（4件は現地採血であった）。

　1953年には軍血液供給プログラム（ASBP：Armed Services Blood Program）が稼働し、このプログラムは現在でも運営されている。輸血体制で特筆すべき進歩は血液の保管容器がこれまでのガラス瓶からプラスティックバッグへと移ったことで、破損のリスクが低くなり、一度に大量の血液を搬送できるようになったことだ。

1953年、朝鮮戦争が休戦を迎えると、ASBPの業務はそのままベトナム戦争に引き継がれていった。戦争の初期には本国から10日おきに東京に血液が送られた。1965年、北ベトナムへの絨毯爆撃（いわゆる北爆）が始まり戦況が泥沼化する頃にはサイゴン市（現在のホーチミン市）に一大血液銀行が設けられ、このほかに南ベトナムに4か所の支所が開設された。本国ではA,B,O,ABの4つの型すべての血液が集められ、ニュージャージーの空軍基地にて成分調整と殺菌処理をした後直接ベトナムに空輸された。血液は慢性的に不足気味であったことからベトナムの現地で働く軍関係者のみならず韓国、日本の軍施設からもボランティアで採血がおこなわれた。

■軍血液供給プログラムはベトナム戦争が終わり、軍が大規模な戦闘に関与しない時期も活動を続けている。この間に血液抗凝固剤の改良と冷凍保存技術が開発され湾岸戦争（1991）では100,000ユニットの血液を余裕で調達することができた。軍血液供給プログラムは現在、アメリカ、ヨーロッパ、アジア地域で100か所以上の採血所と輸血施設を運営している。

負傷兵救護方法の確立

ナポレオン戦争（1799 - 1815）で、ほとんどの会戦に軍医としてナポレオンに随行したドミニク・ジャン・ラーレー（1766 - 1842）が考案した《空飛ぶ救急車》が1世紀以上の時を経てベトナムの戦場で名実ともに現実のものとなった————。

戦場では医療処置を受けるまでに多くの障害がある。先の大戦では医療行為を受けるまでの時間が受傷から6時間以上というのが標準であったがベトナム戦争ではもっぱらヘリによる空路搬送が確立されたことで病院搬送まで最短1 - 2時間という驚異的な短縮がみられた。重傷者や高度な医療処置を受ける必要がある場合、ジェット機まで使われ国外の高度医療施設まで搬送された。

戦場における救助と搬送の成否は周囲の環境や地勢によって大きく左右される。たとえばイスラエルとパレスチナ間の武力紛争では舞台が都市部であることから比較的短時間で完了するがアフガニスタンなどの山岳地帯では予想以上に時間がかかっているのが現実で（湾岸戦争でも平均10.5時間であった）、負傷者とりわけ重傷者の生死の境は最初の外科手術を受け

るまでの間、つまり搬送中の救急救命処置のクオリティーにかかっているのだ。

1）空路撤兵の確立

戦場における負傷兵の生存率は————

a. ブレット（フラグメント）の種類、どの部位を、何箇所負傷したか

b. 軍創を負った際の環境はどうか

c. 治療を受けるまでの時間と救急処置のクオリティー

————によって大きく左右される。

aは銃撃部位にもよるがハンドガンブレットであれば比較的軽傷で済むがライフルブレットならば重い銃創を負うことになる。また形状がイレギュラーで運動エネルギーが大きい砲弾や爆発物のフラグメントによる創傷はライフルブレットのそれに準ずる。bは負傷した際のロケーションが病院など救急設備の整った市街地か、そういった施設へのアクセスが容易ではない山岳地帯であるかどうか、である。また感染症の原因となる細菌の多い環境か否かもここでは問われる。cこそがこれから紹介するベトナムで実践確立された《空路撤兵（Aero-medical Evacuation）》である。

地形は起伏に富み、ジャングルの樹木に覆われ、平地であっても沼地が多い———。こうしたベトナム特有の地勢では車両によるアクセスを断念せざるを得なかった。残された唯一の手段は空路であり、垂直方向の離着を得意とするヘリコプターに白羽の矢が立った。

ヘリを使った空路撤兵の最初の目的は不時着したパイロットの捜索と救助であった。その後、負傷兵の救助搬送に用いられるようになると負傷兵の死亡率を著しく下げることに貢献した。たとえば搬送先に到着した時点もしくは途中で死亡するパーセンテージは第二次世界大戦で４％、朝鮮戦争で２％であったものが、ベトナム戦争では１％以下にまで改善された。

アメリカ軍は戦費を惜しまないが医療に費やす金額にも糸目をつけなかった。戦場の近くには本国の設備とかわらない医療施設が幾つも建てられ受傷から治療を受けるまでほとんどの場合で２時間を越えることは無く、術後の経過が悪く高度な施術を必要とする負傷兵はジェット機で沖縄や横須賀の医療施設まで搬送された。

2）メディバックの導入

起伏の多いジャングル地帯を前進するアメリカ兵は常に《正面の見えない》戦闘を強いられていた。兵士らはゲリラ戦を仕掛ける相手に対して有効とされたサーチ・アンド・デストロイ（search & destroy：捜索討伐作戦）に明け暮れていた。

こうしたシチュエーションに対応しうる運搬輸送経路の確保はヘリに頼らざるを得なかった。比較的見晴らしの利いた朝鮮戦争の時でさえヘリによる兵員の移動には危険を伴ったがベトナムではさらに危険度が増した。北ベトナム兵士やベトコン相手に崇高な赤十字精神は通用せず、救護隊に対しても容赦がなかった。ホバリングやランディング中のヘリは彼らの格好のターゲットになった。

負傷者救護用ヘリコプター、通称メディバック（Med-Evac：medical-evacuation）はここベトナムで最初の運用が始まった――――。1962年4月のことである。medevacという単語はその後、《救急ヘリで運ぶ》という動詞にもなった。メディバック第一号としてベル社製の多目的用途ヘリ《HU-1》、通称ヒューイが採用された。当初は分遣隊規模（detachment）で始まり、その運営はまさに手探り状態であった。やがて中隊規模（company）にまで拡大しアメリカ軍は空路救助のノウハウを10年間かけてこのベトナムの地で確立させた。

ちなみにメディバックという体制がまだなかった朝鮮戦争の時代、衛生兵はヘリや車両が到着するまでの間負傷兵の命をいかにして繋ぎ止めておくかということに全神経を集中させていた。止血法がこれまでの止血帯によるものから圧迫法にシフトし始めたのもこの頃で、骨折を伴う四肢への軍創には止血はもちろん、輸血や創傷部位のデブリードマンも終わらせておかねばならず、骨折部位はキュンチャー髄内釘とプラスターで固定された（搬出が4－5時間を越える場合は抗生物質を投与した）。

3）ダストオフ

メディバックはミリタリースラングで《ダストオフ（dust-off）》とも呼ばれている。この愛称は1963年、第57医療分遣隊のコールサインに用いられたものが一般化したものだ。dust-offとはまさにヒューイがランディングする際のローターが砂塵を巻き上げる様からつけられたもので、そのまま負傷者救護用ヘリコプターを示すスラングになった。第57医療分遣隊はその活躍ぶりを讃える意味で《オリジナルダストオフ》として名を残した。

《空飛ぶ救急車》は負傷兵のみならず負傷した南ベトナム市民の救助にも使われた。戦局とともに一般市民の負傷者の割合にも変化が見られ、1965年以前は90%であったがアメリカ軍が本格的な軍事行動を開始した1965年以降、1966年には一時的に21%まで落ちたが戦況が激しさを増す1960年代後半から上昇しはじめ1970年には62%にまで戻ってしまった。

　負傷兵のすべてがメディバックで運ばれるわけではない。交戦中に負傷し医療スタッフの適切な処置（応急処置ではない）をすぐさま受けられた兵士15%であるのに対して、メディバックで搬送された負傷兵は30〜35%となった。これは瀕死の重傷、仕掛け爆弾などにより四肢切断といった一刻を争う軍創を負ったからである。一定期間医療施設にて入院を余儀なくされた負傷兵は12万名以上とされ、このうちの9割がメディバックで搬送された。

4）レスキューホイスト

　メディバックのパイロットはホバリング中の攻撃回避はもとより常にランディングゾーンの確保に頭を悩ませていた。平地ならともかく急峻な山間やジャングルでは事実上、ランディングは不可能であり、こういった場合は地上にいる兵士に最寄りの平地まで負傷兵を運んでもらわなければならなかった。

　彼らの身の安全と負傷兵の苦痛を一刻も早く和らげるために考案されたのが《レスキューホイスト》だ。1966年に採用されたレスキューホイストは文字通り《救命用ウインチ》のことで、負傷兵のいる位置の上でホバリングしたまま救命士とストレッチャー、ハーネスをケーブルで降ろし、負傷兵の固定が終わると巻き上げるというものだ。ホイストは270kgの荷重に耐え、ケーブルとプーリーは空中から最大で75mまで対応可能であった。

5）最も危険なミッション

　クルー、パイロットは常に生命の危険に晒されていた。メディバックに従事していた兵士はおよそ1400名で、アビエーションミッション（航空任務）の中でも最も危険な任務と見なされていた。

　ベトナム戦争では40名近いクルーがクラッシュや敵の攻撃によって命を落とした。敵の攻撃で負傷したクルーは180名で、ランディングミス、夜間や悪天候でのフライト中などのアクシデントで事故死したクルーは48名、

負傷者は200名を数えた。

　メディバックに従事した者が敵の攻撃で死傷する確率は他のアビエーションミッションに比べ3.3倍も高く、またヘリに限定した他のミッションと比べても1.5倍も危険を伴った。ここで戦死したい奴にはうってつけだよ————予備知識も無くメディバックのパイロットに任命された者はよくこう脅されたという。

■最も危険なミッション　dust-offの文字が読める

メディバックとMASHの連携

　メディバック以外の陸軍医療局の新しい試みは朝鮮戦争の頃から始まっていた。心臓外科医のマイケル・E・ドゥーベイキー（1908－2008）らの協力を得て前線から15km圏内に蘇生を目的とした外科処置を可能とする移動式医療施設《MASH（Mobile Army Surgical Hospital）》が導入された。

　ベトナムでの一般的な救命体制は以下のようなものだ————。戦場から救出された負傷兵はメディバック内で救急処置を受ける。この間パイロットからMASHに負傷者の状態、到着時間などが無線で連絡される。こうした連携により不必要なモルヒネの投与もなくなり、合併症のリスクも回避された。

　メディバックとMASHの連携プレーにより負傷兵には受傷から平均で3時間、最長でも12時間以内の治療が確約された。すべての軍創を対象とした院内での死亡率が2.4%の最低値まで下がり、腹部への軍創の死亡率は8.8%になった（最終的には4.5%まで改善）。治療から30日以内の前線復帰が見込まれない負傷兵は日本または本国の医療施設へと送られた。

■すべての軍創を対象とした院内死亡率が朝鮮戦争時のそれよりも若干高くなったのはスピーディーな搬送システムにより本来であれば戦場ですぐに即死に近い状態にあった兵士も搬送されるようになったからだ。

忘れてはならないのは、MASHはあくまでもサブ的な施設であり、施設のたらいまわしを避けるため多くの負傷兵が設備の整った野戦病院へ直接搬送した。メディバックのおかげで負傷してから最短で1−2時間後に手術を受けることも可能になったが、実際のところ平均で4−6時間はかかっていたと推測される。

　搬送された負傷兵にはまずリンゲル輸液の点滴と抗生物質が投与され、創傷の洗浄とさらに入念なデブリードマンがおこなわれる。四肢への軍創であれば血管外科医と整形外科医が担当にあたる。骨折は程度に応じて整復と牽引がおこなわれ、組織の損傷が著しい場合、メッシュグラフト（網状植皮）か密封療法が試みられる。このほか失血に起因する循環血液量減少性ショック（外傷性ショック）の治療や1950年代以降格段に進歩した血管外科医療が施される。

クラッシュシンドローム

　クッラシュシンドローム（挫滅症候群：crash syndrome）が知られるようになったのは第二次世界大戦中のことで、戦場はもちろん、一般社会からも長時間の圧迫や打撲など比較的軽度な負傷にもかかわらず数日後に死亡するというケースが相次いで報告されていた。

　この症候群は、外傷性ショック（二次性ショックとして）の範疇でくくられ、挫滅した筋肉から大量のミオグロビン、カリウム、乳酸が血中に流出し、高カリウム血症（心臓機能不全）やミオグロビン由来の急性腎不全を発症し、適切な手当てがおこなわれなければ死に至るというものである。戦場におけるクラッシュシンドロームの死亡率は、出血性ショックも併発していることが多いため90%とかなり高い。急性腎不全には朝鮮戦争時に、人工臓器の草分け的な存在となったオランダ人医師ウィリアム・コーハン・コルフ（1911−2009）が1945年に考案した人工腎臓（ローリングドラム・ダイアライザー）により血中の不純物を除去する治療が施され、1951年以降一般化した人工透析により死亡率は50%台にまで下がった。

感染症とその後の抗生物質

　先のセクションで触れたように濫用が原因で、細菌はほどなくして抗生物質に対し耐性を勝ち得てしまった。朝鮮戦争（1950−1953）においてもペ

ニシリンは後発のストレプトマイシンと併用され、メジャーな軍創治療薬であった。MASHシステムとの相乗効果もあり4900名の負傷兵のガス壊疽発症率は劇的なまでに改善した(0.008%にまで)。

1) 耐性菌の登場

　抗生物質が予防的に使われ始めたことで、細菌に耐性力がつき、受傷から数日経過した後の状態で投与すると効果が薄れるという報告が相次いだ。確かに朝鮮戦争では、負傷兵の搬出が4－5時間以上かかる場合に抗生物質の使用に踏み切るというガイドラインが設けられていたが、万が一を想定し規定時間以下であっても頻繁に使われていた可能性は否定できない。

　ペニシリンもストレプトマイシンの両方が効果なしという報告も1951年から1952年の間、東京の陸軍病院で50件ほど寄せられており、両方の抗生物質の同時投与も無効という事例は7件報告された。

2) ベトナム戦争と感染症

　ベトナムの戦場ではベトコンらがあちこちに原始的な罠を仕掛けていた。中でも有名なのは落とし穴の底に、糞便を塗った竹やりを無数に埋め込んだパンジースティックというトラップであった。隠し板を踏み抜き、落下すればスティックが足に突き刺さり感染症を引き起こすというものだが、実際の感染症の発症率は10%程度で、いずれも生命に関わるような深刻なものではなかった。1966年から1967年にかけて17726名の負傷兵を対象としたデータによれば、80%がデブリードマン処置を受け、70%が静脈注射によって抗生物質(ペニシリン、ストレプトマイシン)を投与された。

■デブリードマン(創面切除)が有効な感染症対策のひとつであることはベトナム戦争の時代でも変わらなかった。軍創周辺の壊死した組織の除去法の新たな手段として登場したのがパルス洗浄器(pulsatile lavage)であった。この機器を使用することで創面の切除と洗浄が同時におこなえるようになった。このほか口腔や眼窩などデリケートな部位の創傷の洗浄用にウォーターピックが使われ始めた。

　ベトナム戦争でも朝鮮戦争と同様に抗生物質が効かない耐性菌の誕生が確認されている。1972年、軍創を負った30名の海兵隊を対象に細菌の繁殖状況を調査したところ、初期の病原体はグラム陰性菌とグラム陽性菌の両

方であったものが、5日が経過すると陰性菌、特に緑膿菌が圧倒的に繁殖していた。この調査では8時間ごとに負傷兵から採取した血液中の細菌を分析した。その結果、ペニシリン、ストレプトマイシンに対してすでに耐性を獲得していたことが判明した。

■1968年の研究調査ではグラム陰性桿菌であるエンテロバクター・アエロゲネスや緑膿菌、ブドウ球菌、大腸菌も耐性獲得が確認された。

　抗生物質の局所投与が始まったのもベトナム戦争の頃で、主に開放性創傷や火傷部位の殺菌に用いられた。1962年には酢酸マフェニドとペニシリンを併用しクロストリジウム嫌気性桿菌ウェルシュ菌の殺菌効果を確認するために動物実験がおこなわれた。
　このほか火傷に対しては抗菌剤含有軟膏スルファジアジン銀クリームが有効とされたが、ベトナム戦争の時代に実際に局所投与がおこなわれたのは2％にとどまった。抗生物質の局所投与を巡っては濫用に繋がるとして現在でもその是非が問われている。

戦争論ガイダンスⅡ
冷戦以降の構図

　軍事だけにとどまらずその国が持てるすべての分野の力を注ぎこんだ戦争を国家総力戦（total war）という。国家総力戦では、為政者、軍人はもとより思想や生活様式が一変するなど好むと好まざるとにかかわらず国民も巻き込まれてゆく。負ければ天文学的な金額の賠償責任を背負い込み国土の没収分割といったまさに国家の消滅といった事態が避けられぬことから国の存亡を賭けた戦闘態勢をとらざるを得なくなる。
　国家総力戦という戦争形態は、フランス革命政府を樹立したマクシミリアン・ロベスピエール（1758－1794）が1793年に徴兵制を導入したフランス革命戦争（1792－1799）を端緒とし第二次世界大戦（1938－1945）で一応の区切りをつける。これ以降の戦争は現代型戦争（modern warfare）といわれ《情報：intelligence》がキーワードとなる。

第二次世界大戦後、世界は東西（共産主義国家と民主主義国家）に分かれ、アメリカとソ連が先導する冷戦時代（1945 – 1991）を迎える。戦争の形態も核兵器の登場により様変わりせざるを得なくなった。なぜならばひとたび核兵器を使用すればこの応酬となり国の存亡を超え地球そのものが滅びてしまうからだ。ゆえに冷戦時代の戦争はベトナム戦争に代表されるような従来型兵器を使った代理戦争（proxy war）の様相を呈した。1991年、ソ連崩壊とともに冷戦時代が終焉を迎えると、双方の軍事力が不釣り合いな強敵と弱敵による《非対称戦争　asymmetric warfare》の時代を迎えることになる————。

＊　＊　＊　＊　＊　＊

非対称戦争

　非対称戦争（asymmetric warfare）というコンセプトは1970年代後半に発表された戦争に関する学術論文の中に見つることができる。冷戦時代にはほとんど見向きもされなかったがソ連のアフガニスタン侵攻（1978 – 1989）や冷戦が終結した1990年代以降取り沙汰されるようになり2001年以降、アメリカがアフガニスタン対テロ戦争（2001 – 2014）に乗り出してからがぜん注目されるようになった。

1）非対称戦争と対称戦争

　非対称戦争とは文字通り敵対する兵力、兵站、火力、物量（資源や経済力）の点で双方が極端に不釣り合いな状態の戦争を意味する。往々にして強敵（正規軍、政府軍）と弱敵（反政府組織、武装集団）という構図となる。宣戦布告は当然無く、弱敵側の戦術はゲリラ戦、テロリズム、破壊工作（サボタージュ）に終始し、強敵は都度これに対処しながら弱敵を掃討するようなかたちになる。

■イスラエルとパレスチナの戦闘は典型的な非対称戦争であるが、弱敵と定義されるパレスチナはこの立場を活かししばしば優位にたつ。パレスチナはヒズボラやファマスといった武装組織を介して市民や、あまつさえイスラエルの市民からも支援を得ながら戦略的にはイスラエル軍と互角に戦っている。

非対称戦争の対極にあるのが対称戦争（symmetric warfare）だ。敵対する同士の戦力や物量が拮抗している戦争を示す。別名従来型戦争とも呼ばれ、戦力で均衡がとれている分《どう戦うか》、つまり《戦略：strategy》が雌雄を決する鍵となる。従来型戦争は勝敗の行方が予想しやすく、兵力がほぼ同等であれば《質》、将軍、司令官の力量や兵員の練度にかかってくる。

　非対称戦争における弱敵側は火力の不均衡を量（兵員）や質（戦術）で補おうとする。弱敵側は大局を見据える戦略（strategy）よりも《個々の戦闘をどう戦うか》の戦術（tactics）を重要視する。彼らにとってみればかならずしも軍隊化の必要はなく、むしろ全体像が顕在化しない分、戦況を優位に導くことに繋がっている。

２）検証　非対称戦争

　非対称戦争では弱敵側が強敵側を打ち負かすことがしばしばある。勝敗の行方は強敵側の撤退、弱体化から導かれている場合が多く、この好例がベトナム戦争（1961 – 1975）である。

　この背景には５つのファクターが考えられる――――。

1.　戦略的な勝利（個々の戦術の成果の積み上げてとして）
2.　強敵側の戦意喪失（死傷者の増加、戦費増、兵士のモラールの低下）
3.　弱敵側への外部からの支援（自主的な支援、支援誘導）
4.　強敵側の厭戦ムードの高まり（反戦運動）
5.　その他のファクター、およびこれらの相互作用

　非対称戦争という分類が無かった時代にもこれと同じ戦闘形態はあった。第二次世界大戦までは強敵側の常勝というケースが多かったが、戦後独立国家の樹立を目指すなど高いモチベーションを背景に弱敵側が勝利するようになってきた。戦術的には――――。

1.　強敵側の兵力をしのぐ新兵器の保有（11世紀のクロスボウの普及、コンスタンチノープルの陥落における巨砲バシリカ砲の導入など）
2.　強敵側のインフラの破壊（弱敵側はもともと持っていない、整備されていない）
3.　個々の兵士の練度を上げる（ファランクスなど戦闘隊形の工夫）
4.　地勢の活用、地の利を生かす（ペルシャ戦争のテルモピュライの戦いなど）

5. 弱敵側に自衛的な目的がある場合は兵士の士気が高く、散発的かつ局所的な攻撃が功を奏する（パルチザン、レジスタンスの仕掛けるゲリラ戦法）。
6. 弱敵側が正規軍ではない場合、その攻撃は国際法や戦争法による拘束を一切受けない。戦争犯罪に抵触するような行為、降伏者や救急隊を装った攻撃を躊躇なく仕掛けることができる。同様に公共施設や民家の軍事的な目的の利用も可能である。一方正規軍（強敵側）により市民への攻撃が仕掛けられた場合、メディアで発信するなど弱敵側に優位なよう宣伝活動に利用されることがある。

第四世代の戦争

火砲が登場した15世紀以降の戦史を振り返ると新兵器の登場や革新的な戦術の導入を機に４つの世代（ゼネレーション）に分けることができる――――。

第一世代

マスケットが普及しはじめた時代の戦闘形式。厳格な命令系統が確立されており大砲の援護を受けた両軍が対峙し密集隊形（縦型、横型）で整然と進軍する。武器の主役が剣、槍、弓（クロスボウなど）からマスケットをへて、ライフルドマスケット（ミニエーボール）に行き着くとこの戦術は《自殺行為》とみなされ廃れてゆく。

第二世代

射程が1000mをこえたライフルや弾が無くなるまで自動で発射し続けるマシンガンが広く行き渡った時代の戦闘。正確な砲撃の援護を受け、指揮命令のもと横線線上に進撃をこころみる。両軍の攻撃力が拮抗しているため、こう着状態に陥る。第一次世界大戦におけるトレンチ戦がこの好例。

第三世代

装甲車や戦車により戦場の機械化が進み、両軍が真っ向から勝負を挑む戦闘スタイルが改められ、敵の側面、背面など小規模かつ局所的な戦闘を突破口に勝利に結びつける戦闘が主体となる。第二次世界大戦に代表されるように戦車や戦闘機が広く用いられるとともに、攻撃の対象に軍事、民

間の区別がなくなったのが第三世代の戦争の最大の特徴。

1）第四世代とは

　第二次世界大戦以降の現代型戦争（modern warfare）では、政治と軍事、戦闘員と非戦闘員（市民）、戦闘状態と日常、戦闘地域と非戦闘地域などの線引きがいよいよ難しくなってきた。特に《第四世代：the fourth generation》といわれる現代型戦争はこの傾向が顕著である。こうした一方で弱敵と強敵の構図はより明確化した。弱敵は国家やそれに準ずる組織団体ではなく、イデオロギーや宗教観を縁（よすが）としたネットワークとなる。第四世代の戦争における弱敵側の最終目標は自らの生存と敵側（国家、政府）を疲弊させ、戦闘続行をあきらめさせることにある。

　第四世代の戦争の特徴は以下のようになる————。
・戦争の背景が複雑かつ戦闘期間が長期に及ぶ
　（イデオロギー、民族意識、宗教観を背景としていることから最終ゴール
　　が不透明）
・テロリズムを多用する（攻撃において戦闘員、非戦闘員の区別がない）
・国家を超えた存在（多国籍、超民族、シンパシー）
・メディア操作や政治を戦争の手段にするなど心理戦に長けている
・政治、経済、社会、軍事すべての方面から攻撃をしかける
・小規模かつ局所的な戦闘を得意とする
・民間人を戦略的に巻き込む（人間の盾）
・組織に階級や指揮系統がない（コアがなくセルレベルで活動）
・内外のシンパからの経済的支援がある
・インターネットなど情報ネットワークを駆使している

■インターネットによる情報網の発達とSNSに代表される発信力を武器に、国際化や世界標準化といった潮流を意識しながら宗教的価値観や主義を織り交ぜ自爆テロ攻撃に代表されるこれまではタブーとされていた戦術に正当性を持たせることに成功している。

2）第四世代の戦術と戦略

　冷戦時代における代理戦争の代名詞ともなったベトナム戦争（1961－1975）は第四世代の走りといえるであろう。ソ連や中国の後ろ盾があったとはいえ国際世論はアメリカ軍と比較してベトコン側（北ベトナム軍）を明

らかな弱者と見なしていた。これは弱敵にとってはむしろ好都合なことであって内外からシンパシーを、あまつさえアメリカ本国からも集め強敵側に厭戦ムードをもたらせることで第四世代の最終目標である《自らの生存と敵側（国家、政府）を疲弊させ、戦闘続行をあきらめさせること》に成功した。

現行の政府の転覆を狙う過激な非国家組織（反乱分子）による戦闘も第四世代に分類される。反乱分子は必ずしも暴力による直接的な行動に訴える必要はなく、現行政府の弱体化を狙えば比較的短期間で目的を達成することができる。政府は反乱分子の動きを封じ込めようと強硬な手段に訴えるため、これがかえって社会に混乱と反発を生むことになる。

崩壊寸前の国家や内戦時にも第四世代の特徴を見つけることができる。狂信的な理念や宗教観に基づく非国家組織や、内戦において政府軍と反乱軍との軍事力に圧倒的な差がある場合に顕著になる。こうした傾向は経済的に自立している国家（Functioning Core）よりも政権が不安定で国際的な交易のない不均衡国家（Non- Integrated Gap）で多くみられる。

■世界の新しい分類法としてコア国家と不均衡国家という区別がある。コア国家はオールドコア（アメリカ、ヨーロッパ、日本、オーストラリア）とニューコア（中国、インド、南アフリカ、ブラジル、アルゼンチン、チリ、ロシア）に二分される。不均衡国家として中東諸国、インドを除く南アジア、アフリカ、東南アジア、南米が挙げられる。

先述の通り第四世代の戦争では一般に既成国家（政府）に対抗する暴力的な非政府組織という図式が成り立つ。暴力的な非政府組織はフィジカル（攻撃）、メンタル（心理）、モラール（士気）の３つのレベルで既成政府に対し戦いを臨む。雌雄を決する最も重要なファクターはモラールであり、戦闘行為を意味するフィジカルは意外にも重要度が低い。フィジカルファクターの重要性が低いことはインド独立運動を先導したマハトマ・ガンジー（1869－1948）やアフリカ系アメリカ人公民権運動の指導者マーチン・ルーサー・キング（1929－1968）といった反政府活動家の行動がこれを証明している。行進や演説といった非暴力の抵抗に対し政府の締め付けが暴力的であればあるほど彼らにとって大衆の支持が得やすくなるのだ。

テロ組織との戦いは第四世代の戦争といえよう―――。テロ組織の特徴として１）小集団で階層制度がない、２）組織の構造がない、３）高い忍

耐力と柔軟性、4）隠密性が高いこと、などが挙げられる。テロ組織はテロリズムを手段に政治、経済に影響をあたえ、あらゆる方面から強敵側の弱体化を狙う。またSNSを駆使した同調者への呼びかけ、テロリストのリクルートや自発的なテロリズムへの誘導など国内外へ向けたメディア活動にも余念がない。

　このように昨今のテロ組織は単一の組織を構成せず、小さなセルが即興的に組織を形成し大きな脅威を生む。彼らに対抗するには組織を分断させたままセル同士でいざこざを起こさせ自滅させるしかない。また組織のコアをなすものがナショナリズム、宗教観、家族や部族の名誉といった抽象的なものであることから求心力のある絶対的指導者の存在が不可欠になっている。言い換えれば絶対的存在を失うと組織間の連帯が薄れ共倒れしやすい。

イラク戦争とアフガニスタン対テロ戦争における軍創

　ミレニアムを迎えた翌年の2001年9月11日、アメリカで同時多発テロが発生した。国際テロ組織アルカイダによるアメリカ領土への直接攻撃は国際社会を震撼させ、世界中が安全保障の見直しを迫られた。

　戦争史は正規軍対テロ組織という本格的な第四世代を迎えようとしていた。アメリカの対応は早かった。同年10月にはジョージ・W・ブッシュ大統領（1946－）が国際テロ組織アルカイダの掃討を掲げアフガニスタン対テロ戦争（2001－2016？）、《不朽の自由作戦：Operation Enduring Freedom》に踏み切り、2002年にはアルカイダに加担するテロ支援国家としてイラクを《悪の枢軸》と名指しで非難。大量破壊兵器に関する国連の査察を拒み続けたイラクに対して国連の合意を得ぬまま2003年3月に首都バグダットへの侵攻、《イラクの自由作戦：Operation Iraqi Freedom》を展開した————。これが世に言うイラク戦争（2003－2011）である。

＊　＊　＊　＊　＊　＊

ツインタワーはなぜ崩壊したか

　テロの悲劇から10年以上の年月が経過した。あの貿易センタービルのツインタワーの大崩壊こそが同時多発テロを想起させるアイコンである。

　すべての発端は2001年9月11日8時45分に始まった。4つのグループに分かれた19名のテロリストは4機の国内便————ボストン発のアメリカンエアライン11便、175便、ニュージャージーのニューアークを飛び立ったユナイテッドエアライン93便、そしてワシントンから出発したアメリカンエアライン77便————をハイジャックした。8時45分、世界貿易センタービルのノースタワーに11便が激突し、15分後に175便がサウスタワーに突っ込んだ。9時37分にはペンタゴンに77便が激突。93便はペンシルバニア周辺で墜落した(狙撃されたとも)。

　アメリカ政府はその日の午後に同時多発テロ事件の首謀者をオサマ・ビンラディンと断定し、午後8時30分ジョージ・ブッシュ大統領は国民に向けテロとの戦いを宣言した。

1）階下の爆発を巡って

　アメリカ国民はテロリストへの報復を支持し、低迷していたブッシュと共和党の支持率が急上昇した。アフガニスタン対テロ戦争が始まり暫くすると、冷静さを取り戻した国民の中から、《同時多発テロはアフガニスタンおよびイラクへの侵攻を正当化するためにブッシュ政権が仕組んだものだ》、《9.11のテロはJFK暗殺以来の国家的陰謀だ》などのツインタワーの崩壊に対するさまざまな憶測が聞かれるようになった。

　巷で聞こえる9.11陰謀説のよりどころはこういうことらしい。ツインタワーが大崩壊を起こす前に、旅客機が追突した階よりも下の階で爆発が起きた。これはおかしい！爆薬があらかじめビルの中に仕掛けられていたのだ！さて、真相はいかに————。

"旅客機のボディーに使われているアルミニウムがジェット燃料で溶解し、スプリンクラーの水と反応した結果、大爆発が起きたのだ"

　ノルウェーの金属マテリアルのエキスパートが政府陰謀説を根本から覆した。ノルウェーの独立技術調査機関に所属するクリスチャン・シメンソン博士はこう話す————。

"私の説が正しければ、旅客機が溶解したことでトン単位のアルミニウム

が階下に流れ出たことになる。それが数百トンもの水と反応したのだ。アルミニウムを扱う業種の産業災害を検証すると、9.11と似たような爆発事例は枚挙に暇が無い。当初、アメリカ政府が発表したところによる、《ビルを支える鉄骨のストラクチャーが高熱に耐えられず、上の階の重みで崩壊した》という説明は到底受け入れられない。相当量の溶解金属が誘発する爆発は、爆発地点の階のフロワーなど丸ごと吹き飛ばすほど強大なエネルギーを生み出す。当然、爆発後に空隙ができれば、上の階はそのまま落下し、その重みに耐えかねて下の階が次々と崩壊してゆく———これはトランプカードで作ったタワーが崩れるのと同じことだ。アメリカ政府は大崩落の原因はジェット燃料火災の高熱であると結論付けたが、過去の報告で火災によってビル全体が崩壊したという事例はない"

■崩壊するツインタワー

2）陰謀説の真相は

　シメンソン博士は9.11同時多発テロから10年の節目に当たる2011年、カリフォルニア州のサンディエゴで開催された国際マテリアルテクノロジーカンファレンスで自説を披露し、専門誌《アルミニウム・インターナショナル・トゥデイ》に詳細が掲載された。

　アルミニウム業界では1980年代からアルミニウムと水の反応に起因した爆発災害が250件以上報告されている。このことを念頭に置き、博士は9.11では旅客機1機分に相当する約30トン分ものアルミニウムが溶解したと試算した。自説を証明するため博士は、ノルウェーのラボで溶解したアルミニウム20キロに対して水20リッターと少量の錆を反応させたところ、生じた爆発エネルギーによりラボは跡形もなく吹き飛び、地面に直径30mものクレーターが残った。

　旅客機の機体はアルミニウムとマグネシウムの合金材で形成されており660度で溶解を始め、750度に達すると完全に液状になる。機体が液状化に至るまでの時間は30〜45分と言われ、これは貿易センタービル崩壊の時刻

とほぼ一致する。博士は、旅客機が突っ込んだフロアは建物のインテリアに使われているプラスターや鉄骨によってあたかも《即席釜》のようになったと説明した。爆発に至るまでのプロセスはこうだ————ジェット燃料に炙られ溶解したアルミニウムは階下に流れ出しスプリンクラーの水と反応し瞬間的にさらに数百度上昇し可燃性の水素を発生する。その後アルミニウムは鉄骨の錆やその他の材質と触媒反応を起こし温度は最高で1500度にまで達し、最終的に水と溶解したアルミニウムがすべて反応し水素爆発を起こした、というものだ。

　シメンソン博士の説が正しければ、高層ビルに旅客機を突っ込ませるというテロ攻撃に対するカウンターテロリズム策が自ずと導き出されてくる。まず衝突地点から下の階のスプリンクラーを作動させなければ理論上、爆発反応は起こらないということだ。また多少荒っぽいが旅客機が突っ込んだ箇所に向かって合金の液状化を防ぐような反応抑制剤を搭載したロケットを放つのもオプションとして考えられる。

イラク戦争終結する

　同時多発テロから10年後、2011年12月15日バラク・オバマ大統領（1961−）はイラク戦争終結を宣言した。イラク戦争（2003−2011）では100兆円の戦費をかけたといわれているが、人的な損害にプライスタグをつけることは出来ないはずだ。

　イラク戦争はアフガニスタン対テロ戦争のスピンオフのようなかたちで2003年に大量破壊兵器保有疑惑とテロ支援国家の武力征伐という大義名分のもとにブッシュ政権時代に始まった。オバマ大統領の終結宣言までに約8年あまりを費やしたが、もとはアメリカとイラクの正規軍同士が戦う従来型戦争であった。2003年3月に開始した侵攻（イラクの自由作戦）から2ヶ月足らずでバグダッドが陥落。ブッシュ政権は早々と戦闘終結を宣言しアメリカ軍の駐留が始まったが、これは反米武装勢力との長い戦争の序章に過ぎなかった。以降のイラク戦争は、戦力が非対称なまさに第四世代の戦争の典型であった。

■2003年3月に始まり5月で終結した《イラクの自由作戦》におけるアメリカ兵の死者は138名であった。

戦争は始めるよりも終わらせる方が難しい。当初、イラクでの戦争はクイックアンドイージーなものになるはずであった。オバマ大統領は前任ブッシュのツケを払わなければならなかった。ノースカロライナ州のフォートブラッグ陸軍施設での演説でオバマ大統領は集まった兵士らの勇気をこう讃えた―――。

"われわれのイラクでの努力には紆余曲折があった。自国に目を向ければ戦闘続行か、撤退かを巡って愛国者同士の間で延々とディヴェートが続いている。このような状況の中で、唯一変わらないものがある―――諸君らの愛国心だ。任務を遂行しようとする献身である。まさに志操堅固。これだけは決して揺らぐことは無かった"

■2014年5月、オバマ大統領はアフガニスタン対テロ戦争終結を宣言。アメリカ軍はこれまで最大で10万名もの兵士を駐留させていたが現在は32000名まで減っている。シナリオはこうなる―――2014年末以降、戦闘部隊が撤退を開始し、駐留は9800名規模にとどまる模様。その後、段階的に減らし2016年末までに事実上の完全撤退をめざす、というものだ。現時点で3424名のアメリカ兵がアフガニスタンで戦死している。

イラク、アフガニスタンの戦死者および負傷者に関するデータ

　イラク戦争が始まった2003年からアメリカ軍がバグダッドからの撤退を表明した2011年の間に4805名の同盟軍兵士が命を落とし（アメリカ軍兵士の占める割合は93%）、およそ116,000名のイラク市民が戦闘に巻き込まれ死亡した。

　イラク市民の犠牲者はおおまかに戦闘の巻き添えによるものと、病死に分かれ、後者の原因は病院など医療施設の破壊が背景にある。住居を失った市民の数は500万名ともいわれている。2008年、イラク政府とWHO（世界保健機構）の合同調査チームは2003年の開戦から3年間で104,000から223,000名のイラク市民が戦闘に巻き込まれ死亡したと発表した。別の研究では2006年の単年だけで29,028名の市民が死亡したとしており、これは毎月2400名の命が奪われた計算になる。

　イラク戦争に費やした戦費は少なく見積もっても90兆円といわれている。戦費と《戦争のコスト》は別物であり単純に金額で測れるものではない。ア

メリカ軍の人的損害を観ると2011年の時点で32226名の兵士が負傷し、4487名が戦死した(2001年9月11日の同時多発テロではツインタワー崩壊だけで2792名が犠牲者となった)。負傷したアメリカ軍兵士約32,000名のうち相当数の者がPTSDや脳疾患、精神疾患を罹っているといわれている。

■過去の戦争と比較してみると1991年の湾岸戦争では382名が犠牲となり147名が交戦中に戦死した(38%)。ベトナム戦争(1961−1975)の犠牲者はイラク、アフガニスタンの約10倍の47413名で交戦中の戦死者は36628名(77%)を数えた。遡って第二次世界大戦(1932−1945)では291557名が戦闘中に命を落とした(負傷者は671846名)。

戦死者、負傷者に関する詳細なDATAは以下のようになる――――。

1)所属別

　現在のアメリカ軍の構成比率は、陸軍(Army)の占める割合が一番多く48.8%、海兵隊(Marine Corps)は10.8%、海軍(Navy)は18.9%、空軍(Air Force)が21.5%となっている。イラク、アフガニスタンの戦死者数3708名のうち73.2%(2716名)が陸軍の兵士によって占められた。次に多いのは海兵隊で戦死者数は867名となり23.3%、海軍は2.2%にあたる84名で、空軍は最も少ない40名、つまり1.1%となった。

2)性別、年齢別、人種別

　アメリカ軍全体に占める女性兵士の割合は16%。非戦闘中も含めたイラク、アフガニスタンの全犠牲者数4683名のうち113名(2.4%)が女性兵士で、男性兵士の犠牲者数が圧倒的に多いことが判る(4570名で97.6%)。年齢別で観ると18−21歳までのグループが最も多い28.2%(1325名)で、続いて25−30歳までのグループが25.6%(1198名)となっている。犠牲者の年齢層は20代が多く、22−24歳までのグループは23.7%(1108名)となった。31−35歳のグループは10.4%(486名)となり、35歳以上になると12.1%(566名)という結果となった。

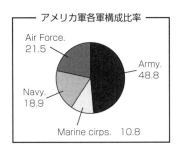

アメリカ軍各軍構成比率

Air Force. 21.5
Army. 48.8
Navy. 18.9
Marine cirps. 10.8

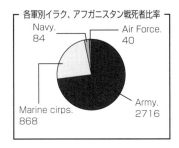

各軍別イラク、アフガニスタン戦死者比率

Navy. 84
Air Force. 40
Army. 2716
Marine cirps. 868

　イラク、アフガニスタンの戦闘では、白人よりも有色人種（黒人やヒスパニック）が優先的に前線に駆り出されているとの噂が流れたようだが、どうやら間違いのようだ————。年齢別層18-44歳までのアメリカ国民の中で白人が占める割合は75.6％といわれている。軍に所属する白人の割合は67％であるが、交戦中の戦死者に占める白人の割合は75.2％と高い（3525名）。一方同じ条件で黒人の比率を見ると18-44歳のグループ内に占める個人の人口比率は12.2％で、軍内では17％を構成している。しかし全犠牲者数の9.3％（437名）でしかない。ヒスパニックも同様で同年代グループの人口比率は14.2％、軍内における構成比率は9％である。全犠牲者数の中に占める割合を視ると10.4％（489名）という結果になった。

3) 負傷兵

　負傷兵数を検証したところイラクでは30490名が、アフガニスタンでは2309名がそれぞれ何らかの軍創を負った。先のデータと同じく、負傷者に関するデータは戦死者のものと符合している。イラク、アフガニスタンの負傷者数合計32799名のうち陸軍が22948名（70％）、海兵隊が8721名（26.6％）、海軍が656名（2％）、空軍が474名（1.4％）となった。各軍の女性兵士の負傷者は陸軍が533名、海兵隊が41名、海軍が5名、空軍が27名となり、人種別では白人が25254名（77％）、黒人が2688名（8％）、ヒスパニックが2061名（6.3％）という結果になった。

イラク、アフガニスタンの軍創治療

　一昔前、爆創の致死率はおしなべて高かったが、昨今のボディーアーマーの防御力と、救急救命体制と救急処置のクオリティーの向上により負傷

兵の生存率は著しく改善している。ボディーアーマーの着用が一般化したことで胸部や腹部に創傷を負う確率が下がった一方、四肢の脆弱性がクローズアップされるようになった。死亡率は下がったものの負傷率（しかも重度）が激増しているのが現代の戦場の特徴である。銃撃戦で負う銃創よりも、仕掛けられた爆発物による無差別攻撃で負う爆創が増えたということだ。

■創傷部位の比率は四肢（65%）、頭部と頸部（15%）、胸部（10%）、腹部（7%）の順となる。火傷は軍創の5−10%を占める。

　こうした現状を受け止めイランやアフガニスタンに勤務する軍医らは、四肢への軍創治療に力を入れている。2002年から2005年までの3575件の四肢への軍創のうち骨格に達しない軟組織の創傷が53%、骨折を伴ったのは26%、最も厄介な開放性の複雑骨折は82%であった。上肢下肢の負傷頻度の割合はほぼ同等であった。特筆すべきは3/4がIED（Improvised Explosives Device）による攻撃であったという点だ。
　足元に仕掛けられることが多いIED軍創は実に厄介である————。火傷を伴う爆創は骨格筋にまで及び動静脈損傷による大失血に加え爆発物の破片、岩盤、砂塵、瓦礫などの異物混入による創傷の汚染が尋常ではない。こうした創傷はルーティンな外科処置では到底補えず、骨折箇所の復元や止血処置、デブリードマンに並行した異物の除去、血液化学を駆使した代謝や生理機能の維持、大量失血による低体温症への備えなどが要求される。

■メディアを通じて目にするイラク、アフガニスタンの軍創の現状は自動車事故に似た比較的軽度の負傷で済んでいるように見える。一昔前の戦場とは比較にならない盤石の医療体制のお陰で負傷兵の戦線復帰までの期間は驚くほど早くなっている。四肢を失った兵士の様子を伝える報道もあるが、実際に四肢切断に至った兵士の数は750名を若干下回る程度である（2007年の時点で500名ほど）。

1）盤石の治療体制

　爆轟、衝撃波、爆風、弾殻フラグメント————爆発によって生ずる創傷が爆創（blast wounds）という分類で軍創の仲間入りをしたのは第一次世

界大戦になってからだ。以来砲弾がもたらす爆創は最も致死率の高い軍創となった。幸か不幸か、爆創が人体に及ぼすダメージは100年前と現代とを比べても変わっていない。むしろ変わり続けているのは医療技術の方であり、そのクオリティーの差はまさに天と地ほどの違いだ。

■戦場での死亡率は第一次世界大戦8％、第二次世界大戦4.5％、朝鮮戦争2.5％、ベトナム戦争3.6％、湾岸戦争2.1％、ソマリアで発生したモガディシオの戦い（1993）では6.4％となった（戦死者19名、負傷者73名）。

　イラク、アフガニスタンの戦場で、治療を受ける間もなく現場で死亡する兵士の半数以上の死因は爆創による大量失血と広範な神経系統の損傷である。ハイテク医療を完備したとはいえ目の前でIEDに吹き飛ばされた兵士を100％助けることはできない。現代の軍医の真のチャレンジとは、（すべての治療がパーフェクトであることを前提に）このような重度の爆創を負った兵士の5％を救うことにある。
　現在、イラク、アフガニスタンの戦場では軍創の程度に応じて5段階レベルのケア体制が整っている————。

レベルⅠ：現場もしくは大隊救護所
　衛生兵による救急救命処置と搬送
レベルⅡ：専門外科施設
　最低限の外科処置を施す
レベルⅢ：陸軍救援病院（CHS: Combat Support Hospital）
　蘇生と集中治療が可能な施設（レベルⅡについては受傷程度にあわせてⅡa, Ⅱbに細分されている）
レベルⅣ：ラントシュトゥール医療センター
　所在地はドイツ。複数の医療専門分野の協力を擁する重度の軍創治療に対応
レベルⅤ：本国アメリカのトラウマセンター
　ブルック陸軍医療センター、ウォルターリード陸軍医療センター、ナショナル海軍医療センター、サンディエゴ海軍医療センター

　負傷した兵士に応急処置を施す衛生兵（medics）は前線の一分隊につき1名が割り当てられ、彼らはレベルⅠに相当する処置を施せるよう訓練さ

れている。また2005年から兵士ひとりひとりにも止血帯が支給されるようになり四肢の止血法が訓練されたことで現場での失血死の死亡率は85%下がった。

■ターニキット（止血帯）
シャフトで血流をコントロールする

レベルⅠ以上の本格的な外科処置が必要な場合、レベルⅡ施設に搬送される。さらにもう一等級高いレベルⅢ施設では輸血バンクはもちろん病理研究室が備え付けられており、専門分野別の外科医、放射線科医が控えている。四肢切断や復元治療を要するような負傷者はレベルⅣ、さらに高度な外科治療が要求されるケースはレベルⅤの施設に搬送される。

治療の甲斐なく不幸にもアンピュテーションを施された場合、リハビリテーションはアメリカ本国にあるレベルⅤの施設にておこなわれる。レベルⅤ施設のひとつであるブルック医療センターでは重度の火傷治療を専門としている。レベルⅤへの搬送は《空飛ぶICU》と称されるC17軍用機によって受傷から３日以内に遂行される。

２）最新の骨折治療

イラク、アフガニスタンの軍創はバリスティックベストやアーマーの抗弾性能が向上したことから銃創より爆創の方が多い。銃創の発生部位はアーマーで防御できない四肢に集中している（四肢の過剰防御は逆に機動力を損なう）。爆創はスーサイドボマーやIED攻撃によってもたらされる。彼の地の爆創の特徴は下肢周辺に集中しており、しかも創傷の程度はアンピュテーションを要するほど重度である。

救急救命処置は現場や搬送中におこなわれるため止血帯や止血剤（パッチやバンデージ）が必須である。戦地の状況にもよるがレベルⅡ、Ⅲ施設への搬送は30−90分以内に遂行される。

四肢に複雑骨折を伴う重度の軍創を負った場合、血管外科を例に挙げるとレベルⅡは血管の吻合あたりまでだが、レベルⅢの施設では動脈静脈の復元など高度な血管外科がおこなわれる。レベルⅣ、Ⅴではアンピュテーションを避けるため骨折と組織の損傷の程度を見極め創外固定法か内固定法のいずれか、もしくは両方の治療がおこなわれる。デブリードマンを頻

繁におこなう必要がある場合、創外固定法が用いられる。上肢は両方の治療が複合的に採用されることが多い。骨盤損傷には創外固定が、大腿骨は髄内釘による固定がおこなわれる。下肢の骨折にも創外、内固定法の両方がおこなわれる。

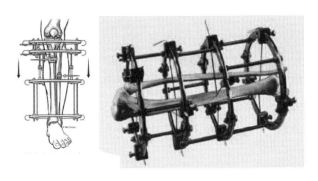

■創外固定法

3）レベルⅤとアンビュテーション

　レベルⅡで《アンビュテーションも止む無し》と診断された場合、本国にあるレベルⅤ施設に搬送するための手続きが即刻おこなわれる。最初のデブリードマンは受傷から2時間以内に、続いて搬送中の48-72時間以内に二度目のデブリードマンが施される。搬送中、止血処置と並行して感染症対策として傷口は開放したままだ。アンビュテーションを想定した皮膚の伸展は搬送に要する時間が短縮されたことから最近ではおこなわれない。

　レベルⅤ施設に到着した負傷兵には再診と同時に再びデブリードマンが施される。不幸にもアンビュテーションが不可避となった場合、義肢の装着を考慮しできるだけ切断範囲が小さくなるよう最大限の配慮が払われる。切断後は最新のデジタルテクノロジーを駆使した義肢がオーダーメイドで作られ、退役後の本人の《人生の質：Quality of Life》を重視したリハビリプログラムが用意されている。

■意外にもレベルⅤから少なくともこれまでに30名が前線復帰を果たしている。

最新の止血処置法

　イラク、アフガニスタンの軍創生存率は90%に近い。51,900名のうち死者数は6,800名。前線での救急救命処置の質の向上と、医療施設への搬送時間の劇的な減少がこの背景にある。

　戦死者の1/4は本来であれば助かっていたであろうと言われている。2001年から2011年までの戦死者4,596名の死因を検証したところ実に10例中9例が、失血が原因で命を落としていた。

1）失血死

　主要動静脈や肝臓など血液が多く集まる臓器の損傷により失血量が、全血液量の1/3を超えると出血性ショックを起こし、速やかに止血処置を施すと同時に輸血をしなければ確実に死に至る。戦場においては、出血性ショックはもとより、短時間で大量の血液を失うということ自体が非常に危険な状態であることから、早急にレベルⅡ施設にて血管外科の処置を受けなければならない。出血が酷い場合、現場の衛生兵にはレベルⅠの処置が要求される。通常は止血帯か、止血剤（パッチやバンデージ）の出番となるが出血箇所が主要動静脈であったり、創傷部位が深部に達していたりすると、止血処置を施すことができない。止血が最も難しい個所として挙げられるのが四肢と胴体を繋ぐ箇所、つまり股や脇のあたりである。いずれも止血帯や圧迫法といった従来の止血法では賄いきれない部位だ。

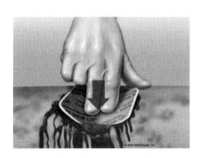

■止血パッチ　止血ゲル　どちらも動脈系の出血には対応できない

2）シリンジ型止血デバイス

　兵士ひとりひとりに止血帯を使った自己止血法を訓練したことにより現場での失血死による死亡率は85%下がったものの股下や腋下、胴体の止血

309

には対処できていない。これまでに止血スプレーや止血ゲルなどが使われていたが凝固する前に動静脈の失血圧で押し流されていた。

　このほど注入型スポンジ剤を使った画期的な止血デバイスが新たに開発され、状況の改善に期待が集まっている。シリンジ（注射）型のこのデバイスの取り扱いは至って簡単である————。注射の要領で傷口にシリンジを挿入し、ピストンを押しこんで中に入ったスポンジ剤（ペレット状）を充填するというものだ。創傷深部に達したスポンジは、血液を吸着することで体積を増し、確実な止血をおこなう。

　この止血デバイス、《エクスタット（XStat）》は大型のシリンジ（注射器）を模しており、本体に大きさが1－3cmほどのスポンジタブレットが92個おさめられている。スポンジタブレットは血液や体液を吸着することにより約20秒以内でその体積を増し傷口（出血部位）を塞いでしまう。スポンジにはX線に反応する反応剤が使われているので手術中容易に摘出することができる。止血効果は4時間継続するのでレベルⅢ施設への搬送には十分である。

■XStatは特性上、胸部、鼠蹊部、仙骨周辺や鎖骨下への使用は適さない。

検証　イラク、アフガニスタンにおける軍創

　先にも述べたようにボディーアーマーに代表される抗弾装備品のクォリティーアップや負傷者搬送システムの拡充により戦死者数は減る傾向にある。こうした一方、重傷を負う者の数は増加し、軍創（銃創、爆創）の程度も重度になっている。イラクやアフガニスタンの戦場の軍創のうち、爆創によるものの特徴は予後の経過が極めて悪く、回復後もメンタル、フィジカルの両面で重度の後遺症に悩まされる。医療費の増大はもちろん、除隊後の《生活の質（QOL：Quality of Life）》に大きな支障を残し本人の自立は困難を極める。国防総省では軍創の程度をMISS（Military Injury Severity Score）という基準に基づき分類しており、イラクやアフガニスタンでの

MISSはおしなべて高い。

　アンプテーション（四肢切断）は滅菌消毒法が確立される以前、軍医の間では日常茶飯事のようにおこなわれていたが（南北戦争や第一次世界大戦）、とりわけ1928年にペニシリンが発見されて以来、第二次世界大戦以降よほどの重傷でない限り極力回避されるようになった。イラク、アフガニスタンの戦場ではこのアンプテーションが過去のような医療行為（感染症の増悪や外科医の都合）の結果ではなく、軍創として頻繁に見られるようになった。

　軍創により現場で四肢のいずれかを失う負傷兵の数は2009年には86名であったが2010年ではその約２倍の187名となり、以後一度の負傷で二肢以上を失う兵士の数が３倍以上になった。こうした軍創は《複合爆創（Complex Blast Injury）》に分類され、2009年には23名であったものが2010年は72名を数えた。四肢の主要血管が損傷していることから一回の輸血量も増大し、10ユニット（５リットル）以上というケースが増えた。これはほぼ全量の血液が総入れ替えになったのに等しく、12ヶ月間の治療でおよそ91-165ユニットが消費されることも稀ではなくなった。三肢を一度に失うケースも増えており、こうしたケースは過去８年間の戦闘で約２倍に増えている。下肢のほか上肢を失う場合は、銃のグリップを握る利き腕が吹き飛ばされることが多い。

新しい脅威　IED

　爆創による下肢の欠損といえばベトナム戦争（1961 - 1975）で頻繁に使われた対人地雷やブービートラップ（仕掛爆弾）を思い浮かべるだろう。確かに負傷者は爆発物によって手足を失っているのだが、イランやアフガニスタンでのそれは趣を異にしている。ペンタゴンが200億ドルを投資し、排除しようとした脅威こそがIED（Improvised Explosives Device）なのである（スーサイドボマーも含まれる）。

　第二次世界大戦を境に歩兵の車輌化、機械化が進み、《機動力は制圧力なり》といったミリタリードクトリンが生まれたが、これは国と国とが戦う正規戦でのみ通用するものだ。イランやアフガニスタンの戦場では武装民兵（テロリスト）との極めて局所的な戦闘となるため各地の村々を個別に足で探索するフットパトロールに重点を置かざるをえなくなったため、歩兵らはIEDの格好の餌食になっている。

1）IEDとは

　2003年3月のイラク侵攻から2005年12月の時点まででイラク戦争における
アメリカ兵の死者数は2100名を超えていた。このうちの約700名がIED
攻撃の犠牲となった。IEDとはImprovised Explosives Deviceのことで直
訳すれば《即席爆発物装置》ということになる。広義にはブービートラップ
（仕掛け爆弾）と同類になるが、アメリカ軍では主に爆発物となるコンポ
ーネントに《軍から放出もしくは盗取、または未廃棄兵器、特に砲弾の類
などの流出兵器が転用された場合》をIEDと定義している。このほか兵器
本来の目的とは違った使われ方をすればすべてIEDであるとの解釈もある。
　未使用の砲弾は、それを発射するための装置、戦車や砲がなければその
まま廃棄されるのが普通だが、これを再利用するというのがIEDの基本発
想だ。IEDは、流出兵器とそれを起爆させる装置の2つだけで構成されて
いる。イラクでは圧倒的に廃棄砲弾が使われている。これはもともと殺傷
力の大きい砲弾を使えば車両編隊を一度に攻撃することが可能だからだ。
　2003年のイラク侵攻以降、アメリカ軍は実質見えない敵（市民の間に紛
れ込んだテロリスト）と戦うことになった。このため戦術は装甲車や徒歩
によるパトロールがメインになり、兵士一人ひとりが車創を負う確率が格
段に高くなった。

2）地雷とIED

　兵士らにとってIEDはスナイパーの脅威を凌ぐようになった。対人地雷
と対人専用のIEDは戦術思想に大きな違いがある。通常、対人地雷を踏む
と下肢（膝下もしくは足首）に軍創を負うことになるが、生命に差し迫った
危機が及ばないのが特徴だ。もちろんすぐに適切な医療処置を受けなけれ
ば失血や感染で命を落とすことになる。地雷の本来の目的は《進軍する敵
部隊を一次撤退、退却させること》にある。極論だが、死んだ兵士は放っ
て置けばよいが負傷者は見殺しにはできない。地雷を敷設する側の狙いは、
負傷させることで医療処置を受けさせなければならない状況を作り出そう
としているのだ。一方のIEDは完全な殺害を狙ったもので、結果的には命
に別状はなくとも負傷者は両方の下肢や生殖器を含む下半身すべてを失う
ことになる。

3）イラクという国

　イラクはもともと地雷大国で知られている。なぜならばイラク戦争が始まる以前からすでに推定1000万個の地雷（対人用800万個、対戦車用200万個）が敷設されおり、同時にこの国が地雷の製造国、輸出国だからである。地雷敷設は半世紀前から始まっていた————。1960年代後半からイラク政府は自治独立を要求するイラク北部のクルド勢力を抑圧する目的で地雷を用いてきた。また1980年から1988年まで続いた隣国イランとの戦争（イランイラク戦争）によって両国は互いが主張する国境の警備に大量の地雷を敷設した。湾岸戦争（1991）ではアメリカ軍を初めとする多国籍軍はこうした地雷やブービートラップに悩まされ続けた。

　IEDに供される爆発物のコンポーネントは圧倒的に砲弾が多い。フセイン政権が倒れた後、国内には大量の未使用砲弾が流出した。イラク人がIED技術に秀でているのはこうした過去に培ったノウハウによるもので、当然、武装勢力（民兵）にも受け継がれていった。彼らはどんなIEDをどこに仕掛ければ効果的な攻撃ができるかを熟知しているのだ。

4）3つのIED

《イラクの自由作戦》によりフセイン政権が崩壊した2003年5月以降、抵抗を続けるミリタント（武装民兵）の攻撃の実に60％はIED攻撃だともいわれている。武装勢力を支援する中東の反米ウェブサイトではIED攻撃の模様を公開している。撮影された映像はすべてズーム撮影でコンボイ（車両集団）が通過、爆破するまでの実況が収められている。その中の一つには明らかに流出砲弾が使われているのが判る。スピードを上げて通過するコンボイの側面がピンポイントで狙われた。起爆のタイミングが正確なことから無線式起爆装置が使われているに違いない。イラクの道路事情はフセイン政権時代に整備されており国道は通常4～6車線確保されている。オーバーパス、アンダーパスなども多くIEDを仕掛ける側にとってはまさに好都合なのだ。IEDは、道路脇、マンホールやポール、交差地点などに仕掛けられ、偽装隠匿には動物の死骸までも使われている（これらの死肉が破片となり軍創を汚染し、重い感染症を引き起こす）。

　IEDを構成する基本コンポーネントは流出兵器と起爆システムだ。ここに威力を増すための爆薬やカモフラージュ目的の容器などが加わる。IED製造にあたっての基本理念は、《今ある入手可能な兵器を本来の使い方とは違う方法で有効活用する》である。

IED職人は常に最新の技術を取り入れ、発見されにくく、除去しにくい
ものを創るべく創意工夫を凝らしている。その代表ともいえるのが無線
（遠隔）起爆装置の採用だ。

IEDには大まかに３つのタイプがある————。

・無線起爆式IED（Radio Controlled Improvised Explosives Device：
RCIED）。無線機にはカースターター、ドアベル、携帯電話などが使わ
れる。道路や建物に据え置かれるパッケージ型IEDがこれにあたる。

・車両搭載式IED（Vehicle Borne Improvised Explosives Device：
VBIED）は自爆テロ、スーサイドボミングタイプとも呼ばれ、一度に大
量の爆弾を積むことができる。大きいものではトラックから始まり乗用
車、果ては救急車にも積み込まれ、小さなものではバイクや荷車、ロバ
などの家畜が背負う荷物にも仕掛けられる。

・犠牲者自身の動作に反応する受動式IED（Victim Operated Improvised
Explosives Device：VOIED）はブービートラップとコンセプトが一緒
だが、軍創の程度は非常に高い。砲弾のような大きな流出兵器が使われ
ると被害は甚大になる。フットパトロール中の兵士がターゲットとなる。

５）検証　車両搭載型IED（Vehicle Borne IED）

VBIEDは爆薬を車両に仕掛け乗員を殺害するという従来の自動車爆弾
とはまったくの別物である。VBIEDのコンセプトは《自動車そのものを爆
弾化させる》というものだ。武装勢力はこれまでにロバに引かせる荷車、
自動車、救急車、貨物トラックまでとありとあらゆる車両を使ってきた。
車体が大きければそれだけ大量の砲弾や爆薬の積載が可能となり、量に比
例して被害も大きなものとなる。

放置車両に仕掛け遠隔起爆させるのではなく車ごと検問所などの建物に
突っ込んだり、併走した物資輸送車の列を狙ったりすれば立派な自爆テロ、
スーサイドボミングということになる。単独車両による攻撃よりも複数に
よるものが増えている。１台は《おとり》で、検問や捜索を受けている最中
に爆弾を満載した別の車両が検問突破を企てるといったスタイルだ。

車両タイプ	爆薬最大積載量 (kg)	爆風致死域 (m)	最大保安距離 (m)	ガラス落下危険域 (m)
コンパクトセダン	230	30	460	380
フルサイズセダン	460	40	540	540
カーゴバン	1850	60	840	840
4tトラック	4500	90	1150	1150
給油車両	13600	130	2000	2000
セミトレーラー	27300	180	2200	2200

■BATF(アルコール・タバコ・火器及び爆発物取締局)が提示した車両別の爆薬積載量と被害推定

6) 成型爆薬を用いたIED

　IEDにHEAT弾や成形爆薬を転用したものが使われると《防護不可能》と断言できる。HEAT弾はもともと戦車の装甲を貫徹するために開発された兵器であるためハンビーのような装甲車両はひとたまりもない。HEAT (High Explosives Anti-Tank)弾は第二次世界大戦中、ナチスドイツで兵器として洗練された対戦車砲弾のことだ。砲弾そのものが運動エネルギーによって装甲を貫徹するのではなく、砲弾の先端に仕込んだ漏斗状の金属ライナー(カッパーが用いられる)が炸薬で溶解された後に成形されるジェットスラッグによって装甲を侵徹しクルーを殺傷する。スラッグの発射速度は1000〜3000m／secに達する。この現象のオリジンはモンロー効果(ノイマン効果)と呼ばれHEAT弾はこの技術を軍用に転用したものだ。戦車の装甲を撃ち抜くという本来の目的で使用するならば対象とのスタンドオフを極めて短く確保しなければならないがターゲットが装甲車や普通車程度ならば多少離れていようとも問題はない。乗り合わせたクルーすべてを殺傷することが可能だ。

実録　IED軍創

　歩兵を狙ったもっとプリミティブなIEDは硝酸アンモニウムと軽油をブレンドしたANFO爆薬を使ったIEDだ。これらはVOIEDに分類される。バケツ一杯のANFOにブースターもしくは起爆装置を取り付け地面や瓦礫の下に仕掛けておく。VOIEDはパトロール中の歩兵の動作に反応し起

爆する。

ANFOといえばダイナマイトに替わり産業用爆薬の代名詞にもなった爆薬で爆速は3000m/sec程度とマイルドだが、そのエネルギーたるや軍用のそれに遜色なく衝撃波やガス圧で岩盤を破砕し、鉄骨をひしゃげるほどの十分な破壊力を秘めている。IEDが間近で起爆するとどうなるか―――。まず3000度に近い高温で睫毛や指は焼失してしまう。爆風と衝撃波に曝されれば、下肢は骨ごとズタズタに引き裂かれ、耳や鼻は顔面ごと引き剥がされる。脳は挫傷し、顔面の骨や歯は粉砕され、皮膚や筋肉もすっかり吹き飛ばされてしまう。また眼球や鼓膜、空気を満たした器官や内臓はパンクする。IEDが足元で爆発した場合は、下半身が壊滅的なダメージを蒙るだけではなく、粉々になった岩盤や砂利、ゴミ、衣類などの異物が砕かれた自分の骨と一緒に上半身の奥の奥まで侵入し感染症のリスクは致命的なレベルに達する。

1）残留フラグメントの影響

人体に残留した微細なフラグメントの影響も深刻だ。フラグメントの多くはメタル（重金属系）であり、さしあたって人体の機能に支障はないもののこれらは時間をかけてゆっくりと溶解し、体内で吸収され血液を介し主要臓器を冒してゆくことになる。人体への影響は以下の通り―――。

脳神経：ヒ素、鉛
心　臓：ヒ素、鉄、鉛、ウラニウム
肝　臓：クロム、銅、鉄、ウラニウム、
腎　臓：ヒ素、カドミウム、クロム、銅、ニッケル、鉛、ウラニウム
生殖器：カドミウム、鉛、
消化器：カドミウム、鉄、ニッケル、鉛
血　液：ニッケル、鉛

1990年の湾岸戦争以降、劣化ウラン弾の残滓による腎臓障害が明らかになった。軍は、アフガニスタン対テロ戦争つづくイラク戦争の真っただ中にあった2008年より本格的な追跡調査に乗り出し、フラグメント創傷を負った8000名あまりの兵士（元兵士）を対象に健康診断をおこなったところ尿から鉛や銅、カドミウムが検出された。この結果を受け軍では長いスパンでフラグメントによる健康被害をモニタリングすることになり、5年毎の

定期検査でメタルの溶解具合、数値の異常が顕著である場合、摘出か、放置かのリスク査定がおこなわれている。

2）GU（泌尿生殖器創傷）

　イラン、アフガニスタンの戦場に赴いた軍医は軍創報告の中で、下肢と生殖器に対する深刻な創傷が急激に増えていると話す。足元に仕掛けられたIEDの衝撃波と爆風で、両足はもちろん臀部すべてをもぎ取られ、内臓が抜け落ちた兵士が何人もいる。2010年10月の時点でアフガニスタンから搬送された負傷兵の実に5人に1人がこのような重度の軍創を負っていた。VOIED攻撃では生殖器を含む下半身を負傷するケースが圧倒的に多い。泌尿生殖器創傷は《GU（genitourinary）創傷》と呼ばれ、軍医の間では生殖器の機能再生に関するカリキュラムの充実が急務となっている。

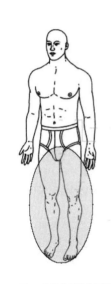

　ドイツに所在するアメリカ軍レベルⅣ軍医療施設、ラントシュトゥール医療センターにはレベルⅢでは対処しきれない重傷を負った兵士が優先的に搬送されている。ここで治療にあたったGU創傷は2008年の45事例から2009年にはおよそ3倍増の142事例となり2009年から2010年の一年間でも負傷率は4.8％から約2倍の9.1％に増えている。医療センターの外科医によれば2009年の7月の時点で年間のGU創傷事例は90件になり、ほとんどが現場で生殖器を消失していたという。2010年には142名の犠牲者のうち40％が陰嚢に深刻な創傷を負っていた。

■GU―――VOIEDによる典型的な軍創

3）生殖器防具の普及

　玉（睾丸）を抜かれるくらいならば死んだ方がましだ！―――これはジョークではなく、生殖器を消失した場合、救命蘇生は望まぬという意思をあらかじめ表明する兵士が増えているという。退役軍人らで構成される互助会では重度の軍創に対応する保険制度、通称TSGLI（負傷兵生命保険；Traumatic Service　member's Group Life Insurance）を立ち上げ、負傷兵には軍創の程度（後遺症も含み）により25000－50000ドル（250万－500万

円)が支払われている。近年アフガニスタン、イラクの戦場で急増中の生殖器創傷も対象となった。

　こうした現状を考慮しペンタゴンでは下腹部専用の数万着の防護パンツ（ブラストボクサー）をイラク、アフガニスタンに発送し、フットパトロールに従事する兵士に優先的に配られた。BDUの上から履き両足を通し、腰のところで固定するこの防具はケブラー繊維で構成された《オムツ》である。

　ブラストボクサーは、アフガニスタンの戦場に赴いたアメリカ軍兵士の約半数がIEDによって死傷しており（戦死者1858名のうち、247名がIED攻撃であった）、陰部（男根や陰嚢）に重度の創傷を負うケースが倍増している、という報告を元に開発された会陰部防護用パンツである。通常のボディーアーマーでは下腹部をある程度防護することができるが足元や真横でIEDが爆発した場合、ほとんど効果がなかった。ブラストボクサーはケブラー繊維で出来ており、IEDによる爆風やフラグメントに効果を発揮する。

■市販されているブラストボクサー

　祖国のために命をささげたとはいえ生殖器を失った血気盛んな20代の若者の心情はいかばかりのものか想像に難くない。アメリカ軍ではGU創傷者や顔面を著しく損傷（焼損）した兵士も含めたメンタルサポートの充実が急務となっている。

感染症対策の現在

　イラク、アフガニスタンの軍創治療では院内感染を含む感染性合併症が問題になっている。ベトナム戦争時（1961−1975）、感染による敗血症が戦場での死因の第3位であった。当時戦地の医療施設へ入院した負傷兵の2−4％が感染症を発症させていた。感染症はさまざまな要因から発症する————。創傷部位、創傷内に混入した異物の種類、初期の処置におけ

るデブリートマンや抗生物質の投与が適切であったか否か、外科的処置を
受けるまでの時間etc…。

　汚染さえなければ感染症は起きないが軍創というものは100%汚染され
るものだ。特に現代の戦場、イラク戦争で武装勢力が得意とするIEDが足
元で爆発した場合、フラグメントや土壌はもちろん、時によって意図的に
仕掛けられた動物の死骸や糞便、使用済みの注射器などが創傷から体内に
侵入することになる。いずれにしても爆発の際に生じる高温と高速で微生
物や細菌が死滅するというのは戯言のようだ。

1）抗生物質の種類と効果

　抗生物質には殺菌作用のあるものと菌の増殖のみを阻害するものがある。
代表的な抗生物質ペニシリンは菌の細胞壁の合成を抑えることから増殖中
の菌に投与すれば殺菌効果を発揮する。つまり増殖をしていない菌には無
効であるということだ。殺菌効果はないが増殖を阻止するような抗菌剤
（テトラシクリン、スルファニルアミド）はペニシリンの効果を削ぐこと
になる。

　抗生物質の効果は3つ————

1. 細菌の細胞壁の合成を阻害するもの　ペニシリン、イミペネムなど
2. 細菌のタンパク質の合成を阻害するもの　カナマイシン（聴力障害の
   副作用あり）、ゲンタマイシンなど、
3. 細菌が核酸合成に必要な合成酵素の阻害

　細菌の抗生物質に対する耐性獲得は早い時期に始まっていた————。
ペニシリンが普及した1950年代以降の予防的投与と称した抗生物資の濫用
がその原因だ。このほか負傷兵が軍創を負う前からすでに抗生物質耐性細
菌を保有していた場合（内因性感染）や搬送時や院内での治療時に感染する
場合（外因性感染）が挙げられる。

　良く知られていることだが人間の皮膚には常在菌と称されるおおよそ
180種類もの細菌が常時付着しており、黄色ブドウ球菌は25%、メチシリ
ン耐性黄色ブドウ菌（MRSA）は3%の割合で誰しもが保有している。これ
らは健康な時にはまったく問題はないが、術後など体力や免疫力が著しく
低下していると重い感染症を引き起こす。特に抗生物質に対して高い耐性
を発揮するメチシリン耐性黄色ブドウ菌は院内感染を引き起こすとして広
く知られている。

■黄色ブドウ球菌はヒトの皮膚や消化管にいる細菌で，肺炎，腸炎などの
　感染症や食中毒を引き起こす。誰しもが保有している常在菌である黄色
　ブドウ菌が抗生物質メチシリンに対する薬剤耐性を獲得したものをメチ
　シリン耐性黄色ブドウ球菌（MRSA）と呼ぶ。

2）増える感染性合併症（infectious complications）

　戦場における感染症といえば黄色ブドウ球菌や緑膿菌のようなグラム陰
性好気性桿菌によるものがメジャーである。イラクやアフガニスタンの軍
医から様々な抗生物質に対して耐性を持ったアシネトバクター多剤耐性菌
（通称ABC）による院内感染が比較的早い時期から頻繁に報告されるよう
になった。

　アシネトバクター多剤耐性菌はありふれた細菌で人間の皮膚などにも存
在し、健常者にはまったく症状がでない。このほかに緑膿菌や肺炎桿菌
（ともにグラム陰性好気性桿菌）も抗生物質に対する耐性を発揮している。
この傾向は2002年から2005年にかけて際立っており、この間に前線の負傷
兵と後方支援の負傷兵から採取したアシネトバクター多剤耐性菌（ABC）
の培養株に対する広域抗生物質の利き具合を検証したところ前線の負傷者
から採取した培養株が高い耐性を示した。

■抗生物質には、限定的にある種の菌にしか有効でないものと、さまざま
　な菌に対して有効なものがあり、前者を狭域抗生物質、後者を広域抗生
　物質という。広域抗生物質の濫用が現在の耐性菌を作り出す結果になっ
　た。

　さらに検証を続行するとほとんどの抗生物質に対して耐性を得てしまっ
たが検証の終盤にイミペネム（グラム陰性、陽性菌のどちらにも比較的有
効とされる）が効果を示した。結果的にはコリスチン（日本では未承認）と
ミノサイクリン（広域抗生物質、アシネトバクターやMRSAに効果あり）が
75%の安定した殺菌効果を見せた。

■ミノサイクリンはアメリカでは条件付きの使用に限られており、コリス
　チンは副作用が強いほか投与を続けている最中にアシネトバクターに耐
　性をもたらす可能性が高い。

レベルⅢの陸軍救援病院(CSH：Combat Support Hospital)ではアメリカ兵以外のイラク軍や多国籍軍の兵士も軍創の手当てを受けている。ここでは搬送されたばかりのアメリカ軍の負傷兵はグラム陽性菌であるのに対してアメリカ兵以外の負傷兵はグラム陰性菌(緑膿菌や肺炎桿菌など)による感染が多く見受けられた。

■グラム陽性菌とグラム陰性菌の違いは菌の外郭にある膜の有無によって区別する。グラム陰性菌は脂質の膜で覆われている。一般的には陽性菌よりも陰性菌の方が重篤になりやすい。

　重度の軍創を負った兵士が搬送される本国アメリカのレベルⅤ施設の一つ、ブルック陸軍医療センターによれば2006年1月から6月にかけて搬送された223名の負傷兵のうち66名(30%)が専門的な整形外科の治療を受け、26名(40%)がアシネトバクター多剤耐性菌(ABC)、緑膿菌、肺炎桿菌、メチシリン耐性黄色ブドウ菌(MRSA)などの感染症治療を受けた。この間に薬価が高く、副作用の恐れがあるコリスチン、イミペネム、バンコマイシンが長期間投与された。

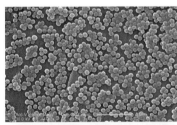
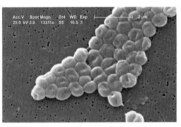
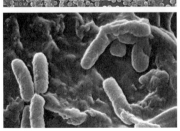

■抗生物質に対し耐性を勝ち得た細菌類
左上：メチシリン耐性黄色ブドウ菌
右上：アシネトバクター多剤耐性菌
左下：緑膿菌

　2003年から2006年にかけて35名の下肢(脛骨)の開放性創傷を伴う軍創を

調べたところ27名が創傷深部に少なくとも１種類の細菌が観察された。アシネトバクター多剤耐性菌、エンテロバクター（グラム陰性）、緑膿菌が多く、13名が感染症のため創傷の治癒までに９ケ月以上を要し、感染性合併症を発症した５名にアンピュテーションが施された。

３）感染原因を探って

　通常、受傷時にはグラム陽性嫌気性菌が多く見受けられるが、５−７日経過後にグラム陰性菌、２−３週間後に連鎖球菌やブドウ球菌がこれに取って代わる。バグダッドにあるレベルⅢ施設で搬送されたばかりの61名の負傷兵のうち49名をスクリーニングしたところ、93％の割合でグラム陽性菌が検出された。グラム陰性菌は３つ確認されたが、緑膿菌やアシネトバクター多剤耐性菌に類するものではなかった。

　アシネトバクター多剤耐性菌に関する調査が幾つかおこなわれた。アシネトバクターはもともとありふれた菌であるが、アシネトバクター多剤耐性菌はカルバペネム系、フルオロキノロン系、アミノグリコシド系抗生物質のすべてに耐性を発揮する。この菌はいつ、どこで人間と接触するのかを探るため軍医療施設に一度も出入りをしたことがない健康な兵士数名のアシネトバクター菌の有無を調査したところ、保有はしていたものの軍創を負った兵士から検出されるそれとは遺伝子構造が全く別のものであった。またイラクの戦場にいる健康な兵士とドイツのレベルⅣ施設（ラントシュトゥール医療センター）に到着したばかりの健康な兵士からアシネトバクター多剤耐性菌は見つからなかった。つまり負傷兵は受傷前にこの菌を保有していないことになる。

　厄介な種類のグラム陰性菌に感染する経路は院内感染の可能性が最も高い。アシネトバクター多剤耐性菌の院内感染は一般社会からの報告も数多寄せられている。イラク周辺のトルコ、サウジアラビア、クエートではアシネトバクター多剤耐性菌による院内感染が頻繁に起きており、1999年には６％であった報告が2002年には17％になった。事実、2003−2004年の間、バグダッドのレベルⅢ施設（陸軍救護病院）ではアメリカ兵負傷者と比較して、イラク国軍兵士を含むアメリカ兵以外の負傷兵の耐性菌保有率が非常に高いことが判った。また非アメリカ負傷兵は症状が回復するまでの長い期間、レベルⅢ施設に留まることから耐性菌の感染源になりやすく、しかもレベルⅢのような戦地に近い医療施設では日々の業務に追われ感染症対策が後手に回りやすいことも原因の１つと考えられる。

爆創と脳障害

21世紀の戦場ではボディーアーマーなどの抗弾装備品のクォリティーアップと負傷者搬送システムの拡充により戦死者数は確実に減る傾向にある。しかしこうした一方、重傷者数は増加の一途を辿っている。昨今の戦死者数のdown は言い換えれば生存者数のupと読み取れるわけだが、ここでいう生存とは《かろうじて一命を取り留めた》ということであって、受傷した兵士は重い後遺症を背負いながら残りの人生を送らねばならないというのが現実だ。

戦場で負う創傷、いわゆる軍創（military wounds）、とりわけ爆創で一命を取り留めた者は四肢や顔面を喪失したり重い火傷を負ったりとフィジカルなハンデは勿論、メンタルな部分でも大きな障害を負う。また近年では泌尿生殖器創傷（genitourinary injury）が深刻な問題として捉えられていることは先のセクションで紹介したとおりだ。

このセクションでは見えない爆創といわれている脳損傷（brain injury）について詳細する。

* * * * * *

戦争病の今昔

どの時代の戦争にもその戦闘を象徴するユニーク（特異）な戦争病（やまい）が流行った。南北戦争（1861 - 1964）の頃、ノスタルジアやホームシックと並び戦闘に臨む際に動悸の高まり、めまい等の症状を訴える兵士が多かった。当時の軍医らは、これを《兵士の心臓（soldier's heart）》と名づけ、治療法を探った。この戦争病はいまでいうところのパニック障害に他ならない。

20世紀になり第一次世界大戦（1914 - 1918）では断続的な砲撃に曝されシェルショック（shellshock）が流行り、第二次世界大戦（1939 - 1945）では長引く戦闘により《戦闘疲労（combat fatigue）》から人格に異常をきたす兵士が増えた。ベトナム戦争（1961 - 1975）では戦地に赴いた兵士が帰還後の社会生活に順応できず社会問題にまで発展し《PTSD：心的外傷後ストレス障害：Post-Traumatic Stress Disorder）》が注目された。そして21世紀の戦争————イラク戦争、アフガニスタン対テロ戦争では《外傷性脳障害：TBI：Traumatic Brain Injuries》がシンボリックな病として取り上げ

られている。

　戦争病に罹ると当たり前のことだがまずモラール（morale：士気）が著しく損なわれる。戦争病は伝染病と同じで放って置けば部隊全員が罹患する恐れがある。この病に特効薬は存在しないものの大部分の者が軽症で、完治している。どちらかといえば19,20世紀の戦争病の原因は兵士一人ひとりのメンタルな部分に負うところが大きかった。しかし21世紀のそれは脳に対する器質的疾患である可能性が非常に高いことが判った。

■ペンタゴンが発表した湾岸戦争（1991）に関する公式記録によれば戦死者382名、負傷者は467名であった。戦争終結から数年後、《砂漠の嵐作戦》に参加した70万名の兵士のうち8万名が原因不明の体調不良、慢性疲労、頭痛、睡眠障害などの奇妙な戦争病に罹った。この症例は《湾岸戦争症候群（Gulf war syndrome）》と名付けられ、イラク軍が用いた化学兵器の後遺症、対戦車砲弾に用いられた劣化ウラン弾による被爆、油田攻撃で発生した黒煙などに含まれる化学物質の影響などが原因として挙げられたがどれも直接的な関連を裏付けるまでには至っていない。

爆発と脳障害の相関

　脳障害と爆創との間にどのような因果関係があるのであろうか。そもそも爆発とは何であろうか――――。液体または固体のガス圧とエネルギー放出を伴う急激な化学反応を《爆発（explosion）》と呼ぶ。この現象はエネルギーのスケールによりhighとlowの2つに分けられる。前者は爆薬（High explosives）であり、その反応は《爆轟（detonation）》と呼ばれ反応速度（爆速：3000〜9000m/sec）は音速をはるかに凌駕し高温（3000度以上）と衝撃波（shock wave）を発生する。一方、後者は火薬（Low explosives）のことで、音速（340m/sec）を超えたとしても衝撃波の発生はなく猛烈な燃焼、いわゆる《爆燃（deflagration）》という反応を示す。爆燃は時として爆轟に遷移することもある。この現象をDDT（deflagration to detonation）という。

■EODの防護服

324

爆創は、その爆発物に使われた火薬類が火薬か、爆薬かによって創傷の程度が変わってくる。TNT、C4、産業用爆薬、ANFOなどの爆薬を仕込んだ爆発物は黒色火薬や無煙火薬を使ったそれに比べ甚大かつ深刻な創傷を形成する。イランやアフガニスタンの戦場で盛んに使われているIEDには小はパイプ爆弾から大きいものでは未廃棄砲弾、流出砲弾を転用したものまである。IED処理を担当するボムスクワッド（爆弾処理班：EOD：Explosive Ordnance Disposal）が着用しているプロテクティブギアについては、フラグメントは防げても爆風や衝撃波に対しては効果が疑問視されている。ヘルメット内で衝撃波が増幅されることで、むしろダメージを高めているとの指摘もあるくらいだ。

爆創について

　アメリカ国防総省では軍創の程度を《MISS（Military Injury Severity Score）》という基準にならい分類しており、イラクやアフガニスタンにおけるMISSはおしなべて高い。なぜならば爆創が多いからである。軍医らも21世紀の戦場では銃創治療よりも爆創に関するそれを深刻な問題として捉えている。

　爆創（blast wounds）は切創や銃創と違い、目に見えない特異な創傷パターンを示す。外部から目立った創傷や失血が観察できなくとも体内の組織が深刻なダメージを受けている。とりわけ脳への影響が最も大きく受傷直後でも軽微なことから見落とされがちであるが、認知障害や人格変化などの他者を巻き込むような後遺症に繋がりやすい。

　創傷の程度は爆発物の種類、爆発反応のプロセス、離隔距離、シチュエーション（室内か屋外か）、障害（バリアー）の有無などにより変化する。また生死、軽症か重症かの境は治療を受けるまでの時間（搬送時間）によっても大きく変わってくる。一般に外部から遮断された空間（建物内部）での爆発や、爆発によりビルなど構造物が崩壊した場合は創傷の程度はより重くなり、救出も困難になることから致死率も高くなる。

　先のセクション、《爆創という軍創》でも詳細したように爆創は主に４つに分けられる―――。

・第Ⅰ爆創：

・第Ⅱ爆創：

・第Ⅲ爆創：

・第Ⅳ爆創:

1）第Ⅰ爆創

　爆風や衝撃波による直接的なダメージ。まずは気体を溜めおくような器官、鼓膜や肺、胃や腸等の消化器系統がダメージを受ける。脳震盪も顕著。人体に届いた衝撃波により発生する引張波とせん断波により岩盤破砕に見られる《砕片剥離現象（スポーリング：spalling）》が体内で発生する。これは組織の内破（内部崩壊：implosion）ともいえる。人体におけるスポーリング現象は衝撃波が組織から液体、組織から気体など密度の違う媒体を通過する際に生じ、微細でありながらも深刻な創傷を形成する（腹腔内の出血など）。筋肉や骨、肝臓といった密度の高い組織のダメージは第Ⅰ爆創には含まれず第Ⅲ爆創に分類される。

　第Ⅰ爆創で最も影響を受けるのが肺である。肺は細胞に酸素を送り込み不要となった二酸化炭素を排出する（ガス交換）を司る心臓に次ぐ重要な臓器だ。ゆえに肺への爆創はおしなべて致死率が高い。

　爆発現場やその近隣にいた生存者の肺へのダメージが顕著である。肺爆創（pulmonary injuries）は加圧の数値が$50-100$psi（$7\,kg/cm^2$）以上から生じ、200psi（$14kg/cm^2$）を超えると致死的なものになる。屋外よりも（7％）バスなどの車両内を含む屋内で顕著になる（42％）。事故を含む爆創犠牲者828名のうち17％が肺への爆創が原因で死亡したことが判明し、イスラエルで2000年9月から2001年12月の間に発生した爆破テロでは31％が肺に爆創を負った。

　肺への爆創は、衝撃波が酸素、肺胞、血液とそれぞれの境界面を通過した際に生じる。このため毛細血管の剥離、肺胞の損傷、空気塞栓を誘発する。爆発に巻き込まれた生存者は目立った外傷がないものの呼吸困難、喀血（肺出血）、咳、胸部の痛みを訴える。この場合の症状としては頻呼吸、低酸素症、無呼吸（一時的な呼吸停止）、ぜいめい、空気塞栓、肺気腫、肺水腫を起こし、呼吸器系統の障害から結果的に低酸素症を誘発する。

2）第Ⅱ爆創

　いわゆるフラグメント創傷。爆発によって吹き飛ばされた砲弾の弾殻や爆発物の容器の破片、瓦礫片によるもので創傷の程度は運動エネルギーの強弱により打撲程度から貫通までさまざまに変化する。破片の形状や重さにもよるが一般的に弾丸よりも高い運動エネルギーを有する。爆破テロで

は第Ⅱ爆創の効果を高めるため釘、ねじ、ベアリングなどが爆薬と一緒に仕掛けられる。

■2013年4月にボストンマラソンゴールポスト付近で爆発物2個が仕掛けられた。火薬類はコンシューマーファイヤーワークス（消費者向け花火）から取り出した《黒色火薬》、1440g足らずであり、爆轟など到底望めぬ代物だ。その非力を補うため使われたのが圧力鍋とベアリングであった。圧力鍋で火薬の反応極限まで増幅し、ベアリングで第Ⅱ爆創効果を狙った。3名が死亡。264名が負傷し、うち10名がアンピュテーションとなった。

3）第Ⅲ爆創

衝撃波や爆風により飛ばされた結果により生じる創傷。四肢の切断や周囲の構造物との衝突も含まれ創傷の程度は切断、貫通から打撲までさまざまに変化する。爆発が建物の中やバスなどの車両を含む屋内で発生した場合、構造物（車体）の崩壊（破壊）による致死率が非常に高く、死傷者数30名以上を数えたケースでは4人に1人が建物の倒壊等で即死している。屋外の死亡率が25人に対して1人であるのに対して屋内では12人に1人と見積もられている。

4）第Ⅳ爆創

熱傷や熱気、有毒ガスの吸引による呼吸器系への創傷。爆発時に生じる温度は3000度を超え（最大7000度）、爆源に近接していた犠牲者は第Ⅲ度火傷を免れない。この他、爆発で生じた有毒ガスによる空気汚染、手当てが遅れたことによる感染症の併発も含まれる。

これら4つの爆創のほか近年汚染物質の吸収がもたらす血流力学上（hemodynamic）の障害として発熱、異常発汗、静脈の血圧低下、体液のバランス異常などが《第Ⅴ爆創》として提唱されている。飛散したスサードボマーの血液が原因の感染症（B肝炎、HIV）も新しい脅威として見なされるようになった。

致死部位別に観ると全身の広範に及ぶ損傷によるものが14%、複合的な損傷によるものが39%、頭部、胸部への損傷が21%、頭部のみが12%、胸部のみが11%となっている。死亡原因としてはこれらに空気塞栓や血流障

害が続く。

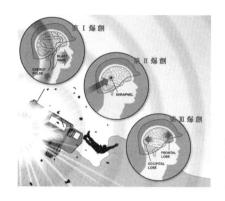

■ハンビーがIED攻撃にさらされた場合
──────爆風と衝撃波で第Ⅰ爆創を、
フラグメントで第Ⅱ爆創、車外放出に
より第Ⅲ爆創を負う。

検証　脳への影響

　人体であろうと、岩盤であろうと爆発による破砕(破壊)は実に複雑なプロセスを辿る。人体に侵入した衝撃波は内臓器官に達すると音響インピーダンスに差異のある液体面と気体面の境界面で拡散され、この瞬間に組織に対してダメージを与える。音響インピーダンスとは音圧に対する媒質粒子速度の比、つまり音圧/速度により導かれる。衝撃波が音響インピーダンスの異なる相に達すると進入面と脱出面に圧縮波と膨張波がそれぞれに生じ、機械的破壊が起こる。爆薬を使った岩盤破砕はこの性質を利用したもので、同じことが人体内でも、特に気体を有する器官、鼓膜や肺、腸で発生している。これを医療行為として転用したものが少量の爆薬を使った結石のピンポイント破砕だ。

　まだ推定の域を脱しないが脳に関しては、血液や髄液内の気泡が衝撃波により音響インピーダンスを発生させ脳半球内の神経軸索に影響を与えると考えられている。また脳震盪に関しては第Ⅲ爆創説とは別に、脳は髄液に浮かんでいるため音響インピーダンスよりもむしろ衝撃波の加速と減衰の影響を受け、これが主原因ではないかとの説もある。こうした仮説とは別に爆発により発生する高い振幅変調が頭蓋内を通過し脳に浮腫や出血、血管痙攣、くも膜下出血を誘発させることが確認されている。

爆創と脳機能障害

《外傷性脳機能障害TBI：Traumatic Brain Injuries》の原因は度重なる《脳震盪concussion：30分以内に意識を取り戻すのが特徴》》であると考えられている。重度なものではなく軽度であることが多いことから症状にmildという形容詞が付随する（mild traumatic brain injuries）。一方、意識不明の状態が30分以上続くような脳障害（脳挫傷や脳卒中）はMRIのようなスキャニング画像で確認することができる。これらはmoderateまたは severeとなる（第Ⅱ爆創に多い）。軍の医療関係者の中ではMild＝軽い脳震盪で片付けられることが多いが民間医療では脳震盪の5－15％が重症化しやすいことが判っている。

一般に《軽い脳震盪》は細胞レベルの微々たる損傷ゆえにMRIやCTスキャンでも見落されがちである。多くの兵士が1週間以内に全快し再び前線に復帰していることから継続的な症状を訴える兵士には《作病》のレッテルが貼られてしまう。イラクの戦場で部隊を引き連れ何度もIED攻撃に巻き込まれたあるベテランは帰国後自動車の運転や家事の手順を覚えることが困難になったという。頭痛、めまい、認知障害は周囲からの同情が集まりにくい。爆弾攻撃によりTBIを患った兵士はむしろ手足を失った方がましだったと嘆く。

脳障害の専門家は開戦からほぼ10年が経過した現在、少なく見積もっても11.5万名の兵士がこの病を患っていると推測する。TBIは見落されがちなのではなく軍医らにとってかすり傷程度にしか思われていないようだ（カルテなどの紙媒体の記録が喪失または破棄されることは戦場では珍しいことではない）。

■2009年3月の時点で、ペンタゴンはイラク、アフガニスタンに従事した兵士の360,000名がTBIに罹患していると見積もった。そのうち45000から90000名が、専門家による診察が必要なほど症状が進んでいるという。

アメリカ軍兵士による市民虐殺

イラク戦争、アフガニスタン対テロ戦争の最大の特徴はアメリカ軍兵士の死傷者の多くがIED攻撃によるものだという点だ。冒頭で述べたように負傷者の生存率が上昇した一方で、これに呼応するように脳障害の後遺症

に苦しめられる兵士の数が増えている。

2011年３月。深夜、アフガニスタンのカンダハルにあるベースキャンプを抜け出したアメリカ兵が民家に侵入し16名のアフガニスタン女性、子供（うち９名）を殺傷するという事件が発生した。事件を起こしたロバート・ベイルズ容疑者(38歳：当時は軍曹)は女子供を殺害した後に遺体に火を放った。犯行後はベースキャンプに戻り犯行についても自白した。

ベイルズ容疑者は軽微ではあるものの脳障害に悩まされていた――――。もともとスナイパーとして教練を受けていた彼は任務の特性上、人一倍自制心が高かった。軍内の評価も高く《手に負えない厄介者》ではなかった。これまでにイラクに３回、アフガニスタンには１度、遠征しており、事件発生の２年前にイラクの戦場で乗っていた装甲車両が撃破された際に頭部に損傷を負っていた（下肢も負傷）。軽い認知障害を訴え始めたのはこの直後のことであった。

ベイルズ容疑者は事件当夜の記憶がほとんどないと供述した。凶行は飲酒後におこなわれたがアルコールが攻撃性にどれほど関与していたかは現在調査中だ（イスラム教の地での飲酒は禁止されているが多くが目をつむっているという）。

脳障害に起因するPTSD（Post-Traumatic Stress Disorder）はベトナム戦争以後俄然注目を集めだした。PTSDを患い現場に復帰した兵士は、仲間の死や負傷の様子を目撃した際に抗いがたい攻撃性を発現する。事実、ベイルズ容疑者は凶行に走る１週間前にIED攻撃で仲間の下肢が吹き飛ぶのを目の当たりにしており、これがトリガーになったとの推測もある。

兵士のPTSDを専門とする精神科医によれば罹患率は15－17％、多く見積もっても30％であり、抗しがたい攻撃性に見舞われるケースは極少数であると話す。刑務所に収監された受刑者を対象におこなった調査の結果、脳に何らかの障害を負った者が多いことが明らかになっており、平静時は問題がないが一旦爆発すると《手がつけられなくなる》傾向が非常に高い。アメリカの脳機能障害協会は、度重なる脳震盪により怒りを抑制する機能が低下することを認めているが、脳障害だけが殺人衝動の原因であるとはいいがたいと補足している。

■現在、PTSDに対する効果的な治療法が確立されている。1989年、退役軍人省はPTSDに関するアプローチ法を模索するべく研究センターをバ

ーモント州に開設した。PTSDは戦争病ではなく、性的暴行を受けた被害者や自然災害の犠牲者が蒙る精神疾患と同一であるとの見解が一般的である。

　経験豊富な軍曹を凶行に駆り立てたものは何か————。本当に脳障害が原因であったのか？　軍の調査委員会がベイル容疑者のバックグラウンドを調査したところ、自国での株取引の失敗や自宅の差し押さえなど金銭的な問題を抱えていることが判明した。休暇中のベイル軍曹を知る者は彼を《家庭を優先する二人の子供のよき父親》と評している。夫婦仲も良いとされているが2002年、妻以外との女性との間でいざこざがあり、その時に女性に対して暴力をふるったことにより逮捕されていた。以来、暴力衝動を抑制するためのカウンセリングを受けていた。
　ベイルズ容疑者の弁護士は戦場という精神的に高負荷なシチュエーション、PTSD、脳障害、アルコール、家庭内(特に経済的な)問題などが複合的に作用したと主張している。いずれにせよ彼が軍法会議で死刑を宣告される可能性は極めて低い。

■2013年8月23日、ベイルズ容疑者に仮釈放無しの終身刑が言い渡された。
■兵士の精神は相当病んでいることが判る————。2008年1月、陸軍は前年2007年の自殺者数が記録を取り始めた1980年以来、最高値になったと発表した。実に121名が自ら命を絶った。この数字は2006年比の約20%増である。自殺未遂や自傷はさらに増え2100件が報告された。

脳に対する第Ⅲ爆創

　装甲車両で走行中、道路わきに仕掛けられたIEDが爆発したと想定する————。脳障害は、爆風や衝撃波によるもの(第Ⅰ爆創)の他、爆破の衝撃で車両から放り出されたりルーフに頭を激しく打ちつけたりすることで発生する(第Ⅲ爆創)。近接地点から生じた爆風や衝撃波が眼窩や耳窩を通じ頭蓋骨折を伴う脳損傷が発生することがある。外力による打撃や衝突は脳という臓器特有のダメージをもたらす。脳は脳室とくも膜下に満たされている髄液の中に浮いている状態にあり、前方からの衝撃に対しては前頭葉だけではなく反対側の後頭葉にもダメージが生じる。後方から衝撃が加

わるとこの逆の現象が起こる。言うまでもなく側面からの衝撃にも同じような損傷を残す。つまり脳は力が加わった方向（直撃損傷：counter injury）とその反対側の部位も損傷するということだ（反衝損傷：counter-coup　injury）。

イラク、アフガニスタンを舞台とした10年余りの戦闘を通じておよそ32万名の兵士がTBIにより脳細胞や神経軸索に何らかのダメージを負っているものと推測されている。厄介なことにこれらは通常の検査では見落とされがちで、当の本人にすら自覚がない。IED攻撃による軽微な脳震盪が脳障害の発端になることは間違いないのだが、入隊する以前の日常生活においてスポーツや事故を通じ脳震盪を経験している者は少なからずいることを考慮するとIED攻撃だけが脳障害の原因とはいえない。

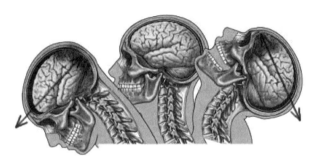

■直撃損傷と反衝撃損傷　頭が振られた方向と反対側の部位が損傷を負う

CTE（慢性外傷性脳創傷）とTBI（外傷性脳機能障害）

退役軍人や現役兵士が慢性的に訴える比較的軽度な脳障害は作病で片付けられることが多く、既往歴と照合しても、その判定は容易ではない。しかし近年、ボストン大学の研究チームと退役軍人のヘルスケアに力を注いでいる団体との共同研究によりこの厄介な戦争病、《外傷性脳機能障害：TBI》の発生機序が解明されつつある。

スポーツ障害と爆創という意外な組み合わせに驚くかも知れぬが、フットボール選手やコンタクトスポーツのアスリートの脳障害で知られる《慢性外傷性脳創傷CTE：Chronic Traumatic Encephalopathy》と同じ症状が爆創を負った兵士の脳にも観察されたのだ。

1）ネズミを使った実験

　ネズミを対象に、道端に仕掛けられた典型的なIEDの爆轟（detonation）に相当する衝撃波を発生させたところ（120mm砲弾が55m先に着弾したのに等しい）、ネズミの脳内の神経軸索と脳の働きを司るある種類のたんぱく質に異常が確認された。こうした異常が確認されたネズミは認知能力が低下し、神経伝達にも明らかに遅延が見られた。この状態はまさに《先生、最近やけに物事を片付けるスピードが落ちました》、また《物忘れが極端に酷くなった》という退役軍人らの症状に符合する。動物実験のデータをそのまま人間に当て嵌めるのはいささか乱暴かも知れぬがネズミはホッケーやラクビーはしないし、ましてや戦争とは無縁であることから衝撃波説が的外れであるとはいえない。

　イラク、アフガニスタンの戦場から寄せられるTBI（外傷性脳機能障害）は主にIIED攻撃によるものだ。全員が罹患するものではなくある者は回復し、ある者は認識能力や精神疾患を発現する。

　爆発であろうと頭突き、タックルであろうとCTE（慢性外傷性脳創傷）は一回の受傷から発症するものではなく繰り返される軽い脳震盪の蓄積によって発症し、記憶障害、攻撃性の発現、ひいては回復不能な知的障害（痴呆）に繋がる（パンチドランカーはこの好例だ）。

2）鞭打ち説

　自殺やその他の原因（事故死、病死）で死亡した22歳から45歳までの退役軍人４名の脳を調べたところ脳内の神経軸索に何らかの損傷が確認された。彼らは共通して、死亡する一年から数年前に認識障害、不眠、攻撃性を訴えていた。検査の結果、神経軸索のほかタウ（tau）と呼ばれる微小管を安定させるたんぱく質に顕著な異常が確認された。タウは中枢神経系統のニューロン（神経細胞）に存在し、タウの損傷は究極、脳細胞の死滅を意味する。

　タウプロテインの異常は実験から２週間後に観察された。アルツハイマー症候群など痴呆症の原因はタウプロテインの異常であることが判明している。こうした特徴はアスリートらのCTE（慢性外傷性脳創傷）の初期兆候としても知られており退役軍人の検査報告は同じような障害を訴えている10代から20代のアスリート４名（３名がハイスクール時代からフットボールを続け１名はプロレスラーになった）の症状と一致していた。タウプ

ロテインの異常はコンタクトスポーツの経験のない同年代の若者の脳には観察されていない。

　前掲退役軍人４名のうち３名が従軍中に爆発に巻き込まれており１名は脳震盪を起こしている。また全員が入隊前にスポーツなどで少なくとも１回以上の脳震盪を経験していたことも判明した。

　脳が爆風（時速330マイル以上）や衝撃波にさらされたことがCTEを誘発するのか————？先のネズミを使った実験ではネズミの頭部がボッブルヘッド人形のように鞭打っているのが確認されている。研究者らは、この反応が神経軸索や血管を損傷し記憶や学習機能に影響を与えているのであろうと推測している。興味深いのはネズミの頭部を固定したところこうした症状は回避されたということだ。ヘッドギアは頭部そのものを保護するが、頭部全体が鞭打つような外力には役に立たない。むしろ重過ぎるヘッドギアは鞭打ち症状を悪化させるだけであろう。

TBIの治療法

　TBIに特効薬はない。TBIの治療法はこれまで集団で行う職業訓練やリハビリまたは個人セラピーがメインであったがFDA（Food and Drugs Administration：食品薬事局）は近くDSMOをTBIの治療薬として承認することを発表した。有機化合物DSMO（dimethyl-sulfoxide）は木材からパルプを生産する際に得られるバイプロダクツだ。DSMOの効用については早い時期から知られており産業用薬剤としての用途がメインであったが脊髄損傷や脳卒中の治療薬として1960年代から医療現場でも使われていた。フラグメントなどで脳を直接損傷してしまう第Ⅱ爆創の後遺症は重く、脳内の圧力が上がり認知障害や人格変化をもたらす。医療関係者によればDSMOはアスピリンよりも安全で、脳関門の開放作用があり、週１回、一時間の点滴を５週間続けることで脳内の圧力を下げる効果があるという。

　アンピュテーションや重度の火傷、TBIや聴覚障害、視覚障害など２つ以上の重度の軍創を負った負傷兵の治療を目的とした複合外傷センターをバージニア州リッチモンド、フロリダ州タンパ、カリフォルニア州パロアルト、ミネソタ州ミネアポリスの４カ所に設け、それぞれでおよそ350名の負傷兵を受け入れている。

■先日、AP通信が約150年前の南北戦争の遺族に対して軍人恩給がいまだ

に支払い続けられていることを伝えた————。退役軍人省は過去の戦争に遡り2400万名に及ぶ退役軍人とその家族のヘルスケアのために年額で310億ドルを計上している。ハーバード大学がこのほどアメリカ国民が背負うアフガニスタン対テロ戦争と続くイラク戦争のツケはこれから数十年先を見据えると4兆ドルから6兆ドルに達するであろうと試算した。傷痍軍人への医療費や破損した設備や施設の改修費として2つの戦争ですでに2兆ドルが費やされた。これはあくまでも一部の話であり、これから生じるであろう傷痍軍人への医療費や就業不能(所得補償)の給付等は含まれていない。

考察
アメリカ軍現行ライフルの殺傷力

　第一次世界大戦(1914-1918)では1000m、兵員の機械化が進んだ第二次世界大戦(1939-1945)、朝鮮戦争(1950-1953)は500〜800m————これらの数字は交戦距離を表している。

　ベトナム戦争(1961-1975)で得た教訓のひとつは、これからの戦争における敵との交戦は間違いなく300m以内でおこなわれるということであった。近い将来、戦場は市街地にシフトし、さらにこの傾向に拍車がかかるというのが各国軍隊の共通のビジョンであった。歩兵用の銃はハイパワーカートリッジを使う長大な軍用ライフルから、ミディアムパワーカートリッジ用の軽量なアサルトライフルへと切り替えが進み、1982年にはミディアムパワーカートリッジの代表格である5.56mm×45mmカートリッジがNATO制式となった。

　こうした観測を見事に裏切ったのがアフガニスタンで展開された対テロ戦争(2001-2016？)であった。視界の利く平原、見晴らしの良い山岳地帯————アフガニスタンのタリバン兵士は、アメリカ軍を初めとするISAF(国際治安支援部隊：International Security Assistance Force)が使用するアサルトライフル(5.56mm×45mm)の限界を見抜いており自分達が使う7.62mm×53mmRによる遠隔射撃を成功させていた。

■7.62mm×53mmRは1891年に帝政ロシア軍で制式採用となったハイパワーライフルカートリッジのひとつ。

＊　＊　＊　＊　＊　＊

相次ぐクレーム

　2001年9月に発生した同時多発テロからアメリカ軍がアフガニスタンで戦闘を開始して間もなくM4カービン（M16A4,M249SAW）に装填される5.56mm×45mmカートリッジ通称《M855》のパフォーマンス不足を指摘するクレームが寄せられるようになった――――。内容は自動車のウィンドガラスなどのバリアーを貫通することが出来ない、人体をただ貫通するだけで相手の反撃が止まらない、といった貫通力と殺傷力に関するものであった。続く2003年、アメリカ軍は対テロ戦争の一環としてイラクにも出兵すると、イラクの地からも同様の報告が相次いだ。

　前線兵士にインタビューを実施したところ同じように威力、特に貫通力不足を嘆いている者が相当数いることが判った。しかしこういったネガティブなコメントがある一方で、ある者はM855を絶賛し絶大な信頼を寄せていると答えるなど、回答の内容が一貫していなかった。同じ部隊の中からでさえも落胆と賞賛の両方の意見が寄せられることもあった。興味深いことにクレームは歩兵用のアサルトライフルM4やM16A4によるものが多く、同じカートリッジを使う分隊支援マシンガンM249のユーザーからは挙がってこなかった。

　こういった《戦場からの声》は通常、新兵の経験不足や戦闘ストレスに起因する記憶違いというものが多く、情報を吸い上げるだけの一方通行で終わることが多い。しかし経験を積んだベテラン兵士からも同様の声が集まってくると、さすがに見てみぬふりを決め込んでいくわけにはいかなくなった。

　貫通力不足のほか、命中した弾が人体をすっぽ抜けしてしまう《スルーアンドスルー（through and through）》に関するクレームはさすがに看過できず、陸軍歩兵センターは研究者らに原因調査を命じた。特に歩兵センターではCQB（近接戦：close quarter battle）における殺傷力低下の原因を見極めるのと同時に、M855に代替しうるコマーシャルカートリッジの選定が喫緊の課題となった。

　この問題は陸軍に限ったものではなく海軍、海兵隊も同じように深刻な

問題として捉えられていた。M855ライフルブレットのパフォーマンスの検証に際して陸、海軍、海兵隊の関係者はもちろん、医療従事者や弾道学の専門家も招集された。

2003年から2006年の３年間を費やし、セクションの垣根を取っ払って立ち上げられたコミッションは以下のような結論に達した————。

・M855に替わる市販のカートリッジは現段階では見つからない
・戦場から寄せられたリポートは真実であり、その内容は科学的な根拠に基づいている
・ロングレンジ、CQBレンジに関わらず一定したパフォーマンスを発揮するカートリッジの開発が急務である

5.56mm×45mmブレットの変遷

陸軍がAR15をM16として制式採用した1967年、これに供するカートリッジである5.56mm×45mm（.223レミントン）にも《M193》の制式名称が与えられた。以後、世界の軍隊のカートリッジのトレンドはこれまでの7.62mm×51mmから小口径軽量カートリッジへとシフトしていった。1982年に5.56mm×45mmがNATO制式に決まるが、アメリカ軍の推薦するM193ではなくベルギーの兵器メーカー、FNハースタルが主導となって開発した《SS109》がNATOスタンダードとなった。アメリカ軍もこれに倣いSS109を《M855》と呼びM193との代替を決めた。SS109はFNハースタルが開発したライトマシンガンMINIMI用（アメリカ軍の分隊支援マシンガンM249のこと）のポテンシャルを最大限に引き出す目的で誂えられたスチールペネトレーターブレットをインセットしたカートリッジである。

1) SS109とM855

ベトナム戦争終結から数年後にあたる1980年代初頭はアメリカ軍にとって非常に重要な時期であった————。小はハンドガンから大は攻撃用ヘリまで装備を刷新すると同時に戦術の見直しを決めていたアメリカ軍は早い時期からFN社製のMINIMIを、ベトナム戦争で使っていたM60マシンガン（7.62mm×51mm）に代替するSquad Automatic Weapon（分隊支援マシンガン）というジャンルで運用することを決めていた。従ってこれまで使っていたM193からMINIMI専用のSS109への移行は当然の帰結であった。MINIMIがM249SAWとして制式採用されるのと同時にSS109が撃てるようM16A1アサルトライフルもリニューアルされM16A2が誕生した。

■M16A2

■M855（SS109）のブレットの先端にはハードターゲットに対する貫通力を向上させる目的でスチールチップ（スチールペネレーター）が内蔵されている。M193ブレットは55グレイン（3.56g）であるのに対してM855ブレットは62グレイン（4g）であるためバレルのツイスト変更が不可欠であった。よってM16A1は従来の1：12からM249と同じバレルツイストである1：7に改められることになり、これがM16A2への交替劇へと繋がった。

2）M855からM855A1へ

　2010年の夏、陸軍は新しいカートリッジ、《M855A1》をアフガニスタン、イラクの戦場に赴く兵士らに向け支給した。彼の地における戦死者数3708名の実に73.2%（2716名）が陸軍の兵士によって占められており、不安材料は可能な限り払拭、改善されなければならなかった。

　M855にまつわる悪評は21世紀の戦場で初めて露呈したわけではない。1986年に発生したマイアミ銃撃事件（捜査官2名が死亡）をきっかけにFBIでハンドガンブレットの威力の再評価がおこなわれたように1993年、ソマリアで発生した《モガディシュの戦い》ではM855ブレットのストッピングパワー不足が報告された（アメリカ兵18名が死亡）。しかしアメリカ軍は1991年に湾岸戦争を経験していたが大規模かつ長期にわたる戦闘が少なかったため、十分な実地検証がおこなわれず見過ごされてしまった。

　M855、すなわちSS109はスチールコアを内蔵しハードターゲットに対する貫通力を増強したペネレーターとして開発された。小口径軽量、高速ブレットのアドバンテージは人体にヒットすると、その衝撃にブレット自体が耐えられず、ラプチャー（破断）、フラグメンテーション（破片化）を起こすことで銃創の程度を上げる点にある。昨今の戦場の顕著なトレンドは2つ挙げられる。ひとつは、兵員の機械化がさらに進んだことと、市街

戦が多くなったことからアサルトライフルがショートバレルになったこと、もうひとつは爆弾を積んだ車で自爆を試みるスーサイドボマーなど、自動車を使用した攻撃が増えてきたことだ。

　M855の弱点を補った新型カートリッジ、《M855A1》は射撃距離に左右されずハード、ソフト両方のターゲットに効果を発揮するジェネラルパーパス（多目的用途対応）ブレットとして開発されたのだ。

クレームの検証

　M193は高速を維持していれば体内でフラグメントを起こすようにデザインされていたが、距離が伸びるに従い速度が低下するとフラグメントは起きなくなる。このような状態のブレットは人体を貫通するだけで終わり、結果人体に小さな径の穴が開くだけで殺傷力（相手を行動不能に陥らせる）は乏しかった。M855も似たり寄ったりで、もともと20インチバレルでの使用を想定していたため、特にM4カービンのような14.5インチのカービンバレルでは速度減衰を論じる以前に最初から規定の高速に達成しにくくなっていた。

■M4カービン
前出のM16A2に比してバレルの長さの短さは歴然だ

　戦場からのクレームは１）自動車のフロントガラスの不貫通、２）ロングレンジにおける威力低下、３）CQBBレンジにおける殺傷力不足の３つに集約された。兵士の間でM855カートリッジは《軽いがパンチが足りない》というのが一般的な受け取られ方だった。軽量ゆえに兵士一人が携行するカートリッジ数は210発（７マガジン相当）となるが、デメリット（威力不足）を考慮するとさらなる弾数の携行が必須だと考えられていた。

　陸軍の幹部らも150ヤード（130m）あたりの殺傷力に《疑問有り》というこ

とを認めていた(すっぽ抜け状態：through and through)。殺傷力は複合的要因————銃撃距離、着弾角度、ブレットの速度、ブレットのデザインおよび材質、銃撃された部位など————によって決まる。銃創学の専門家は、一定した殺傷力を発揮する完璧なブレットは存在しないと手厳しい。どのあたりをして《合格》とするか、つまり許容の問題であるがつぎのような報告を受けるとさすがに危機感を覚えてくる。

　陸軍の部隊長は2004年、イラクの首都バグダッドで自分たちに使うM855カートリッジのあまりの非力さに驚愕した————。市街地をパトロール中、1台の車が部隊めがけて突進してくるのが見えた。数発のワーニングショットを放つが車は減速する気配もなく、スピードを維持したままこちらに向かってきた。本格的な銃撃が必要であると判断した部隊長はM249の射手に十字パターンの銃撃を命じた。マガジンチェンジを終えた後も車は止まらず、迷走しながら最終的には部隊の10m手前で動かなくなった。誰もが、ドライバーは車内で絶命し、その人相はブレットによって破壊し尽くされているものと思った。銃撃痕だらけになった車に近づこうとした時、突然、ドアが開いた。兵士らは胆を潰した。中にいたドライバーが無傷に近い状態で這い出てきたのだ！　男を拘束した後、車の状態を調べるとM855はフロントガラスを貫通し損なっていた。CQBレンジから400発近いカートリッジを撃ち込んだというのに————。

1）貫通力不足に関する考察

　M855はアーマーピアッシングブレットと同等の効果を得るためにスチールペネトレーターをブレットに内蔵している。アフガニスタン、続くイラクの戦場で貫通力不足、特に自動車のウィンドやドアに対するそれの原因としてM4カービンのバレルレングス(14.5インチ)との相性の悪さが上げられる。もともとSS109(M855)はFN社が自社のMNIMI用(バレルレングス18インチ：465mm)に開発したことを思い出せばさもありなんといったところだ。バレルレングス20インチのM16A4でも時折貫通力不足が指摘されているが不思議なことにM249ではこういった報告は極端に少なくなる。またM4カービンのバレルレングスとM855に使われている発射薬(WC844)との相性が決してよいとはいえなかった。こうした事実を踏まえM855A1には新しい発射薬(SMP842)が採用された。

340

■FN　MINIMI

　ARL（陸軍リサーチ研究所：US ARMY research laboratory）では新型カートリッジM855A1とM855の比較検証をおこなった。M855A1は厳密に言えばアーマーピアッシングブレットではないが、先端を露出させた重いスチールペネトレーターの採用によって人体のようなソフトターゲットでは常に安定した殺傷力を発揮し、ハードターゲット（3/8インチ：0.375cm厚のスチールプレート）に対する貫通力はM4カービン（バレルレングス：14.5インチ、370mm）から放った場合、M855では離隔距離160mが限度であるのに対してM855A1ではおおよそ400m地点まで打ち負かすことが出来るまでに改善された。またM855A1のコンクリート掩蔽物に対する貫通力はM4カービンから放てば40m以内、M16A4（20インチバレル）からであれば80m以内にまで適応距離が延びた。

　自動車のドア、フロントガラス、ボディーアーマーに用いられるケブラー繊維に対する貫通力も実証された。フロントガラスに衝突したM855A1は変形することなくほぼ原形を維持したままこれを貫通していることが確認された。この他対7.62mmブレット用のボディーアーマーや1000m先にセットした24層のケブラー繊維も難なく貫通することが確認された。

2）殺傷力に関する考察

　ハードターゲットやバリアーに対しての貫通力不足を指摘する声もあれば、一方でソフトターゲットへの過剰貫通（オーバーペネトレーション）を嘆く者もいる。かと思えば、ロングレンジでも、CQBレンジでも貫通力、殺傷力ともに抜群だと太鼓判を押す者がいるのだ。こうした両極端なコメントはどう説明をつければいいのか？前掲の部隊長の述懐は間違いなくネガティブコメントの最たるものになるであろう。絶体絶命の危機をM855ブレットで切り抜けた者にとっては、《原因は射撃の腕前にあって弾丸（た

ま)のせいにするのはお門違いだ》ということになろう。

　いまさら説明するまでも無いことだが、戦場で消費されるブレットの種類は不必要な苦痛を相手に課してはいけないという戦争法の人道的配慮からフルメタルジャケットでなくてはならない。ゆえに銃創はペネトレーション（貫通銃創）ということになる。しかし各国軍隊の弾道学専門家は知っていた————。貫通銃創では敵兵の動きを封じ込めることができないということを。であるからこそフルメタルジャケットという体裁を保ちながらいかにして銃創の程度を上げるかということに躍起になるのだ。

　狩猟用のハンティングカートリッジを例に挙げると判りやすいだろう。狩猟に使われるハローポイントやエキスパンションブレットはわざと貫通力を犠牲にして殺傷力を発揮するようデザインされているのだ。ハンティング用のものは、ブレットを動物の体内で変形させることで表面積を増大させ、エネルギーを体内で使い切るようになっている。この狩猟用ブレットの転用は《戦場のルール》によりありえない。もとより先端がデリケートに出来ているハンティングブレットはフルオート射撃には向いていないが。

　意匠を凝らしたハンティングブレットと違いミリタリー用ブレットはフルメタルジャケットであるがゆえにブレットの微妙なブレ、《偏揺：yawing》を利用して銃創の効果を上げようとしている。5.56mm×45mmは交戦距離300mの設定でデザインされていることから、それ以下の距離内では弾道が安定せず、なかんずく銃口を飛び出してから50−100m付近のブレットには上下左右のブレが生じている。このブレは150−200mを越えた後に収束し始め、ブレットは安定した弾道に落ち着く。

　この偏揺に加え、M855はブレットの構造を敢えて脆弱にすることで960m/secあたりの高速で人体に衝突した際着弾の衝撃に耐えられず《自己崩壊（フラグメント、ラプチャー）》を起こすようにデザインされている。自己崩壊により体内で生じた《瞬間空洞：temporal cavity》や飛び散ったジャケットや鉛コアはブレットの軌跡から離れた位置の組織にもダメージをあたえる。この一方、重く堅牢な7.626mm×51mm（通称M80）のブレットは体内で破砕せずタンブレットリング（回転：tumbling）を起こし、長大な《永久空洞：permanent cavity》を残す。

　偏揺の度合いは射撃距離、命中角度などの条件で大きく変わる。極論すれば同じカートリッジ、同じ銃であっても１ショット、１ショットで銃創の程度が違ってくるということだ。CQBレンジであっても偏揺角度が大きければ銃創は酷くなり、逆に偏揺角度が小さければ人体を貫通してしま

うであろう。

　M855がそうであったように貫通力に特化し、遮蔽物やボディーアーマーに代表されるハードターゲットを打ち負かすために開発された弾丸はソフトターゲット（生体）に対しては予想以上にネガティブな結果を招くことが多い。つまり弾丸が人体に命中したものの、真っ直ぐに抜けてしまう状態のオーバーペネトレーションが起きるということだ。脳幹や頚椎への銃撃を除き、銃撃の最大の効果は大動脈や大静脈などの主要血管や血液が多く集まる臓器を損傷させ、失血を促進させることで得られる。特に5.56mmのような小口径ブレットがオーバーペネトレーションを起こした場合、人体に径の小さい孔が開いた程度になり、9mmや.45ACPのハンドガンブレットが貫通してしまった時に比べても銃創の程度は低いと解釈されてしまう（同じオーバーペネトレーションであれば人体に穿たれる孔の径は大きければ大きいほど良いに決まっている）。

　前述の通り960m/sec台で発射される小口径軽量ブレットは、そもそもエネルギーを体内で消費させるため自己崩壊（フラグメンテーション、ラプチャ）するようにデザインされている。小口径軽量ブレットは小口径であるデメリットを自己崩壊することで補完しようとしているのだ。

　兵士というものは敵よりも少しでも秀でた兵器を要求する。これはブレットであってもしかり。しかし《不必要な創傷を負わせない》というハーグ条約が枷となり、《偶然に、成り行きで》フラグメントする弾丸を使わざるを得ない（もちろんそうなるように端からデザインされてはいるが）。巧妙に本来の殺傷力を発揮しない（させない）ようにデザインされた、いわば《切れ味の悪いメス》を使わされているようなものだ。この件についてはアメリカ議会が一方的にハーグ条約を無効にしないかぎり根本的な解決にはならないであろう。

M855A1カートリッジのプロフィール

　2010年6月、陸軍工廠ピカティニーアーセナルよりアフガニスタンに向けて出荷されたM855A1は、これから後の12−15ヶ月の間で約2億発分の生産計画が決まっていた。M855で指摘された障害物に対する貫通力不足、殺傷力の斑（むら）が解消されたばかりか、集弾率も向上し、マズルフラッシュも軽減された。さらにM855A1は《グリーンアモ》の別称が示すように

陸軍がかねてから固執していた鉛からの完全脱却、いわゆるレッドフリーもクリアしていた。1996年から10年以上の歳月を掛け、開発されたM855A1はM855のパフォーマンスをさらに強化向上させたという意味を込め、《エンハンストパフォーマンスラウンド（Enhanced performance round：EPR）》とも呼ばれている。

1）EPRの特徴

M855A1はM4カービン用に開発されたといっても過言ではない。もちろんM16A4やM249との相性も良い。新型カートリッジ、M855A1の特徴とスペックは次のようなものだ。ブレット重量はM855と同じ62グレイン（4.g）。一見するとハンティングブレットでおなじみのバリスティックチップが先端部に埋め込まれているようだが上部のコアと先端部は一体化している。ブレットはカッパージャケットで覆われ、アッパーに位置するスチールコーンとロアー部のカッパー製コアから構成されている。鉛が一切使われていないことから《環境に優しい：environmentally friendly》という意味を込め《グリーンアモ（green-ammo）》と呼ばれている。人殺しのために開発された工業製品が《環境にやさしい》というのに違和感を禁じえないが、鉛フリーになったことで、これまでのM855に使われていた年間2000t分に及ぶ鉛が不要になった。

ロアー部を構成するコアのマテリアルは、カッパーが採用される以前、ビスマス（Bi）と錫（Sn）の合金が使われていた（この理由については後述に譲る）。M855もハードターゲットに対するペネトレーションを高めるべく開発されたものだが、M855A1はさらに貫通力を増し、しかも距離に左右されず、常に一定の貫通力を保つ。フィールドトライアルではある種のターゲットに対しては7.62mm×51mm（M80）よりも高い貫通力を記録した。いうまでもないがM855A1はM4カービン、M16、M246（MINIMI）のすべてのバレルレングスに対応している。

■M855A1とM855との形状比較
右の写真はM855A1のジャケットを除去した様子

制式採用にあたりM855との比較検証が陸軍管轄の元、陸軍工廠ピカティニーアーセナルで徹底的におこなわれ、弾の消費量は約1億発におよんだ。M855はブレット先端が緑色に着色されていたことからグリーンチップの呼び名でも知られている。M855A1も別名、グリーンアモだがその理由は前述した通りだ。

障害物貫通力(barrier penetration)に関するデータを紹介する。バリケードを想定したハードターゲットを対象とした比較検証で、M855では、自動車のドアに見立てた3/8インチ（1mm）厚のスチールプレートは射撃距離160mを越えると貫通することができないが、M855A1は約2倍以上の距離(350m)からでも貫通が可能になっている。コンクリートの遮蔽物に対してM855A1は離隔距離が約50m以内であれば貫通を可能とした。

	M855	M855A1　EPR
カートリッジ全長	5.7cm	5.7cm
ブレット重量	62gr（4g）	62gr（4g）
チップIDカラー	緑色	ブロンズ
コアスラッグマテリアル	鉛	カッパー
ジャケットマテリアル	カッパー	カッパー
ペネトレーター	スチール	スチール（アローヘッドタイプ）
坊錆処理	なし	あり
発射薬	WC-844	SMP-842
発射炎抑制処理	なし	あり
速度	933m/sec	933m/sec
貫通力	3/8"スチール　160m	3/8"スチール　350m
ソフトターゲット	条件による	一定

■M855とM855A1のスペック比較

ソフトターゲットに対する有効性も実証済みだ。小口径軽量ブレットは距離が伸びるほど速度低下に伴う殺傷力の減少が著しい。多くの場合で単なる貫通で終わってしまうことが多い。M855A1は速度が落ちても（遠距離であっても）、CQBレンジの殺傷力を発揮させることができる。

M855A1はブレットの形状をリシェイプしたことで偏揺の影響を極力受けにくくなった。命中精度の点では600m先のグルーピングは90%の確率で、8インチ×8インチ（20.32cm×20.32cm）範囲でまとまっている。さら

に発射薬も改善されたことによりマズルフラッシュもM855に比べ軽減されている。

このようにM855A1は良いこと尽くめなのであるが、これに見合ったスキルとマークスマンシップがなければ、宝の持ち腐れになるということはいうまでも無い。

2）開発に至るまで

M855A1にはM855と同じ62グレイン（4g）のブレットがインセットされている。つまり変更に伴うゼロイング（照準調整）のやり直しの必要がないということだ。全長はブレット形状がスリムになった分、若干長くなった。これは集弾率の向上に貢献している。ブレット先端の形状はアローヘッドを想起させ貫通力の高さがうかがい知れる。一見するとハンティングブレットでおなじみのバリスティックチップが埋め込まれているように見えるが、チップのような別パーツではなくスチールペネトレーター自身の頭部が露出しているに過ぎない。スチールペネトレーターの重量はM855のそれの約2倍の19グレイン（1.2g）となり、M855ではブレット全体がカッパージャケットで覆われていたが、先端部は完全に露出している格好となった。コアは従来の鉛を廃して、カッパーが採用された（ここがグリーンアモと呼ばれる所以である）。カッパーに至る以前、コアはビスマス（蒼鉛）と錫の合金で形成されていたが2009年8月、高温時に合金が分離し弾道に乱れが生じることが判明し、新型カートリッジの開発を一時振り出しに戻さざるを得ないという経緯があった。

1993年の《モガディッシュの戦い（Battle of Mogadishu）》に関与した兵士など散発的に寄せられるM855に関するクレームを受け、陸軍がM855に変わる新型カートリッジの研究開発に着手したのは1996年のことであった。この頃から鉛害対策を考慮していた陸軍は最初の試みとしてコアにタングステンとナイロンのハブリッド素材を採用したが期待したほどの効果が得られなかったばかりか、タングステンは鉛と同じく有害であることが判明した。鉛からの完全な脱却を目指していた陸軍は次にビスマスと錫の合金に目をつけ、射撃距離に左右されない安定した性能を維持するブレットのプロトを2006年に完成させた。翌年には約20億円近くの研究費を投入しさらなる研究開発を進め、2009年8月には第一弾としてアフガニスタンに向け2000万発の支給を決めた。

問題が生じたのはこの矢先のことであった。合金は熱の影響を受けやすく、弾道が著しく損なわれることが判明したのだ(ビスマスと錫の合金を高温状態に数ヶ月曝すと終には分離してしまった)。不具合が発覚したことで研究は振り出しに戻された。陸軍と同様にM855A1の支給を見込んでいた海兵隊は別のカートリッジ(SOST)を発注せざるを得なくなった。陸軍は研究を続行し、行き着いた先がカッパーコアであった。ソリッドカッパーとスチールペネトレーターで構成された新M855A1は同じ轍を踏まぬよう再検証に際して40万発以上が消費された。過去アメリカ軍でこれほどの弾数が検証の対象となったことは無かった。

　鉛が5.56mm×45mmカートリッジに使われなくなることにより毎年2000 t もの鉛による環境汚染を減らすことに繋がる。何故陸軍はここまで環境問題に拘るのか————。演習場付近の環境悪化を懸念する運動家による活動がここにきて活発になり頭を悩ませていたのは事実である。しかし陸軍の演習場だけがとりわけ湖や川に近いというわけではない。イラクやアフガニスタンからの撤退後の予算削減をかわすために軍の中で最も、環境に配慮しているのは陸軍であることをアピールする狙いもあるようだ。

SOSTブレット

　陸軍同様、海兵隊も早い時期からM855の障害物貫通力(barrier-penetration)と殺傷力(terminal‒ballistic)に疑問を抱いていた————。2010年の夏、海兵隊はこれまで採用していたMk310 SOSTに換わり満を持して完成したM855A1、180万発分の購入を決めた。実は海兵隊も早々とM855A1の採用を決めていたがコアに使用されているビスマス合金の不具合が明らかになったためUS・SOCOM(アメリカ特殊作戦軍)の主導の元で開発されたSOSTを選ばざるを得なくなり、450万発分の発注を済ませ、2010年の春からアフガニスタンの海兵隊員に支給していた。

1) オープンチップブレットとSOST

　命中精度に貫通力を附与した弾丸としてUS・SOCOMによって開発されたのがSOSTであった。SOSTとはSpecial Operations Science and Technologyのイニシャルレターを取ったものだ。

　ブレット重量はM855A1と同じ62グレインで、ブレットのアッパーに鉛コア、ロアーにジャケットと一体化したカッパーシャンクを内蔵している。

オリジナルは弾薬メーカー、フェデラル社の《骨をも砕く》という評判で人気を博した大型動物用ハンティングブレット、《トロフィーボンディド・ベアークロー（Trophy Bonded Bear Claw）》で、最大の特徴は競技用ブレットで有名なマッチキングのように、ブレット先端に浅い孔が穿たれている点だ（オープンチップ：open –tip）。

■SOST(Mk318Mod0)
ブレット先端が口を開けている

　命中精度と弾道の安定性からアメリカ軍のスナイパーはオープンチップスタイルのブレットをすでに採用していた。M855A1と比較すると障害物貫通力、殺傷力ともに遜色なく、鉛の使用だけが唯一の短所になっている。

　SOSTはオープンチップであることから別名OTMRP（Open Tip Match Rear Penetrator）とも呼ばれている。海兵隊での名称が《MK318Mod0》だ。SOSTはM4カービンよりもさらに1インチ分短いFN・SACR-Lightの13.8インチバレルとの相性を優先させていた。ちなみにSCAR-Heavyに用いられる7.62mm×51mmがMk319mod0である。

■FN　SCAR－Light

　かつてのベトナムで、採用されたばかりのM16の不具合（実際は5.56mm×45mmカートリッジのパウダー残滓）が槍玉に挙がったように2001年のアフガニスタンの戦場からM855とM4カービンとの致命的なミスマッチが指摘されるようになった。クレームは2002年になりさらに増え、2003年にはイラクの戦場からも寄せられた。2005年、弾薬メーカー各社に

エンハンスド(enhanced：スペック向上を目指した)カートリッジのトライアルがSOCOMより打診されたが、要求されたスペックの高さから各社が次々と撤退してゆく中、フェデラル一社が及第点に達していた。最初のプロトタイプが完成したのは2007年の8月のことで、パウダーの改良とあいまってショートバレルとの相性は抜群で、速度アップとマズルフラッシュ軽減にも繋がった。

　なんと言ってもSOSTの真骨頂はOpen Tip Match Rear Penetratorと呼ばれるデザインに見て取れる。完成したSOSTは射撃距離に左右されず一定した性能を維持した。集弾率は100ヤードで2インチ以内、300ヤードで3.9インチ以内という好成績を上げた。さらにフロントガラスを貫通しても弾道に乱れは生じなかった。

2）ハローポイントか？

　先端に孔が穿たれていれば通常はハローポイントに分類されてしまうが（ハーグ陸戦条約に抵触）、SOSTのハロー(洞)は小さくしかも浅い。エキスパンション用のノッチもなく、われわれがイメージする茸のカサや花弁のようにブレット先端が変形するハローポイント独特の効果は得られない。オープンチップは銃創を促進させるものでは無いのだ。軍はSOSTを《ローエンフォースメントのガイドラインに則したカウンターテロ目的のために開発された弾丸である》と主張する。ペンタゴンもこのあたりの経緯を心得ており《ハローポイントではないか？》という懐疑的な声に対してこれを認めず、強硬な姿勢を崩さない。メーカーであるフェデラルはさらに一枚上手で、SOSTはハローポイントとは違う特殊な工程を経て製造されているということを強調している。

　製造工程は以下————。まずはカッパー製のベース部を完成させ、その上に鉛コアをセットする。ベースのカッパーを延伸させ成形したジャケットを下から上へ持ち上げ鉛コアを被服する。メーカーいわく、これは通常のハローポイントの製造工程ではなく、先端だけジャケットが覆われていないだけと説明する。つまり孔のように見えるのはハロー(洞：hollow)ではなく工程上、空いてしまったチップ(オープンチップ：open-tip)であり、意図的に穿ったものではないという理屈だ。もちろん銃創形成とは無縁であるとの主張も忘れない(フェデラルはMK318mod0をAB49の商品名でコマーシャル市場に投入している)。

　SOSTブレットは鉛で構成されたブレット上部で障害物(バリアー)を貫

通し（体内であれば鉛を撒き散らし）、ロアーのカッパーをペネトレーターとして機能させている。バリスティックゼラチンを使った試験では先端部をフラグメント化させながら、タンブリングによってゼラチン内部を46cmほど貫通した。また10.5インチ（26cm）バレルでも障害物貫通力と殺傷力の両方の効果を発揮することが確認されている。このようにSOSTは申し分の無いパフォーマンスを発揮し、鉛フリーではないことが唯一の欠点となった。

戦争と医療の進歩

年代	戦争と時代背景
▶紀元前460-377	▶ペルシア戦争の時代
▶紀元前27	▶ローマ帝国が興る
▶紀元前4	▶キリストの誕生
▶54	▶ローマ帝国皇帝ネロ即位
	▶ローマ帝国の軍人皇帝時代に入る
▶395	▶ローマ帝国東西分裂
▶476	▶西ローマ帝国滅亡
▶673	
▶10世紀	▶南宋で火薬が発明される
▶1000	
▶1096	▶十字軍遠征(1096-1229)
▶1234	▶金軍が元軍(モンゴル)に対して飛火槍を使用
▶1241	▶ワールシュタットの戦いで元がヨーロッパ勢を圧倒
▶1271	▶マルコポーロの東方遠征が始まる(1271-1295)
▶1279	▶南宋軍が元軍に対して突火槍を使用
▶1232	▶チンギスハンがモンゴル統 (1206)
▶1242	
▶1300	
▶1316	
▶1337	▶百年戦争(1337-1453)
▶1346	
▶1363	
▶1400年代初頭	
▶1410	
▶1428	▶フス戦争(1418-1439)
▶1434	▶印刷技術の発達
▶1452	
▶1453	▶コンスタンチノープルの陥落(ローマ帝国滅亡)
▶1467	▶日本の戦国時代始まる(1467-1590)
▶1492	▶"コロンブス、アメリカ大陸発見"
▶1494	▶イタリア戦争(1494-1559)
▶1498	

医学・医療の出来事

▶ヒポクラテスの時代

▶ガレノスの時代⇒初期の軍創治療法の確立、健全な膿説が定説となる

▶中世イスラム時代の医学権威アブルカシスが《解剖の書》を完結する
▶瀉血や焼灼法が当たり前のようにおこなわれていた。外科医の地位は低く《床屋外科医》が一般化する

▶解剖学者ルッツイが公開人体解剖を実施、アナトミア・ムンディニを完成

▶フランス外科医、ショーリアックが《大外科書》を完成

▶教皇シクストゥス4世が聖職者の許可を条件に人体解剖を認める

▶教皇インノケンティウス8世が3人の少年から輸血を受ける（全員死亡）

▶1500年代初頭	
	▶アークァバス（マッチロック式）が普及
▶1520	▶マゼランが世界一周をする
▶1526	
▶1536	
▶1540	
▶1543	
▶1545	
▶1559	
▶1575	▶長篠の戦い（織田軍鉄砲部隊）
▶1594	
▶1562	▶ユグノー戦争（1562-1598）
▶1568	▶80年戦争（1568-1648）
▶1570	
▶1596	
▶1603	
▶1618	▶30年戦争（1648-1648）
▶1625	
▶1628	
▶1630	▶フリントロック式の考案
▶1665	
▶1667	
▶1718	
▶1720	
▶1735	
▶1742	
▶1747	
▶1756	▶7年戦争（1756-1763）
▶1760年代	▶産業革命がイギリスで興る
▶1772	
▶1774	
▶1775	▶アメリカ独立戦争（1775-1783）
▶1776	▶アメリカ合衆国建国
▶1777	

▶医師、錬金術師パラケルススがガレノスを痛烈批判

▶アンブロワーゾ・パレが焼灼法に代わって血管結さく法を採用

▶ウィリアム・クローズが胸部切開をおこなう

▶解剖学者ベサリウスの名著《ファブリカ》が発行

▶アンブロワーゾ・パレが《銃創治療》の専門書を刊行

▶コロンボにより肺と血液の酸素供給の仕組み（ガス交換）が解明

▶解剖学者、外科医ファブリキウスが解剖劇場を開設

▶李時珍の薬草全書《本草網目》が刊行

▶ファブリキウス、静脈弁を確認

▶グロティウス、《戦争と平和の法》表す

▶ハーベイ、体内の血液循環システムを解明

▶フックが細胞を発見

▶フランスで動物対人（羊から15歳の少年）の輸血がおこなわれる

▶ヘイスター、気管切開を提唱、スクリュー式止血帯が開発される

▶アミアンドが最初の盲腸手術に成功

▶リンド、壊血病の治療法を発見（ビタミンC摂取の励行）

▶整形外科のパイオニア、イギリスのポット、大腿部の複雑骨折を切断せず治癒させる

▶ハンターがイギリス軍の軍医として銃創治療に専念

▶プリーストリーが酸素を発見、亜酸化窒素（麻酔効果）の合成に成功

▶チェゼルデン、床屋外科医から床屋を分断。王立外科医師会設立

▶ポット、癌と発癌物質の因果関係を指摘

▶ジョージ・ワシントンが軍内の天然痘集団接種に踏み切る

▶1783	
▶1789	▶フランス革命
▶1790	
▶1791	
▶1794	▶フランスの総裁政府はじまる
▶1795	▶ナポレオン戦争（1795-1815）
▶1798	
▶1799	
▶1804	▶シュラプネルが戦場に導入される
▶1812	▶米英戦争(1812-1814)
▶1814	
▶1816	
▶1818	
▶1822	
▶1830年代	▶欧州各国に産業革命が波及
	▶パーカッションロック式銃の普及
▶1831	
▶1835	
▶1839	
▶1842	
▶1845	
▶1846	▶米墨戦争（1846-1848）
▶1847	
	▶ゼンメルバイスが産科医に対して手洗い消毒の徹底を指示
▶1848	▶イタリア統一戦争（1848-1871）
	▶ミニエーボールの考案
▶1849	▶本格的な後装式火砲の時代到来
▶1851	▶ロンドンで第一回万博博覧会開催
▶1852	
▶1853	▶クリミア戦争（1854-1856）
▶1854	
▶1855	
▶1857	▶インド大反乱

▶スコットランドのベルが科学的外科手術を提唱し専門書を刊行

▶初の人工受精児誕生

▶フランスでアルカリの合成成功、石鹸の大量生産可能となる

▶ハンター、《血液、炎症、銃創に関する全書》を出版

▶ドミニク・ジャン・ラーレーが戦場に救急部隊を配備し、戦場にトリアージのコンセプトを導入

▶ジェンナーが天然痘ワクチンを開発（免疫療法）

▶デイビーが亜酸化窒素（笑気ガス）と命名

▶華岡青洲が通仙散を使用し乳がん手術をおこなう

▶ラエンネックが聴診器を考案

▶イギリスで人対人輸血がおこなわれる（血液型の認識なし）

▶クロロフォルムの発見

▶リストンが銃創治療の手引き《外科医心得》を記す

▶ロングがエーテルを使って腫瘍摘出を成功させる

▶歯科医ウェールズ、公開笑気ガス麻酔手術に失敗

▶モートンが初めてエーテルを使った公開麻酔手術を成功させる

▶シンプソンが麻酔剤クロロフォルムの実用化（無痛分娩成功）

▶イグナーツ、産褥熱の予防に尽力（細菌感染の回避予防）

▶エリザベス・ブラックウェル、初のイギリス人女性医師となる

▶ナイチンゲール、クリミア戦争にイギリス軍看護婦団を率いて従軍

▶婦人科の父ことシムズ、初の婦人科病院を創設

▶1860年代	▶西部開拓時代がはじめる（1890年代まで）
▶1861	▶アメリカで南北戦争（1861-1865）
▶1862	
▶1863	
▶1864	▶ドイツ・デンマーク戦争
▶1865	▶リンカーン暗殺される
▶1866	▶普墺戦争（1866）
▶1867	
▶1868	
▶1869	
▶1870	▶普仏戦争（1870-1871）
▶1871	▶ドイツ統一
▶1873	
▶1875	
▶1876	
▶1877	▶露土戦争（1877-1878）
▶1878	
▶1879	
▶1880	
▶1882	▶三国同盟締結（ドイツ、イタリア、オーストリア）
▶1883	
▶1884	▶無煙火薬が開発される
▶1885	▶ピクリン酸を使用する榴弾の開発
▶1887	
▶1889	
▶1890	
▶1891	
▶1892	
▶1893	
▶1894	
▶1895	
▶1897	
▶1898	▶米西戦争

▶ベルギーでアンモニアソーダ法開発、石鹸が世界中に普及

▶レターマン、北軍の医療体制改革をおこなう

▶スイスのデュナンが赤十字社を創設

▶傷病者の扱いに関するジュネーブ条約締結

▶パスツールの細菌学研究が盛んになる

▶近代外科の父、リスターがフェノールによる滅菌殺菌法を発表

▶エスマルヒがプロイセン軍の医療体制を整備

▶ベルクマンが初の無菌外科手術を成功させる

▶コッホ、炭疽菌（病原菌）の存在を証明する

▶コレラ、ワクチン開発される

▶パスツール、弱毒炭疽菌から予防ワクチンをつくる

▶パスツールが狂犬病予防ワクチンを開発、コッホが結核菌を発見する

▶ベーリングがジフテリア菌を発見、ヨードホルムの殺菌作用を証明

▶パスツール研究所創設

▶北里とベーリングが破傷風の血清療法を確立

▶北里がインフルエンザ菌を発見

▶レントゲン、X線を発見する

▶ドイツでアヤチルサリチル酸（アスピリン）の人工合成成功

▶1899	▶米比戦争(1899-1913)
	▶ハーグ陸戦条約締結
▶1900	
▶1902	▶TNTを使った榴弾の開発
▶1907	▶三国協商締結(イギリス、フランス、ロシア)
▶1908	
▶1909	
▶1910	
▶1912	▶バルカン戦争
▶1914	▶第一次世界大戦勃発(1914-1918)
▶1915	
▶1916	
▶1917	▶ロシア革命
▶1918	
▶1924	
▶1927	
▶1928	
▶1938	▶日中戦争
▶1939	▶第二次世界大戦勃発(1939-1945)
▶1943	
▶1945	▶原子爆弾投下
▶1949	▶NATO発足
	▶中華人民共和国樹立
▶1950	▶朝鮮戦争勃発(1950-1953)
▶1952	
▶1953	
▶1961	▶ベトナム戦争が始まる(1961-1975)
▶1962	▶キューバ危機
▶1963	▶JFK暗殺
▶1967	▶第三次中東戦争
▶1968	▶チェコ事件(ワルシャワ条約機構軍の介入)
	▶レクセルがガンマナイフを開発
▶1972	

▶クメルが動脈吻合に成功する

▶ランドシュタイナー　人の血液型を発見

▶"ウルマン、臓器移植の動物実験に成功"

▶デーキンが創傷洗浄液を開発

▶血液抗凝固剤の発見

▶フランス軍医が新しいデブリードマン（創面切除）を考案

▶カレルがデーキン溶液を使った創傷洗浄治療法を確立

▶血液バンクを介した最初の輸血がおこなわれる

▶イギリスが顔面軍創の審美的整形外科を技術を確立させる

▶シェルショック（砲弾恐怖症）の治療始まる

▶世界各地でスペインインフルエンザが猛威を振るう

▶ノーマン・カークが《アンピュテーション実践的手術法》を刊行

▶結核、破傷風のワクチンが開発される

▶フレミングが抗生物質ペニシリンをアオカビの培養皿から発見

▶クノールとルスカ、電子顕微鏡を開発

▶ドイツで最新の骨折治療法、キュンチュアーネイル法が考案される

▶ペニシリンの大量生産に目処がつく

▶人工腎臓、人工透析器が実用化

▶アメリカ軍、MASH（移動式医療施設）の導入、人工透析の実用化

▶人工血管の実用化始まる

▶アメリカ軍の軍血液供給プグラムが稼働、血管外科の発達

▶ベトナムの戦場で、ヘリによる搬送、メディバッグ（空飛ぶ救急車）の運用始まる

▶1970年代よりバイオセラミックス、再生医療の研究が始まる（軟骨や皮膚など）

▶ハウンスフィールドがCTスキャン、マンスフィールドが翌年MRIを実用化させる

▶1978	▶ソ連、アフガニスタン侵攻（1978-1989）
▶1979	▶イランで革命（イスラム革命）
▶1980	▶イラン・イラク戦争（1980-1988）
	▶ニカラグア内戦（1980-1990）
▶1981	
▶1982	▶フォークランド紛争（イギリスＶＳアルゼンチン）
▶1983	▶アメリカ軍、グレナダ侵攻
▶1989	▶パナマ侵攻（アメリカ軍：1989-1990）
	▶ルーマニアが民主化
	▶ソ連がアフガニスタンから撤退
	▶冷戦終結宣言がおこなわれる
▶1990	▶ドイツ連邦共和国誕生（東西ドイツの統合）
▶1991	▶ソビエト連邦崩壊
	▶湾岸戦争
▶1992	
▶1993	▶モガディシュの闘い（ソマリア）
▶1997	
▶2000	
▶2001	▶9・11同時多発テロ
	▶アフガニスタン対テロ戦争（2001-）
▶2003	▶イラク戦争（2003-2011）
▶2007	
▶2011	▶アメリカ軍、イラクからの撤退表明

▶天然痘撲滅宣言

▶1980年代にさらに人工骨、骨などの再生医療が進歩する

▶軍事技術を応用したサイバーナイフが開発される

▶クローン羊の誕生

▶ヒトゲノムの解読が終了
▶iPS細胞の生成に成功

あとがき

　滅菌消毒の励行や救急救命体制の確立、つづく麻酔の普及により19世紀を境に軍創の生存率が改善されてゆき、20世紀になると戦場の死亡率は、第一次世界大戦の8.5%、第二次世界大戦の3.3%、朝鮮戦争の2.4%、ベトナム戦争の2.6%と下降していった。改善の証はこのようなところにも見て取れる————第一次世界大戦時のクロストリジウム菌由来のガス壊疽の致死率は28%であったが外科手術における衛生管理の徹底により朝鮮戦争の頃には発症報告さえなくなった。また第一次世界大戦の頃までは救命不可とみなされていた腹部への軍創も致死率が第二次世界大戦で21%、朝鮮戦争で12%、ベトナム戦争では4.5%と劇的に減少していった。

　さて、本文中では詳細しなかったが、第二次世界大戦以前は軍創よりも風土病、疫病、感染症を含む病気（disease）による死亡率が高かったのも事実だ。軍創以外の疾病と軍創の死亡率の比率は以下のようになる————

ナポレオン戦争	8：1
クリミア戦争	4：1
南北戦争	2：1
米西戦争	7：1
第一次世界大戦	4：1
第二次世界大戦	0.1：1
朝鮮戦争とベトナム戦争	0.2：1
湾岸戦争	0.1：1

　戦場の数字、特に死亡率などのパーセンテージについては恣意的な解釈ができる。本書で紹介したそれらも同様で研究者によって数字にかい離がある。たとえば21世紀のアフガニスタンやイラクの戦場における死亡率を巡って、あるリサーチャーは、死亡率は4.8%であり、先の3つの戦争のそれよりも高くなっている、としているのに対して、別のリサーチャーは、第二次世界大戦やベトナム戦争時の20%台と比べると前線で命を落とす兵士の割合は13.8%と低くなったと指摘している、といった具合だ。
　それぞれの戦争で総戦死者が違っているのであるから、こうした差異が生じるのは当然なのだが、致死率、死亡率の定義が前線での死者数なのか、後方の医療施設でのそれなのかによっても変わってくる。こういったデータはむしろ創傷別の死亡率を観るべきであろう。
　このように統計上の数字は、さまざまなファクターで変化することをご承知願いたい。ただし間違いなく断言できるのは、昨今の戦場では死亡率が下がった一方で負傷率（しかも重傷）が高くなる傾向にあるということだ。この背景にはボ

ディーアーマーの性能向上、戦術の変化、前線での医療体制の整備があり、とりわけ救急救命体制の充実ぶりは目覚ましい。救急救命の手段は馬車から、車両、そしてヘリ、航空機へと変わってゆき、第二次世界大戦まで医療施設までの搬送には平均で12-15時間を要していたものが、ベトナム戦争では2時間を切るようになり、アフガニスタンやイラクではレベルⅡと呼ばれる医療施設に30-90分以内で搬送が完了している。

　イランやアフガニスタンの戦場でも救急救命は最優先事項だ。兵士への止血帯の支給や負傷後1時間以内のレベルⅡ施設への搬送完了などがその好例だ。いうまでもなく現在の医療体制は技術的にも、設備的にも、過去のどの時代のものよりも洗練されている。しかし克服しなければならない課題はある。現代の軍医が直面している問題の1つとして、抗生物質の利かない細菌の激増が挙げられる。一昔前であれば救命不可といわれた負傷兵が、抗生物質の投与により生存する確率が格段に改善された。抗生物質の発見は軍創治療のみならず、民間における外科治療の在り方をも一変させた。しかしこの《魔法の薬》は予防薬的に濫用されたことで、いつしかその魔法も利かなくなってしまった。もう1つはイラク、アフガニスタンでの軍創の3/4を占めるIED攻撃に代表される爆創（火傷、汚染のひどい骨折を伴う開放性創傷、脳機能性障害）の治療法の確立が喫緊の課題となっている。

　本文中に幾度ともなく登場したアンピュテーションはかつて軍創治療の常套であったが、現在症例は劇的に減っている。とはいえ無くなったわけではない――――。ボディーアーマーの性能アップにより胴体の防御力が高まった反面、四肢の脆弱性が浮き彫りになっている。アンピュテーションを避けるべく軍医らは最大限の努力を払うものの、不幸にしてアンピュテーション以外の治療法が見つからないケースもある。整形外科分野において特筆すべきはアメリカでは政府から1400万ドルの助成を受け、再生医療を応用した骨の再生に関する研究治療を推し進める整形外傷リサーチプログラムが民間医療と協力しながら本格的に稼働した点だ。

　時折の戦争が医療技術の進歩を促していったのは事実。とはいうもののやはり戦争は無い方が良いに決まっている。

2014年10月30日
ホミサイドラボ

殺すテクニック　第2版

2024年7月3日　第2版1刷発行

著　者　ホミサイドラボ feat.カヅキ・オオツカ

発行者　鵜野義嗣

発行所　株式会社データハウス
　　　　〒160-0023　東京都新宿区西新宿4 - 13 - 14
　　　　TEL 03 - 5334 - 7555（代表）
　　　　HP http：//www.data-house.info/

印刷所　三協企画印刷

製本所　難波製本

ISBN978 - 4 - 7817 - 0259- 9　C0036